身边花草树木速查图鉴

彭博 / 主编

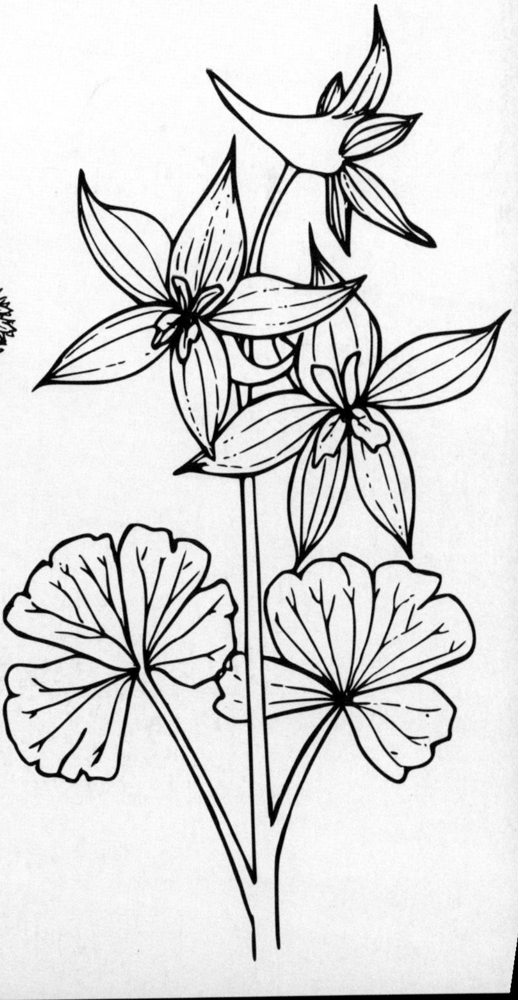

汉竹图书微博
http://weibo.com/hanzhutushu

江苏凤凰科学技术出版社
全国百佳图书出版单位

认花

当你看到一种花，不知道叫什么，该怎么使用这本书呢？首先看看花瓣的形状，花瓣有 13 种形状，找到相应的类型，去书里面找就可以啦。

辐射对称花 · 3 瓣	花为圆形或近似圆形，花瓣（或看似花瓣的部分）有 3 片
辐射对称花 · 4 瓣	花为圆形或近似圆形，花瓣（或看似花瓣的部分）有 4 片
辐射对称花 · 5 瓣	花为圆形或近似圆形，花瓣（或看似花瓣的部分）有 5 片
辐射对称花 · 6 瓣	花为圆形，花瓣（或看似花瓣的部分）有 6 片
辐射对称花 · 菊花形	花为圆形或近似圆形，形状像菊花，头状花序，多由舌状花和管状花组成
辐射对称花 · 喇叭花形	花为圆形或近似圆形，形状像喇叭，多为旋花科植物
辐射对称花 · 钟形	花钟形，花冠口不扩张或紧缩，常见的有风铃草、葡萄风信子
无花瓣	没有明显的花瓣
花小不易识别	花很小，难以辨清形状，且数量多，形成穗状、伞状或球状花序
两侧对称花 · 蝶形	花以中线为轴，左右对称，像蝴蝶一样。如豆科的花
两侧对称花 · 唇形	花以中线为轴，左右对称，花基部筒状，先端上下两部分像嘴唇一样。如唇形科植物的花
两侧对称花 · 有距	花以中线为轴，左右对称，花基部向后伸长出距。如堇菜科堇菜属的紫花地丁
两侧对称花 · 兰花形或其他形状	花以中线为轴，左右对称，花瓣排成兰花形或其他形状

认草

当你看到一种草，想知道它叫什么。首先，看它的花是“辐射对称”还是“两侧对称”，如果花很小，难以辨认，那么它就为“花小且多”。找到相应的类型，去书里面找就可以啦。

花小不易识别	花很小，形状不易辨认，数量很多，排列成穗状花序

认树木

当你看到一棵树，怎么才能知道它的名字？首先，看树叶子的形状，判断出它是“针状或鳞片状”“单叶”还是“复叶”，找到相应的类型，去书里面找就可以啦。

针状或鳞片状	叶片形状针状或鳞片状，主要见于杉科、松科、柏科植物
单叶	一个叶柄上只有一张叶片，叶芽生在叶腋
复叶	一个叶柄上生有许多小叶，总叶柄的基部才有腋芽，小叶柄基部没有腋芽

辐射对称花•3瓣

鸭跖草

辐射对称花•3瓣

紫鸭跖草

辐射对称花•4瓣

虞美人

辐射对称花•4瓣

油菜花

辐射对称花•4瓣

羽衣甘蓝

辐射对称花•4瓣

月见草

辐射对称花•5瓣

锦葵

辐射对称花•5瓣

三色堇

辐射对称花•5瓣

旱金莲

辐射对称花•5瓣

八宝景天

辐射对称花•5瓣

报春花

辐射对称花•5瓣

马利筋

辐射对称花•5瓣

亚麻

辐射对称花•5瓣

长春花

辐射对称花•5瓣

石竹

辐射对称花•6瓣

大花葱

辐射对称花•6瓣

"金娃娃"萱草

辐射对称花•6瓣

萱草

辐射对称花•6瓣

郁金香

辐射对称花•6瓣

韭莲

辐射对称花•6瓣

葱兰

辐射对称花•6瓣

鸢尾

辐射对称花•6瓣

射干

辐射对称花•花瓣多数

美人蕉

辐射对称花•花瓣多数

芍药

辐射对称花•菊花形

秋英

辐射对称花•菊花形

菊芋

辐射对称花•菊花形

一枝黄花

辐射对称花•钟形

火把莲

辐射对称花•钟形

葡萄风信子

两侧对称花•唇形

薄荷

两侧对称花•唇形

夏枯草

两侧对称花•唇形

羽叶薰衣草

两侧对称花•唇形

一串红

两侧对称花•唇形

紫苏

两侧对称花•有距

凤仙花

两侧对称花•有距

早开堇菜

花小不易识别

土牛膝

花小不易识别

千日红

花小不易识别

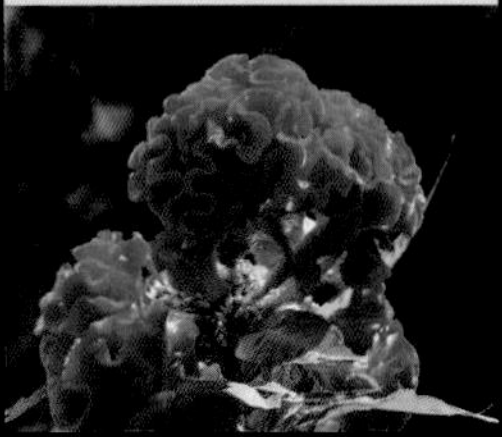

鸡冠花

花小不易识别

狗尾草

花小不易识别

虎尾草

花小不易识别

狼尾草

花小不易识别

画眉草

花小不易识别

地涌金莲

花小不易识别

蓖麻

辐射对称花•4瓣

太平花

辐射对称花•4瓣

连翘

辐射对称花•4瓣

胡颓子

辐射对称花•5瓣

梵天花

辐射对称花•5瓣

扶桑

辐射对称花•6瓣

紫薇

辐射对称花•6瓣

迎春

辐射对称花•6瓣

含笑

辐射对称花•花瓣多数

牡丹

辐射对称花•花瓣多数

重瓣棣棠

辐射对称花•花瓣多数

榆叶梅

辐射对称花•花瓣多数

玫瑰

辐射对称花•花瓣多数

山茶

辐射对称花•花瓣多数

茶梅

两侧对称花•蝶形

金雀儿

两侧对称花•蝶形

翅荚决明

两侧对称花•蝶形

黄槐决明

两侧对称花•蝶形

紫荆

两侧对称花•蝶形

双荚决明

两侧对称花•蝶形

假地豆

花小不易识别

美蕊花

花小不易识别

黄芦木

乔木

鳞片状

侧柏

针状或鳞片状

圆柏

针状或鳞片状

水杉

针状或鳞片状

白皮松

单叶

蒙椴

单叶

糠椴

单叶

鹅掌楸

单叶

广玉兰

单叶

梨

单叶

碧桃

单叶

李子

单叶

枣树

单叶

桑树

单叶

构树

单叶

柿树

单叶

泡桐

复叶

臭椿

复叶

菩提树

复叶

苦楝

复叶

香椿

复叶

栾树

复叶

无患子

复叶

复羽叶栾树

爬藤植物

辐射对称花 • 5 瓣

落葵

辐射对称花 • 5 瓣

凌霄

辐射对称花 • 5 瓣

钩吻

辐射对称花 • 5 瓣

花叶常春藤

辐射对称花 • 5 瓣

中华猕猴桃

辐射对称花 • 5 瓣

南蛇藤

辐射对称花 • 5 瓣

常春藤

辐射对称花 • 花瓣多数

爬蔓儿月季

花小不易识别

异叶地锦

花小不易识别

五叶地锦

花小不易识别

爬山虎

花小不易识别

乌蔹梅

两侧对称花 • 蝶形

紫藤

无花瓣

麒麟叶

辐射对称花 • 3 瓣

慈姑

辐射对称花 • 3 瓣

皇冠草

辐射对称花 • 3 瓣

泽泻

辐射对称花 • 3 瓣

水鳖

辐射对称花 • 4 瓣

柳叶菜

辐射对称花 • 4 瓣

水罂粟

辐射对称花 • 4 瓣

野菱

辐射对称花 • 5 瓣

红蓼

辐射对称花 • 5 瓣

荇菜

辐射对称花 • 6 瓣

雨久花

辐射对称花 • 6 瓣

黄菖蒲

辐射对称花 • 6 瓣

千屈菜

辐射对称花 • 花瓣多数

荷花

辐射对称花 • 花瓣多数

王莲

花小不易识别

芦苇

花小不易识别

杉叶藻

花小不易识别

蒲苇

花小不易识别

水葱

花小不易识别

菖蒲

花小不易识别

小香蒲

花小不易识别

香蒲

无花瓣

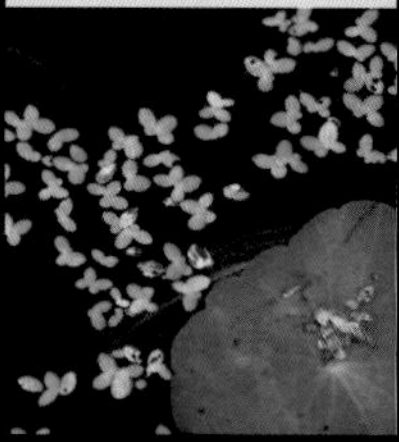

浮萍

无花瓣

紫芋

两侧对称花 • 兰花形或其他形状

凤眼莲

两侧对称花 • 兰花形或其他形状

梭鱼草

辐射对称花 • 4 瓣

毛草龙

辐射对称花 • 4 瓣

柳兰

辐射对称花 • 4 瓣

扁蕾

辐射对称花 • 4 瓣

鱼腥草

辐射对称花 • 5 瓣

糙叶败酱

辐射对称花 • 5 瓣

缬草

辐射对称花 • 5 瓣

胭脂花

辐射对称花 • 5 瓣

海乳草

辐射对称花 • 5 瓣

花荵

辐射对称花 • 5 瓣

朝天委陵菜

辐射对称花 • 5 瓣

龙牙草

辐射对称花 • 6 瓣

卷丹

辐射对称花 • 6 瓣

浙贝母

辐射对称花 • 花瓣多数

铃铃香青

辐射对称花 • 花瓣多数

金莲花

辐射对称花 • 花瓣多数

华北耧斗菜

辐射对称花 • 花瓣多数

瓣蕊唐松草

辐射对称花 • 花瓣多数

半钟铁线莲

辐射对称花 • 菊花形

蒲儿根

辐射对称花 • 菊花形

额河千里光

辐射对称花 • 菊花形

牛蒡

辐射对称花 • 菊花形

南美蟛蜞菊

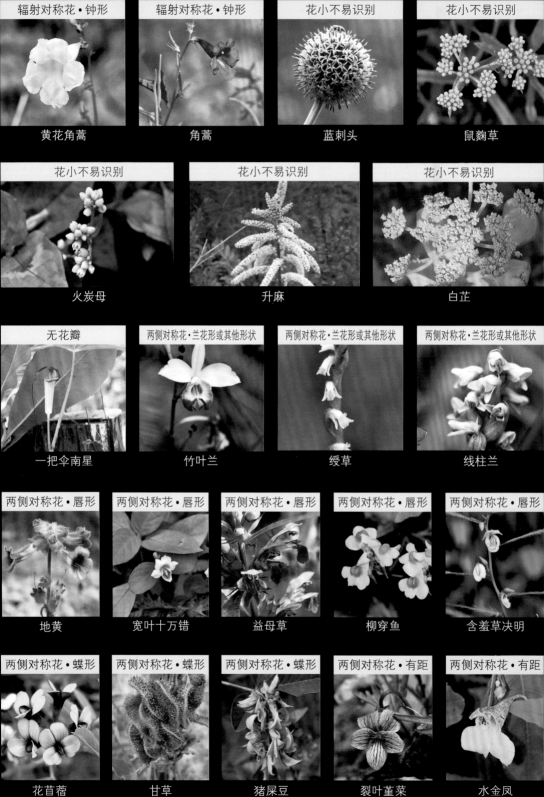

辐射对称花•钟形

黄花角蒿

辐射对称花•钟形

角蒿

花小不易识别

蓝刺头

花小不易识别

鼠麴草

花小不易识别

火炭母

花小不易识别

升麻

花小不易识别

白芷

无花瓣

一把伞南星

两侧对称花·兰花形或其他形状

竹叶兰

两侧对称花·兰花形或其他形状

绶草

两侧对称花·兰花形或其他形状

线柱兰

两侧对称花•唇形

地黄

两侧对称花•唇形

宽叶十万错

两侧对称花•唇形

益母草

两侧对称花•唇形

柳穿鱼

两侧对称花•唇形

含羞草决明

两侧对称花•蝶形

花苜蓿

两侧对称花•蝶形

甘草

两侧对称花•蝶形

猪屎豆

两侧对称花•有距

裂叶堇菜

两侧对称花•有距

水金凤

辐射对称花•4 瓣

茜树

辐射对称花•4 瓣

狗骨柴

辐射对称花•5 瓣

小花溲疏

辐射对称花•5 瓣

映山红

辐射对称花•5 瓣

粉叶羊蹄甲

辐射对称花•5 瓣

华南云实

辐射对称花•5 瓣

桃金娘

辐射对称花•5 瓣

野牡丹

辐射对称花•5 瓣

石斑木

辐射对称花・花瓣多数

木榄

辐射对称花・花瓣多数

槭叶铁线莲

辐射对称花・喇叭形

刺旋花

辐射对称花・钟形

吊钟花

花小不易识别

水团花

花小不易识别

细叶小檗

花小不易识别

蚂蚱腿子

两侧对称花•兰花形或其他形状

老鼠簕

两侧对称花•兰花形或其他形状

草海桐

两侧对称花•唇形

单叶蔓荆

两侧对称花•唇形

蒙古莸

两侧对称花•唇形

三花莸

两侧对称花•蝶形

河北木蓝

两侧对称花•蝶形

猫头刺

针状或鳞片状

华北落叶松

针状或鳞片状

铁坚油杉

针状或鳞片状

黑皮油松

针状或鳞片状

樟子松

单叶

八角枫

单叶

木荷

单叶

山乌桕

单叶

乌桕

单叶

油桐

单叶

铁冬青

单叶

毛梾木

单叶

稠李

单叶

红花荷

单叶

白桦

单叶

槲栎

单叶

蒙古栎

单叶

栓皮栎

单叶

大头茶

单叶

野含笑

单叶

凹叶厚朴

复叶

盐肤木

复叶

胡桃楸

复叶

化香树

复叶

陕甘花楸

复叶

木棉

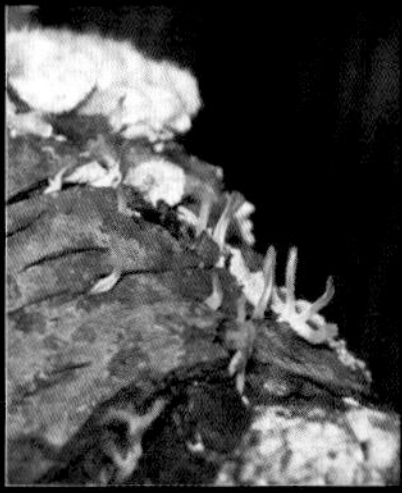
桂花耳

蛋巢菌

栎金钱菌

侧耳

狮黄光柄菇

晶粒鬼伞

墨汁鬼伞

硫磺菌

木蹄层孔菌

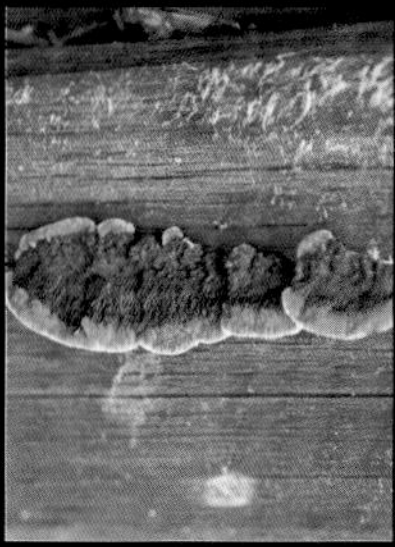
松生拟层孔菌

地星马勃

多刺马勃

粒皮马勃

网纹马勃

细柄马鞍菌

黄羊肚菌

豹斑鹅膏菌

粪锈伞

白假鬼伞

褐黄牛肝菌

铅紫粉孢牛肝菌

远东疣柄牛肝菌

紫色圆孔牛肝菌

黑虎掌菌

导读

植物在我们日常生活中无处不在，街边花草树木，居家盆栽，园林绿化……无论您在城市还是野外，总会看到植物的身影。看到喜人的植物想要知道它的名字时，打开本书，根据看到植物的地点以及花的形状按图索骥，您就能把它认出来了。

本书按照花形分类，介绍了身边常见的植物，每种植物均有其形态特征的介绍，方便您了解它们。除此之外，我们还将植物分成了城市篇与野外篇，更加方便您根据看到植物的地点来查找植物名称。

本书除了介绍身边常见的植物以外，还介绍了一些身边常见的菌类，虽然这些菌类与植物有着本质的区别，甚至在物种分类学上分属于不同的“界”，然而在日常生活中很多蘑菇、木耳、灵芝等菌类的遇见率还是很高的，因此，本书也收录了一些常见菌类供读者朋友们进行基础识别。

在闲暇之余您也可以翻阅本书，看看这些美丽的植物，放松一下心情，领略大自然的美丽！更希望这本书能成为您生活中的良师益友，为您的生活增添一份快乐！

目录

第一章 城市常见花草树木

草本植物 /1

相似品种巧辨别

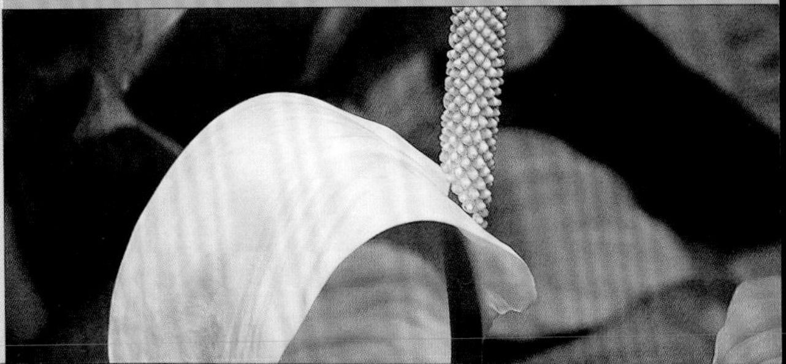

第二章 城市常见花草树木

灌木植物 /49

辐射对称花 • 4 瓣 /50

相似品种巧辨别

辐射对称花 • 5 瓣 /62

相似品种巧辨别

第三章 城市常见花草树木

乔木 /93

针状或鳞片状 /94

单叶 /97

第四章 城市常见花草树木

第五章 城市常见花草树木

水生植物/131

辐射对称花 • 3 瓣 /132

辐射对称花 • 4 瓣 /135

辐射对称花 • 5 瓣 /136

辐射对称花 • 6 瓣 /137

辐射对称花 • 花瓣多数 /138

花小不易识别 /139

无花瓣 /144

两侧对称花 • 兰花形或其他形状 /146

第六章 野外常见花草树木

草本植物 /149

辐射对称花 • 4 瓣 /150

辐射对称花 • 5 瓣 /156

辐射对称花 • 花瓣多数 /185

辐射对称花 • 菊花形 /188

辐射对称花 • 喇叭花形 /199

辐射对称花 • 钟形 /202

花小不易识别 /206

无花瓣 /214

两侧对称花•兰花形或其他形状 /216

相似品种巧辨别

两侧对称花 • 唇形 /224

两侧对称花 • 蝶形 /236

两侧对称花 • 有距 /242

第七章 野外常见花草树木

灌木植物 /247

辐射对称花 • 4 瓣 /248

辐射对称花 • 5 瓣 /252

辐射对称花 • 花瓣多数 /261

辐射对称花 • 喇叭花形 /262

辐射对称花 • 钟形 /263

花小不易识别 /264

两侧对称花 • 兰花形或其他形状 /266

两侧对称花 • 唇形 /267

两侧对称花 • 蝶形 /270

第八章 野外常见花草树木

乔木 /275

针状或鳞片状 /276

单叶 /277

复叶 /300

第九章

蘑菇 /309

附录：

第一章 城市常见花草树木

草本植物

草本植物指茎内的木质部不发达，含木质化细胞少，支持力弱的植物。草本植物体形一般都很矮小，寿命较短。在城市里草本植物一般作为花坛植被、地被植物来使用。

特别声明：本书所指“城市常见花草树木”是以“普通百姓在城市中常见到”为标准，并不代表野外没有或不常见。

鸭跖草

植物档案：

分布情况：产于云南、四川、甘肃以东，现已广泛栽培。

科属：鸭跖草科鸭跖草属。

花期：夏秋季。

白色花瓣略小于其他两瓣。

养护要点：

全光照或半阴环境下都能生长，但不能过阴，否则叶色减退为浅粉绿色，易徒长。喜温暖、湿润气候，喜弱光，忌阳光曝晒。

形态特征：

- 茎：茎匍匐生根，多分枝，长可达 1 米。
- 叶：叶披针形至卵状披针形，总苞片佛焰苞状，有柄，与叶对生，折叠状，展开后为心形。
- 花：聚伞花序，花瓣上面 2 瓣为蓝色，下面 1 瓣为白色，内面 2 瓣具爪，长近 1 厘米；花苞呈佛焰苞状，绿色。

紫鸭跖草

植物档案：

分布情况：已广泛栽培。

科属：鸭跖草科鸭跖草属。

花期：夏秋季。

叶片似竹叶。

养护要点：

忌寒冷霜冻，越冬温度需要保持在 10℃以上，在冬季气温降到 4℃以下进入休眠状态，如果环境温度接近 0℃，会因冻伤而死亡。

形态特征：

- 茎：茎多分枝，带肉质，紫红色，下部匍匐状，节上常生须根，上部近于直立。
- 叶：叶互生，披针形，先端渐尖，全缘，基部抱茎而成鞘，上面暗绿色，边缘绿紫色，下面紫红色。
- 花：花密生在二叉状的花序柄上，花瓣 3，多粉红色，广卵形。

蚌花

植物档案：

分布情况：原产墨西哥和西印度群岛，现广泛栽培。

科属：鸭跖草科紫背万年青属。

花期：8~10 月。

白色小花腋生。

养护要点：

越冬温度不得低于 5℃，生长期需保持较高的空气湿度和充足的阳光，但夏季怕强光直射，需适当遮阴。

形态特征：

- 叶：叶宽披针形，成环状着生在短茎上；叶面光滑深绿，叶背暗紫色。
- 花：花腋生，白色花朵被两片蚌壳般的紫色苞片，花丝上有白色长毛。

虞美人

植物档案：

分布情况：原产欧洲，我国各地常见栽培，为观赏植物。

科属：罂粟科罂粟属。

花期：3 ~8 月。

养护要点：

喜欢光照充足和通风良好的地方，耐寒，不耐湿、热，不宜在过肥的土壤上栽植，花前追施稀薄液肥。

形态特征：

- 茎：茎直立，高 25~90 厘米，具分枝，被淡黄色刚毛。
- 叶：叶互生，叶片羽状分裂，下部全裂，上部深裂或浅裂，最上部粗齿状羽状浅裂；下部叶具柄，上部叶无柄。
- 花：花单生于茎和分枝顶端；花蕾长圆状倒卵形，下垂；花瓣 4 ，全缘，多紫红色，基部通常具深紫色斑点；雄蕊多数，花丝丝状。
- 果：蒴果宽倒卵形，无毛。

油菜花

植物档案：

分布情况：广泛分布在我国南北各地区。

科属：十字花科芸薹属。

花期：3~5 月。

养护要点：

花期长，需水量大，可根据土壤墒情灌水 1~2 次，油菜终花后，可根据墒情适时灌溉。荚果期可灌水 1~2 次。

形态特征：

- 茎：茎绿花黄，多分枝，茎秆较软。
- 叶：基生叶呈旋叠状生长，茎生叶，一般是互生，没有托叶。
- 花：花两性，辐射对称，花瓣 4，呈十字形排列，花片质如宣纸，嫩黄微薄；雄蕊通常为 6,4 长 2 短，通常称为“四强雄蕊”。
- 果：果实为长角果。

紫罗兰

植物档案：

分布情况：原产欧洲南部，我国大城市中多有引种。

科属：十字花科紫罗兰属。

花期：4~5 月。

养护要点：

喜冷凉的气候，忌燥热，不耐阴，怕渍水。喜通风良好的环境，冬季喜温和气候，但也能耐短暂的零下 5℃的低温。忌酸性土壤。

形态特征：

- 茎：茎直立，多分枝，基部稍木质化。
- 叶：叶片长圆形至倒披针形或匙形，全缘或呈微波状，基部渐狭成柄。
- 花：总状花序顶生和腋生，花多数，较大，花序轴果期伸长；花瓣紫红、淡红或白色，近卵形，长约 12 毫米，顶端浅 2 裂或微凹，边缘波状，下部具长爪。
- 果：长角果圆柱形。

羽衣甘蓝

科属：十字花科芸薹属。 **花期：**4月。

为结球甘蓝（卷心菜）的园艺变种。结构和形状与卷心菜非常相似，二者的区别在于羽衣甘蓝的中心不会卷成团。

食用价值：

采集中心部位刚展开的羽状嫩叶食用，质脆味清，营养丰富，含有多种矿物质，可与西蓝花媲美。

应用布置：

叶紧密互生、团抱成球形，叶片较宽大，叶缘细密多皱并具波状起伏。心部叶片的色彩丰富，因品种不同而呈紫红、桃红、青灰、淡黄至乳白色的变化。可作为北方晚秋、初冬季城市绿化的理想补充观叶花卉。

- 外观：二年生草本，被粉霜。
- 茎：一年生茎肉质，不分枝，绿色或灰绿色。二年生茎有分枝。
- 叶：一年生叶片肥厚，被有蜡粉，深度波状皱褶，呈鸟羽状。二年生植株茎伸长，茎生叶有长叶柄。
- 花：花黄色；花瓣脉纹明显，顶端微缺，基部骤变窄成爪状。
- 果：长角果圆柱形，两侧稍压扁，中脉突出，喙圆锥形。
- 分布：我国已广泛栽培。

多作为花坛植被使用。

养护要点

长日照

保持土壤湿润，夏季不积水

喜腐殖质丰富、肥沃的砂壤土或黏壤土

二月兰

科属：十字花科诸葛菜属。 **花期**：3~5月。

由于开花较早，阴历二月便可开放，因此名"二月兰"。二月兰又称"诸葛菜"，既是观赏植物，又是可食用的野菜。相传诸葛亮带兵打仗之时，常命令士兵将诸葛菜栽植于军营周围，平日观赏，战时做军粮。

应用布置：
花期较长，
甚至在寒冷冬季仍可保绿不枯，
可以较好的覆盖地面，
是北方地区不可多得的早春观花、
冬季观绿的地被植物。

- 外观：一年生或二年生草本，株高为30~50厘米。
- 茎：有直立且单一的茎。
- 叶：基生叶和下部茎生叶大头羽状全裂；上部茎生叶抱茎，长圆形或窄卵形，叶基呈耳状。
- 花：茎端顶生总状花序，有花5~20朵；花瓣常显蓝紫色或淡红色，随着花期的延续，花瓣颜色逐渐变淡，最终成为白色。花径2~4厘米。
- 分布：产于我国辽宁、河北、山西、山东、河南、安徽、江苏、浙江、湖北、江西、陕西、甘肃、四川。生在平原、山地、路旁或地边。

花瓣呈"十"字。

养护要点

长日照

见干浇透，保持土壤湿润

对土壤要求不高

美丽月见草

植物档案：

分布情况：在我国南北地区广泛栽培。

科属：柳叶菜科月见草属。

花期：4~11月。

生长环境：

适应性强，耐酸耐旱。对土壤要求不高，种子播种后，土壤要保持湿润，一般在中性、微碱或微酸性疏松的土壤中均能生长。

形态特征：

- 根茎：具粗大主根；茎常丛生，长30~55厘米。
- 叶：基生叶紧贴地面，倒披针形，开花时枯萎。茎生叶灰绿色，多披针形，边缘具齿突，基部细羽状裂，侧脉6~8对，两面被曲柔毛。
- 花：单生于茎、枝顶部叶腋；花蕾绿色，锥状圆柱形；花管淡红色，被曲柔毛；花瓣粉红至紫红色，先端钝圆。
- 果：蒴果棒状，具4条纵翅。

月见草

植物档案：

分布情况：原产北美，我国东北、华北、华东、西南等地区常见。

科属：柳叶菜科月见草属。

花期：6~9月。

生长环境：

春、秋两季均可播种，在我国北方地区更适合春天播种。种子播后，土壤要保持湿润。

形态特征：

- 茎：高50~200厘米，被曲柔毛与伸展长毛。
- 叶：基生莲座叶丛紧贴地面；基生叶倒披针形；茎生叶椭圆形至倒披针形，基部楔形。
- 花：花序穗状，不分枝；苞片叶状，果时宿存；花萼狭长，披茸毛；花蕾锥状长圆形，花展开后花瓣黄色，宽倒卵形，长2.5~3厘米。
- 果：蒴果锥状圆柱形，向上变狭，长2~3.5厘米，直立，绿色。

旱金莲

植物档案：

分布情况：我国长江以南多有栽培。

科属：旱金莲科旱金莲属。

花期：6~10 月。

养护要点：

宜用富含有机质的沙壤土，一般在生长期每隔 3~4 周施肥一次。春、秋季节 2~3 天浇水一次，夏季每天浇水。

形态特征：

- 叶：叶互生；叶柄向上扭曲，盾状，着生于叶片的近中心处；叶片圆形，边缘为波浪形的浅缺刻。
- 花：单花腋生，花柄长 6~13 厘米；花黄色、紫色、橘红色或杂色。
- 果：果扁球形，成熟时分裂成 3 个具一粒种子的瘦果。

长春花

植物档案：

分布情况：在我国广泛栽培。

科属：夹竹桃科长春花属。

花期：几乎全年。

养护要点：

不耐严寒，忌湿怕涝，以排水良好、通风透气的沙质或富含腐殖质的土壤为好。

形态特征：

- 茎：茎近方形，有条纹，灰绿色；节间长 1~3.5 厘米。
- 叶：叶膜质，倒卵状长圆形，先端有短尖头，基部广楔形至楔形，渐狭而成叶柄。
- 花：聚伞花序，有花 2~3 朵；萼片多披针形；花冠红色，高脚碟状，花冠筒圆筒状，长约 2.6 厘米，喉部紧缩，具刚毛；花冠裂片宽倒卵形。
- 果：蓇葖双生，直立，平行或略叉开。

三色堇

植物档案：

分布情况：原产欧洲北部，我国南北方栽培普遍。

科属：堇菜科堇菜属。

花期：4~7 月。

养护要点：

喜微潮偏干的土壤环境，不耐旱。生长期保持土壤湿润，冬天应偏干，每次浇水要见干见湿。

形态特征：

- 茎：地上茎较粗，有棱，单一或多分枝。
- 叶：基生叶叶片长卵形或披针形，具长柄；茎生叶叶片卵形、长圆形或长圆披针形，边缘具稀疏的锯齿；托叶大型，叶状，羽状深裂。
- 花：花大，花瓣 5，通常每花有 3 色；经人工培植，已有多种 3 色组合及纯色的品种。

垂盆草

植物档案：

分布情况：分布于我国东北、华北、华中大部分地区。

科属：景天科景天属。

花期：5~7 月。

花瓣为五
角星形状。

养护要点：

忌强光照的环境，需适当遮阴。需水量比较大，但不能积水。一般不挑土壤，但忌贫瘠的土壤。

形态特征：

- 茎：不育枝及花茎细，匍匐而节上生根，直到花序之下。
- 叶：3 叶轮生，叶倒披针形至长圆形，先端近急尖，基部急狭，有距。
- 花：聚伞花序，有 3~5 分枝，花少；花无梗；花瓣 5，黄色，披针形至长圆形，先端有稍长的短尖；雄蕊 10，较花瓣短。

八宝景天

植物档案：

分布情况：分布于我国东北地区以及其他中部省份。

科属：景天科八宝属。

花期：8~10 月。

花蕊高高
伸出。

养护要点：

喜强光照，也稍耐阴，长日照植物。保持土壤湿润，但不能渍水。耐干旱瘠薄，在盐碱地区生长发育良好。

形态特征：

- 根茎：块根胡萝卜状。肉质茎直立挺拔，没有分枝。
- 叶：肉质叶对生，边缘有疏锯齿。
- 花：伞房状花序顶生，花密集；花瓣 5，白色或粉红色，宽披针形，渐尖。

新几内亚凤仙

植物档案：

分布情况：在我国广泛栽培。

科属：凤仙花科凤仙花属。

花期：6~8 月。

花朵没有
花蕊。

养护要点：

冬季和早春需要全光照，不要遮阴。上盆后，前两周用清水浇透。在疏松、肥沃土壤中生长良好。

形态特征：

- 茎：茎肉质，光滑，青绿色或红褐色，茎节突出，易折断。
- 叶：多叶轮生；叶披针形，叶缘具锐锯齿，叶色黄绿至深绿色。
- 花：花多单生于叶腋，基部花瓣衍生成矩，花色极为丰富，有洋红色、雪青色、白色、紫色、橙色等。

青葙

植物档案：

分布情况：广泛分布于我国各地区。

科属：苋科青葙属。

花期：5~8 月。

养护要点：

喜温暖，耐热，不耐寒。需水量大，但忌积水，对土壤要求不严，吸肥力强。

形态特征：

- 茎：茎直立，有分枝，绿色或红色，具明显条纹。
- 叶：叶子细长，披针形。
- 花：花序顶生，像麦穗一样，自下而上由白色渐变到粉红色，紫红色的小花密生于花序上；花径 0.5~0.8 厘米。

宿根亚麻

植物档案：

分布情况：分布于我国河北、山西、内蒙古、西北和西南等地区。

科属：亚麻科亚麻属。

花期：6~7 月。

养护要点：

喜光照充足，喜干燥而凉爽的气候，耐旱，耐寒，耐肥，不耐湿，在土质肥沃、排水通畅的土壤中长势较好，忌偏碱土壤。

形态特征：

- 根茎：根为直根，粗壮，根颈头木质化。茎多数，中部以上多分枝，基部木质化，具密集狭条形叶的不育枝。
- 叶：叶互生；叶片多狭条形，全缘内卷，先端锐尖，基部渐狭。
- 花：花多数，组成聚伞花序，颜色有蓝色、蓝紫色、淡蓝色，直径约 2 厘米；花瓣 5。
- 果：蒴果近球形，草黄色，开裂。

亚麻

植物档案：

分布情况：我国各地皆有，但以北方和西南地区较为普遍。

科属：亚麻科亚麻属。

花期：6~8 月。

养护要点：

喜凉爽湿润气候，耐寒，忌高温。以土层深厚、疏松肥沃、排水良好的微酸性或中性土壤栽培为宜。

形态特征：

- 茎：茎直立，多在上部分枝，基部木质化，无毛，韧皮部纤维强韧弹性，构造如棉。
- 叶：叶互生；叶片多线形，先端锐尖，基部渐狭，无柄，内卷。
- 花：花单生于枝顶或枝的上部叶腋，组成疏散的聚伞花序；花直径 15~20 毫米；中央一脉明显凸起，宿存；花瓣 5，倒卵形，蓝色或紫蓝色，稀白色或红色。

落新妇

科属：虎耳草科落新妇属。 **花期**：6~9月。

全草皱缩，适宜种植在疏林下及林缘墙垣半阴处，也可植于溪边和湖畔。有多种园艺品种，花色丰富。

功效：

根状茎入药，可散瘀止痛、祛风除湿、清热止咳。

应用布置：

可作花坛和花境；矮生类型可布置岩石园；可作盆栽和切花观赏，具有纯朴、典雅风采。

- 外观：多年生草本，高50~100厘米。
- 茎：根状茎暗褐色，粗壮，须根多数。茎无毛。
- 叶：基生叶为二至三回羽状三出复叶，顶生小叶片菱状椭圆形，侧生小叶片卵形至椭圆形，边缘有重锯齿；茎生叶2~3，较小。
- 花：圆锥花序；花序轴密被褐色卷曲长柔毛；花密集；花瓣5，淡紫色至紫红色，线形。
- 果：蒴果长约3毫米。
- 分布：分布于我国东北、华北及山东、浙江、江西、河南、湖北、湖南等地区。

紫色花序狭长。

养护要点

喜半阴

见干浇透

喜微酸、中性排水良好的沙质壤土

锦葵

科属：锦葵科锦葵属。 **花期**：5~10 月。

锦葵，古名"荍"，始载于《诗经·陈风》。果实具有落花生般的味道。

功效：

花、叶和茎可利尿通便、清热解毒，有助于缓解淋巴结结核、咽喉肿痛等症。

食用价值：

嫩茎叶可凉拌、炒食。

应用布置：

花供园林观赏，地植或盆栽均宜。多用于花境造景，种植在庭院边角等地。

- 外观：二年生或多年生直立草本，高 50~90 厘米，分枝多。
- 叶：叶圆心形或肾形，边缘具圆锯齿；叶柄长 4~8 厘米。
- 花：花 3~11，簇生，花梗长 1~2 厘米；花紫红色或白色，直径 3.5~4 厘米，花瓣 5，匙形，先端微缺，爪具髯毛。
- 果：果扁圆形，径 5~7 毫米，肾形，被柔毛。
- 分布：我国南北各城市常见，偶有逸生[1]。

① 逸生是指在新环境中能够进行自我更新并适应新环境的生存方式。逸生种即以这种方式存活下来的外来栽培物种。

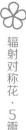

花瓣上有纵向明显条纹。

养护要点

喜阳光充足

偏干忌湿

各种土壤均能生长，沙质土壤最适合

报春花

科属：报春花科报春花属。 **花期**：2~5月。

有许多园艺品种，早春开花，花色丰富，花期长，具有很高的观赏价值。

功效：

花入药，可以用来缓解咳嗽、气管炎、头痛、流感等疾病。

应用布置：

报春花常用来美化家居环境。

- 外观：二年生草本，通常被粉。
- 叶：叶多数簇生，叶片多卵形，长3~10厘米，裂片6~8对，具不整齐的小牙齿，干时膜质；叶柄长2~15厘米，鲜时带肉质，具狭翅。
- 花：花葶1至多枚自叶丛中抽出，高10~40厘米；伞形花序2~6轮，每轮花4~20；花冠粉红色、淡蓝紫色或近白色，裂片阔倒卵形，先端深2裂。
- 果：蒴果球形，直径约3毫米。
- 分布：产于我国云南、贵州和广西西部地区，现已广泛栽培。

花瓣先端深2裂。

养护要点

喜光，忌强光照射

喜湿润，但不宜浇水过多

喜排水良好、富含腐殖质的土壤

马利筋

科属：萝藦科马利筋属。 **花期**：近全年。

现广植于世界热带及亚热带地区。马利筋的叶片是蝴蝶幼虫喜爱的食粮，可作为引蝶植物加以利用。

功效：

全株有毒，尤以乳汁毒性较强，含强心甙，也称白微甙，可作药用，有除虚热、利小便、调经活血、止痛、退热、消炎、散肿、驱虫之效。

应用布置：

由于其花序顶生，故而主要供作庭植、花坛栽植、切花和盆栽。

- 外观：多年生直立草本，灌木状，高可达 80 厘米，全株有白色乳汁。
- 茎：茎淡灰色，无毛或有微毛。
- 叶：叶膜质，披针形至椭圆状披针形，顶端短渐尖或急尖，基部楔形而下延至叶柄。
- 花：聚伞花序顶生或腋生，着花 10~20 朵；花冠紫红色，裂片长圆形，反折；副花冠 5 裂，黄色，匙形，有柄，内有舌状片；花粉块长圆形，下垂，着粉腺紫红色。
- 果：蓇葖果披针形，长 6~10 厘米，两端渐尖。
- 分布：广泛栽植于我国东南、西南等地区。

花瓣 2 轮，外层花瓣大且色深，内层小且黄。

养护要点	长日照	见干浇透	宜湿润、肥沃的土壤

辐射对称花·5瓣

土人参

科属：马齿苋科土人参属。 **花期：**6~8 月。

土人参栽培容易，繁殖迅速，因此多作为插花观赏使用。

功效：

根为滋补强壮药，可补中益气、润肺生津；叶消肿解毒，可治疗疮疖肿。

食用价值：

嫩茎叶脆嫩、爽滑可口，可炒食或做汤，肉质根可凉拌，还宜与肉类炖汤，药食两用。

应用布置：

土人参开小花，花期长，是插花的好品种。

- 外观：一年生或多年生草本，全株无毛，高 30~100 厘米。
- 根茎：主根粗壮，圆锥形，有少数分枝，皮黑褐色，断面乳白色。茎直立，肉质，基部近木质，少分枝，圆柱形。
- 叶：叶近无柄，叶片稍肉质，长 5~10 厘米，具短尖头，基部狭楔形，全缘。
- 花：圆锥花序较大形，常二叉状分枝，具长花序梗；花小，直径约 6 毫米；花瓣粉红色或淡紫红色，顶端圆钝，稍微凹。
- 果：蒴果近球形，直径约 4 毫米，3 瓣裂，坚纸质。
- 分布：我国中部和南部均有栽植。

花小，顶生于枝端。

养护要点

长日照 | 3~5 日浇水 1 次 | 宜通透性好的沙质土壤

西洋耧斗菜

科属：毛茛科耧斗菜属。　**花期**：5~7 月。

原产于欧洲和北美。有许多变种，花色丰富。

应用布置：

优良庭园花卉，叶奇花美，适于布置花坛、花径等，花枝可供切花。

- 外观：多年生草本植物。
- 根茎：根肥大，圆柱形，直径可达 1.5 厘米。茎高 15~50 厘米。
- 叶：基生叶少数楔状倒卵形，上部 3 裂；茎生叶数枚，向上渐变小。
- 花：花 3~7，倾斜或微下垂；苞片 3 全裂；萼片黄绿色，长椭圆状卵形，长 1.2~1.5 厘米，宽 6~8 毫米；花瓣瓣片与萼片同色[1]，直立，倒卵形，比萼片稍长或稍短，顶端近截形。
- 分布：主要分布于我国东北及西北、华北地区。

① 经人工栽培，已有萼片与花瓣颜色不同的品种。

花朵细长，似喇叭。

养护要点

- 耐寒、喜凉爽气候
- 要求较高的空气湿度
- 宜肥沃、湿润、富含腐殖质、排水良好的土壤

蛇莓

植物档案：

分布情况：主要分布于我国辽宁以南地区。

科属：蔷薇科蛇莓属。

花期：6~8 月。

养护要点：

喜阴凉、温暖湿润，耐寒，不耐旱、不耐水渍，宜用疏松、湿润的沙壤土。

形态特征：

- 叶：小叶片倒卵形至菱状长圆形，长 2~5 厘米，边缘有钝锯齿；叶柄长 1~5 厘米。
- 花：花单生于叶腋；直径 1.5~2.5 厘米；花梗长 3~6 厘米；花瓣倒卵形，长 5~10 毫米，黄色，先端圆钝。
- 果：花托在果期膨大，海绵质，鲜红色，有光泽；瘦果卵形，长约 1.5 毫米，鲜时有光泽。

天胡荽

植物档案：

分布情况：在我国广泛分布。

科属：伞形科天胡荽属。

花期：4~9 月。

养护要点：

喜温暖潮湿，忌阳光直射。耐湿，稍耐旱，适应性强，水陆两栖皆可。以松软、排水良好的栽培土为佳。

形态特征：

- 茎：茎细长而匍匐，平铺地上成片。
- 叶：叶片圆形或肾圆形，基部心形，边缘有钝齿，表面光滑。
- 花：伞形花序与叶对生，单生于节上；小伞形花序有花 5~18 朵，花无柄或有极短的柄，花瓣卵形，有腺点。
- 果：果实略呈心形，两侧扁压，中棱在果熟时隆起。

肥皂草

植物档案：

分布情况：多为城市公园栽培，在大连、青岛等城市常逸为野生。

科属：石竹科肥皂草属。

花期：6~9 月。

养护要点：

喜光，喜温暖湿润气候，耐旱性强，一般不用经常浇水，耐贫瘠，对土壤要求也不严。

形态特征：

- 根茎：主根肥厚，肉质；根茎细，多分枝。茎直立，常无毛。
- 叶：叶片椭圆形或椭圆状披针形，基部渐狭成短柄状，微合生，半抱茎，边缘粗糙，两面均无毛。
- 花：聚伞圆锥花序，小聚伞花序有花 3~7 朵；花萼筒状；花瓣白色或淡红色，爪狭长，无毛；雄蕊和花柱外露。
- 果：蒴果长圆状卵形。

麦蓝菜

植物档案：

分布情况：我国除华南地区外各地均产，为麦田常见杂草。

科属：石竹科麦蓝菜属。

花期：5~7 月。

养护要点：

喜温暖气候，怕水涝，要求排水良好、疏松、肥沃的土壤。

形态特征：

- 茎：茎单生，直立，上部分枝。
- 叶：叶片卵状披针形或披针形，基部圆形或近心形，微抱茎。
- 花：伞房花序稀疏；花萼卵状圆锥形，后期微膨大呈球形，棱绿色，棱间绿白色，近膜质；花瓣淡红色，长 14~17 毫米，宽 2~3 厘米，瓣片狭倒卵形。
- 果：种子近圆球形，直径约 2 毫米，红褐色至黑色。

相似品种巧辨别

天竺葵

是灌木状多年生草本；叶呈圆形，有栗色、铜绿色环纹；花有单瓣、半重瓣和重瓣，花色丰富。

科属：牻牛儿苗科天竺葵属。
花期：全年开花。

蔓性天竺葵

蔓生藤本状草本；叶盾形，全缘；花瓣蝶形，单瓣，有长花柄。

科属：牻牛儿苗科天竺葵属。
花期：9~11 月。

常夏石竹

为宿根草本；叶厚，灰绿色，长线形；花朵 2~3，顶生枝端，花色有紫色、粉红色、白色，芳香。

科属：石竹科石竹属。
花期：5~10 月。

须苞石竹

为多年生草本；叶片披针形，全缘；花多数，花瓣具长爪，瓣片卵形，通常红紫色，顶端齿裂。

科属：石竹科石竹属。
花期：5~10 月。

四季秋海棠

肉质草本；叶边缘有锯齿和缘毛，有蜡质光泽；花淡红或带白色，数朵聚生于腋生的总花梗上。

科属：秋海棠科秋海棠属。
花期：近全年。

球根秋海棠

多年生球根花卉；叶先端锐尖，基部偏斜，绿色，叶缘有粗齿及纤毛；花朵单生，有红、白、黄、粉、橙等色。

科属：秋海棠科秋海棠属。
花期：6~8 月。

垂笑君子兰

多年生草本；叶呈窄条形，深绿色；花窄漏斗形，橙色或黄色。

科属：石蒜科君子兰属。

花期：3~5 月。

大花君子兰

多年生草本；叶呈扁平，带状，深绿色；伞形花序，顶生，花多数，漏斗形，颜色丰富。

科属：石蒜科君子兰属。

花期：3~5 月。

金县芒

多年生草本；叶片披针状线形，多有斑点；圆锥花序长 25 厘米左右，有总状花序 5~15，着生于短缩主轴上；小穗披针形。

科属：禾本科芒属。

花期：夏、秋季。

芒

多年生苇状草本；叶片线形，下面疏生柔毛及被白粉，边缘粗糙；圆锥花序直立；分枝较粗硬，直立；小穗披针形，黄色。

科属：禾本科芒属。

花期：7~12 月。

辐射对称花·5瓣

虎杖

科属：蓼科虎杖属。 **花期**：7~9月。

多用根茎繁殖，繁殖速度快，也用播种繁殖。

功效：

有祛风利湿、散瘀定痛、止咳化痰等功效。

食用价值：

嫩茎叶及根可食用。

- 外观：多年生灌木状草本，高达1米以上。
- 根茎：根状茎横卧地下，木质，黄褐色，节明显。茎直立，圆柱形，表面无毛，散生着多数红色或带紫色斑点，中空。
- 叶：单叶互生，阔卵形至近圆形，先端短尖；叶柄长1~2.5厘米。
- 花：花单性，雌雄异株，圆锥花序腋生；花梗较长，上部有翅；花小而密，白色，花被5片，结果时增大。
- 分布：分布于我国中部及南部地区。

叶上有明显红色脉络。

养护要点

长日照

保持湿润状态，及时排水

对土壤要求不严，均适用

石竹

科属：石竹科石竹属。 **花期**：5~9 月。

石竹花又称洛阳花、石柱花，是我国传统名花之一，种类较多，花色鲜艳，绚丽多彩。

药用功效：

根和全草入药，有清热利尿、破血通经、散瘀消肿之功效。

应用布置：

茎秆似竹，叶丛青翠；花朵繁茂，五彩缤纷；园林中可用于花坛、花境、花台或盆栽，也可用于岩石园和草坪边缘点缀，是很好的观赏花卉。

- 茎：茎由根颈生出，疏丛生。
- 叶：叶片线状披针形，顶端渐尖，基部稍狭，中脉较显。
- 花：花单生枝端或数花集成聚伞花序；花瓣长 1.3~1.5 厘米，颜色有紫红色、粉红色、鲜红色或白色，顶缘不整齐齿裂，喉部有斑纹，疏生髯毛；雄蕊露出喉部外，花药蓝色。
- 果：蒴果圆筒形，包于宿存萼内，顶端 4 裂。
- 分布：除华南较热地区外，几乎全国各地均有分布。

花蕊周围有一圈斑纹。

养护要点

长日照

偏干忌湿

喜疏松、排水良好的土壤

红花酢浆草

植物档案：

分布情况：分布于我国大部分地区。

科属：酢浆草科酢浆草属。

花期：3~12月。

养护要点：

喜光植物，在全光下和树阴下均能生长，但全光下生长更健壮。适合生长在湿润的环境，干旱缺水时生长不良。

形态特征：

- 叶：叶基生；小叶3，扁圆状倒心形。
- 花：总花梗基生，二歧聚伞花序，通常排列成伞形花序式；花瓣5，倒心形，长1.5~2厘米，淡紫色至紫红色，基部颜色较深；雄蕊10，长的5枚超出花柱。
- 果：果实成熟后自动开裂。

黄花酢浆草

植物档案：

分布情况：原产南非，我国引种后被广泛栽培。

科属：酢浆草科酢浆草属。

花期：4~10月。

养护要点：

喜向阳、温暖、湿润的环境，夏季炎热地区宜遮半阴，抗旱能力较强，不耐寒。对土壤适应性较强，一般园土均可。

形态特征：

- 茎：根茎匍匐，具块茎，地上茎短缩不明显或无地上茎。
- 叶：叶多数，基生；叶柄长3~6厘米，基部具关节；小叶3，倒心形，长约2厘米，两面被柔毛，具紫斑。
- 花：伞形花序基生，明显长于叶；花瓣黄色，宽倒卵形，先端圆形、微凹，基部具爪；雄蕊10，2轮，内轮长为外轮的2倍。
- 果：果实成熟后自动开裂。

紫叶酢浆草

植物档案：

分布情况：我国引种，作为观叶地被草本。

科属：酢浆草科酢浆草属。

花期：4~11月。

养护要点：

喜湿润、半阴且通风好的环境，也耐干旱。温度低于5℃时植株地上部分受损。宜生长在富含腐殖质、排水良好的沙质土中。

形态特征：

- 茎：无地上茎；地下茎由一个个鳞片状组成，呈珊瑚状分布。
- 叶：叶为三出掌状复叶，簇生于叶柄顶端，总叶柄长；叶片呈等腰三角形，玫红色，有光泽和“人”字形色斑。
- 花：花为伞形花序，浅粉色，花瓣5，5~8朵簇生在花茎顶端。
- 果：果实成熟后自动开裂。

白花丹

植物档案：

分布情况：产于我国福建、广东、广西、贵州、云南、四川等地区。

科属：白花丹科白花丹属。

花期：10月～翌年3月。

养护要点：

适宜温暖湿润气候，不耐寒。对土壤要求不严格，以深厚、肥沃、疏松、黏性大的土壤较好。

形态特征：

▷ 叶：叶薄，通常长卵形，先端渐尖，下部骤狭而后渐狭成柄。

▷ 花：穗状花序；花萼先端有5枚三角形小裂片；花冠白色或微带蓝白色，花冠筒长1.8~2.2厘米，冠檐直径1.6~1.8厘米，裂片长约7毫米。

▷ 果：蒴果长椭圆形，淡黄褐色。

蓝花丹

植物档案：

分布情况：我国华南、华东、西南等地区和北京常有栽培。

科属：白花丹科白花丹属。

花期：6~9月和12月~翌年4月。

养护要点：

生长需要充足的阳光，喜欢温暖的环境，但耐热性不强，须生长在肥沃、疏松且排水性良好的酸性土壤中。

形态特征：

▷ 叶：叶薄，先端骤尖而有小短尖，罕钝或微凹，基部楔形，向下渐狭成柄。

▷ 花：穗状花序含18~30朵花；萼先端有5枚长卵状三角形的短小裂片；花冠淡蓝色至蓝白色，直径通常2.5~3.2厘米，花瓣倒卵形，先端圆；雄蕊略露于喉部之外。

宿根福禄考

植物档案：

分布情况：我国各地区均有栽培。

科属：花荵科天蓝绣球属。

花期：6~9月。

养护要点：

喜温暖，稍耐寒，忌酷暑。在华北一带可冷床越冬。宜排水良好、疏松的壤土，不耐旱，忌涝。

形态特征：

▷ 叶：下部叶对生，上部叶互生，顶端锐尖，基部渐狭或半抱茎，全缘，叶面有柔毛；无叶柄。

▷ 花：圆锥状聚伞花序顶生；花冠高脚碟状，直径1~2厘米，颜色丰富，裂片圆形。

▷ 果：蒴果椭圆形，长约5毫米，下有宿存花萼。

紫茉莉

植物档案：

分布情况：我国南北各地区常作为观赏花卉栽培。

科属：紫茉莉科紫茉莉属。

花期：6~10 月。

花朵只在傍晚至翌日清晨开放。

养护要点：

喜温，喜阴蔽，不耐寒；喜湿，喜土层深厚、疏松肥沃的壤土。

形态特征：

- 根茎：根肥粗，黑色或黑褐色。茎直立，圆柱形，多分枝，节稍膨大。
- 叶：叶片对生，卵形或卵状三角形，顶端渐尖，全缘，脉隆起。
- 花：花常数朵簇生枝端；花萼花瓣状，紫红色、黄色、白色或杂色，高脚碟状，5 浅裂；雄蕊与花柱均伸出花外。
- 果：瘦果球形，直径 5~8 毫米，革质，黑色，表面具皱纹。

大花葱

植物档案：

分布情况：现主要栽培于我国北方地区。

科属：百合科葱属。

花期：5~7 月。

密集小花呈大圆球形。

养护要点：

喜凉爽且阳光充足的环境，忌湿热多雨，忌积水，以疏松、肥沃的沙壤土为宜。

形态特征：

- 茎：鳞茎具白色膜质外皮。
- 叶：基生叶宽带形，灰绿色，长达 60 厘米。
- 花：伞形花序呈圆球形，直径约 15 厘米，有小花 2000~3000，红色或紫红色。

“金娃娃”萱草

植物档案：

分布情况：分布在我国江苏、河南、山东、浙江、河北等地区。

科属：伞形科天胡荽属。

花期：5~11 月。

养护要点：

喜光，耐半阴，耐寒，耐干旱、湿润，以土壤深厚、富含腐殖质、肥沃、排水良好的沙质壤土为宜。

形态特征：

- 根茎：根茎短，有肉质的纤维根。
- 叶：叶自根基丛生，狭长成线形，叶脉平行，主脉明显，基部交互裹抱。
- 花：花葶由叶丛抽出，上部分枝，呈圆花序，7~10 朵花生于顶端，花径约 6 厘米，橘黄色至橘红色；先端 6 裂钟状，下部管状。

萱草

植物档案：

分布情况：全国各地常见栽培，秦岭以南各省区有野生的。

科属：百合科萱草属。

花期：6~10 月。

养护要点：

耐寒性强，喜光线充足，也耐半阴。以腐殖质含量高、排水良好的通透性土壤为好。在春旱地区春季应适时浇水。

形态特征：

- 叶：基生叶叶长 50~80 厘米，通常宽 1~2 厘米，柔软，上部下弯。
- 花：花茎与叶近等长，不分枝，在顶端聚生花 2~6 朵；苞片宽阔，花被管 1/3~2/3 藏于苞片内；花被金黄色或橘黄色。

沿阶草

植物档案：

分布情况：在我国华东、华南、华中等地区广泛分布。

科属：百合科沿阶草属。

花期：6~8 月。

养护要点：

属耐阴植物，但也能在强阳光照射下生长。耐湿、耐旱性极强，建植覆盖后，可不必灌溉。对土壤没有特殊要求。

形态特征：

- 根：根系发达，覆盖地面效果较快。
- 叶：叶成簇从基部生出，叶狭长下垂，禾叶状，常绿；叶宽 2~4 厘米。
- 花：总状花序紫色或白色；花瓣 6 ，分成 2 轮；花葶比叶子稍短或等长。
- 果：种子近球形或椭圆形。

郁金香

植物档案：

分布情况：原产欧洲，我国广泛引种栽培。

科属：百合科郁金香属。

花期：4~5 月。

养护要点：

长日照花卉，喜向阳、避风，栽培过程中切忌灌水过量。以腐殖质丰富、疏松肥沃、排水良好的微酸性沙质壤土为宜。

形态特征：

- 茎：鳞茎皮纸质，内面顶端和基部有少数伏毛。
- 叶：叶 3~5 枚，条状披针形至卵状披针形。
- 花：花[1]单朵顶生，大型而艳丽；花色多变。

① 原种郁金香花瓣为 6 片，经过人工栽培后花瓣数量发生了变化，但以 6 片为主。

玉簪

科属：百合科玉簪属。 **花期**：8~10 月。

花色洁白形似玉簪而得名，是北方常用地被植物，屋顶花园中也有应用。花具浓香，叶大而喜阴。

- 外观：多年生宿根草本植物，常成丛生长。
- 茎：有粗大的根状茎和多数须根。
- 叶：叶卵状心形、卵形或卵圆形，先端近渐尖，基部心形。
- 花：花葶高 40~80 厘米，花单生或 2~3 朵簇生，长 10~13 厘米，白色，芬香。有相似品种开出紫色花，称为紫玉簪或紫萼。
- 分布：在我国广泛栽培。

花冠狭长像“簪子”。

养护要点	长日照	2~3 天浇水 1 次	腐殖质、通透性强的沙质土

风信子

科属：风信子科风信子属。 **花期**：3~4 月。

原产地在地中海东北部，有着很长的栽培历史，可追溯到 15 世纪。风信子一直是欧洲园艺植物育种家喜爱的花卉育种对象。

- 外观：多年生草本球根类植物，株高 15~45 厘米。
- 茎：鳞茎卵形，有膜质外皮，皮膜颜色与花色成正相关，未开花时形如大蒜。
- 叶：叶 4~8 枚，狭披针形，肉质，上有凹沟，绿色有光。
- 花：花茎肉质，总状花序顶生，小花 10~20 朵密生上部，漏斗形，花被筒形，上部 6 裂，反卷。
- 分布：我国各地广泛栽培。

花朵密生在顶部，呈穗状。

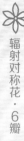

养护要点	长日照	喜湿润，忌积水	宜肥沃、排水良好的沙壤土

韭莲

科属: 石蒜科葱莲属。　　**花期:** 5~9月。

形似水仙, 成年植株每个鳞茎都能开花, 园林上常成片种植形成地被, 盛花时红艳艳开成一片, 观赏性很强。

功效:

全草及鳞茎入药,
有散热解毒、活血凉血的功效;
用于跌伤红肿、
毒蛇咬伤、吐血、血崩。

应用布置:

园林中适宜在花坛、花境
和草地边缘点缀,
或被地片栽, 都很美观。
盆栽室内装饰, 花、叶都可观赏。

▶ **外观:** 多年生草本。

▶ **茎:** 鳞茎卵球形, 直径 2~3 厘米。

▶ **叶:** 基生叶常数枚簇生, 线形, 扁平。

▶ **花:** 花单生于花茎顶端, 下有佛焰苞状总苞, 总苞片常带淡紫红色, 长 4~5 厘米, 下部合生成管; 花梗长 2~3 厘米; 花冠呈玫瑰红色或粉红色, 花被裂片 6, 裂片倒卵形, 顶端略尖, 长 3~6 厘米。

▶ **分布:** 我国南北各地都有栽培, 贵州、广西、云南常见逸生。

花朵细长, 似喇叭。

辐射对称花·6瓣

养护要点　　☀ 长日照　　 每日浇水 1 次　　 宜排水良好、富含腐殖质的沙质壤土

黄花石蒜

植物档案：

分布情况：我国各地区均有栽培。

科属：石蒜科石蒜属。

花期：9~10月。

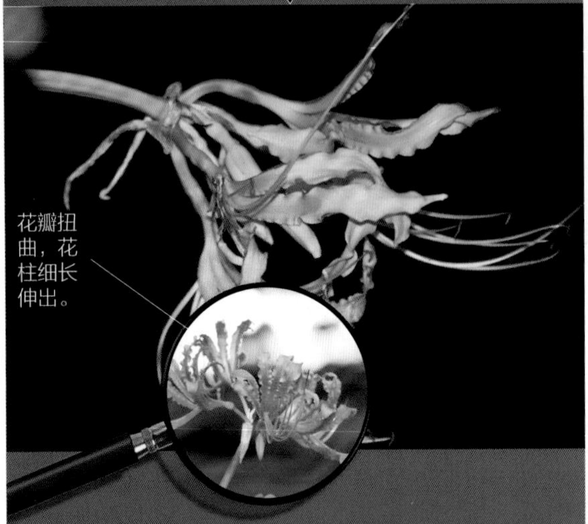

养护要点：

适应性强，喜阴湿环境，喜含腐殖质的肥沃沙壤土及石灰质壤土。较耐寒、耐盐碱，不耐旱，怕水涝和暴晒。选择排水良好、土壤肥沃的半阴处进行种植，亦可用肥土盆栽。

形态特征：

- 茎：鳞茎肥大，球形，鲜皮膜质，黑褐色，内为乳白色，直径2~4厘米。
- 叶：叶丛生，带形，先端钝，上面深绿色，下面粉绿色，全缘。
- 花：花为橙黄色，花瓣反卷，雌、雄蕊外露。

射干

植物档案：

分布情况：分布于我国华北、中南、西南及陕西、甘肃、山西、河北、吉林、辽宁等地区。

科属：鸢尾科射干属。

花期：7~9月。

养护要点：

喜温暖和阳光，耐干旱和寒冷，对土壤要求不严，以肥沃疏松，排水良好的沙质壤土为宜。中性壤土或微碱性适宜，不耐涝，适量浇水，保持土壤湿润。

形态特征：

- 根茎：根茎鲜黄色，须根多数。茎直立。
- 叶：叶2列，扁平，嵌叠状广剑形，绿色，常带白粉，先端渐尖，基部抱茎，叶脉平行。
- 花：总状花序顶生；花直径3~5厘米，花被6，2轮，内轮3片较小，橘黄色而具有暗红色斑点。

葱兰

植物档案：

分布情况：原产南美，现已在我国广泛栽培观赏。

科属：石蒜科葱莲属。

花期：秋季。

养护要点：

喜温暖而温润的环境，适宜富含腐殖质和排水良好的沙壤土。地栽时要施足基肥，生长期间保持土壤湿润。

形态特征：

- 茎：鳞茎卵形，直径约 2.5 厘米，具有明显的颈部，颈长 2.5~5 厘米。
- 叶：叶狭线形，肥厚，亮绿色。
- 花：花茎中空；花单生于花茎顶端，下有带褐红色的佛焰苞状总苞；花白色，花瓣 6。

马蔺

植物档案：

分布情况：分布于我国东北、西北以及新疆、四川、西藏等地区。

科属：鸢尾科鸢尾属。

花期：5 月。

养护要点：

喜阳光、稍耐阴，华北地区冬季地上茎叶枯萎。耐高温、干旱、水涝、盐碱，是一种适应性极强的地被花卉。繁殖简单迅速，生命力强，较好管理。

形态特征：

- 叶：基生，坚韧，条形，长达 40 厘米，两面有 7~10 条突起的平行脉。
- 花：花葶从叶丛中抽出，顶端有花 1~3，蓝紫色；花被 6，排列成两轮，外轮 3 片中部有黄色条纹，内轮 3 片倒披针形。
- 果：蒴果长椭圆形，有 4~6 厘米长，有 6 条纵肋，先端有尖喙。

鸢尾

植物档案：

分布情况：分布于我国中部地区，被广泛栽培。

科属：鸢尾科鸢尾属。

花期：4~5 月。

养护要点：

大多数鸢尾不耐水湿，因此只要土壤排水良好，保湿性强，且不板结即可。

形态特征：

- 根：根粗大。
- 叶：叶基生，黄绿色，宽剑形，有数条不明显的纵脉。
- 花：花茎光滑，每个绿色苞片内包含有花 1~2；花蓝紫色，花瓣 6，分 2 轮排列，外花被中脉上有不规则的鸡冠状附属物，内花被稍小；花柱 3，淡蓝色，像花瓣一样。

蜀葵

植物档案：

分布情况：在我国华东、华中、华北、华南地区广泛分布。

科属：锦葵科蜀葵属。

花期：2~8 月。

养护要点：

喜阳光充足，耐半阴，耐寒冷。耐盐碱能力强，忌涝。喜疏松肥沃、排水良好、富含有机质的沙质土壤。

形态特征：

- 茎：茎直立挺拔，丛生，不分枝，全体被星状毛和刚毛。
- 叶：叶片近圆心形或长圆形，基生叶片较大，叶片均有毛。
- 花：花腋生，花大，直径 6~10 厘米，有红、紫、白、粉红、黄和黑紫等色，单瓣或重瓣。
- 果：果盘状，直径约 2 厘米，被短柔毛，有纵槽，与苘麻的果实很像。

芍药

植物档案：

分布情况：分布于我国东北、华北、陕西省区及甘肃南部地区。

科属：毛茛科芍药属。

花期：5~6 月。

养护要点：

喜阳光，喜凉爽气候，耐寒。喜肥怕涝，喜湿润，但也耐旱。以肥沃疏松、排水良好的沙壤土为宜。

形态特征：

- 根茎：根粗壮，分枝黑褐色。茎无毛。
- 叶：下部茎生叶为二回三出复叶，上部茎生叶为三出复叶；小叶多狭卵形，顶端渐尖。
- 花：花数朵，生茎顶和叶腋；萼片 4，宽卵形或近圆形；花瓣 9~13 ，倒卵形，长 3.5~6 厘米，颜色多种，有时基部具深紫色斑块；花丝黄色。

铁筷子

植物档案：

分布情况：分布于我国四川、甘肃、陕西和湖北地区。

科属：毛茛科铁筷子属。

花期：4 月。

养护要点：

耐寒，喜半阴潮湿环境，忌干冷。宜用含砾石比较多的砂壤土、棕壤土、肥力中等偏下的土壤。

形态特征：

- 茎：根状茎直径约 4 毫米，密生肉质长须根。
- 叶：基生叶无毛，有长柄；叶片肾形或五角形，鸡足状三全裂，叶柄长 20~24 厘米。
- 花：花在基生叶刚抽出时开放，无毛；萼片初红色，在果期变绿色，常椭圆形；花瓣 8~10，淡黄绿色，圆筒状漏斗形，具短柄。

美人蕉

植物档案：

分布情况：广泛分布于我国南北各地。

科属：美人蕉科美人蕉属。

花期：7~9 月。

养护要点：

喜阳光充足，喜温暖湿润气候，不耐霜冻。喜肥耐湿，盆内要浇透水。在肥沃、湿润、排水良好的土壤中生长良好。

形态特征：

- 叶：叶片卵状长圆形，长 10~30 厘米，宽可达 10 厘米。
- 花：总状花序疏花；略超出于叶片之上；花红色，单生；苞片卵形，绿色；花冠管长不及 1 厘米，花冠裂片披针形，长 3~3.5 厘米，绿色或红色。

秋英

科属：菊科秋英属。 **花期**：6~8 月。

在中国栽培甚广。

功效：
入药能清热解毒、化湿。主治急、慢性痢疾，眼红肿痛；外用治痈疮肿毒。

食用价值：
花瓣洗净后，可以炒食、凉拌或做汤。

应用布置：
可用于公园、花园、草地边缘、道路旁、小区旁的绿化栽植。

- 外观：一年生或多年生草本，高 1~2 米。细茎直立。
- 叶：单叶对生；叶二次羽状深裂，裂片线形或丝状线形。
- 花：头状花序着生在细长的花梗上，管状花占据花盘中央部分，均为黄色；边缘舌状花花色丰富，有红、白、粉、紫等色；花径 3~6 厘米。
- 果：瘦果黑紫色，细长，约 1.5 厘米，无毛，上端具长喙，有 2~3 个尖刺。
- 分布：在我国广泛栽培。

舌状花瓣前端有钝齿。

养护要点　长日照　忌积水　宜肥沃、疏松和排水良好的土壤

菊芋

科属：菊科向日葵属。 **花期：**8~9月。

又名洋姜、鬼子姜，原产北美洲。

功效：

块茎能清热凉血、消肿去火，能缓解热病、跌打损伤、腮腺炎，还有降血糖的功效。

食用价值：

地下块茎可食，可炒菜或制作腌菜。

应用布置：

宅舍附近种植兼有美化作用。

- 外观：多年生宿根性草本植物，有1~3米高。
- 根茎：有块状的地下茎及纤维状根。茎直立，有分枝。
- 叶：叶通常对生，有叶柄，但上部叶互生；叶片有离基三出脉，茸毛能减少水分蒸发。
- 花：头状花序较大，单生于枝端，舌状花黄色，管状花花冠橙黄。
- 果：瘦果小，楔形，上端有2~4个有毛的锥状扁芒。
- 分布：在我国各地广泛栽培，如湖南、江西、福建等地区。

花心有种子，但很小。

养护要点

长日照

少量浇水

宜肥沃疏松的沙质土壤

一枝黄花

植物档案：

分布情况：分布于我国华南、东南等地区。

科属：菊科一枝黄花属。

花期：4~11 月。

养护要点：

喜光照充足，但不宜暴晒，喜凉爽、干燥的环境。在 3~6 月的生长发育期，应及时浇水，以排水良好的壤土或沙质壤土为宜。

形态特征：

- 茎：茎直立，通常细弱，不分枝或中部以上有分枝。
- 叶：茎叶多椭圆形，有具翅的柄；下部叶翅柄更长；叶质地较厚。
- 花：头状花序较小，多数在茎上部排列成紧密或疏松的长 6~25 厘米的总状花序或伞房圆锥花序。
- 果：瘦果长约 3 毫米，无毛。

葡萄风信子

植物档案：

分布情况：我国各地均有栽培。

科属：百合科蓝壶花属。

花期：3~5 月。

养护要点：

喜温暖、凉爽气候，喜光亦耐阴。浇水少，但不要让土壤干旱。要求富含腐殖质、疏松肥沃、排水良好的土壤。

形态特征：

- 茎：鳞茎卵圆形，皮膜白色，球径 1~3 厘米，高约 1.5 厘米。
- 叶：叶基生，线形，稍肉质，暗绿色，边缘常内卷，长约 20 厘米。
- 花：花茎自叶丛中抽出，1~3 支；总状花序约长 10 厘米，小花稍下垂，整个花序则犹如一串葡萄，花色有白、蓝紫、浅蓝等色。

火把莲

植物档案：

分布情况：原产于南非，现在我国各地广泛栽培。

科属：百合科火把莲属。

花期：6~7 月。

养护要点：

喜温暖、阳光充足的环境，亦较耐寒。宜灌透水，保持土壤湿润，盆栽宜土层深厚、肥沃及排水良好的沙质壤土。

形态特征：

- 茎：茎直立。
- 叶：叶线形。
- 花：总状花序着生数百朵筒状小花，呈火炬形，花冠橘红色。

羽叶薰衣草

植物档案：

分布情况：原产地中海地区，现我国已广泛栽培。

科属：唇形科薰衣草属。

花期：6 月。

养护要点：

为全日照植物，但夏天的时候必须遮阴，并要保持盆土的适当干湿度，以稍稍偏碱的沙质土壤为宜。

形态特征：

- 叶：叶密被绒毛，线形或披针状线形，在花枝上的叶较大，长 3~5 厘米，在更新枝上的叶小，簇生，长不超过 1.7 厘米。
- 花：穗状花序长 3~5 厘米，花序梗长约为花序本身的 3 倍，密被星状绒毛；花蓝色，密被绒毛，二唇形，上唇直伸，2 裂，裂片较大，圆形，且彼此稍重叠，下唇开展，3 裂，裂片较小。

夏枯草

植物档案：

分布情况：我国西北、华南、东南等地区。

科属：唇形科夏枯草属。

花期：4~6 月。

养护要点：

喜阳，能耐寒，适应性强；喜温暖潮湿的环境，忌水涝或积水。以土质疏松、排水效果良好、细腻的沙质土壤为宜。

形态特征：

- 茎：根茎匍匐，在节上生须根。
- 叶：茎叶多卵状长圆形，基部下延至叶柄成狭翅。
- 花：轮伞花序密集组成顶生长 2~4 厘米的穗状花序；花冠紫、蓝紫或红紫色，略超出于萼，冠檐二唇形，上唇近圆形，下唇约为上唇的 1/2，3 裂，中裂片较大，先端边缘具流苏状小裂片。
- 果：小坚果黄褐色，长圆状卵珠形，微具沟纹。

一串红

植物档案：

分布情况：我国各地庭园中广泛栽培，作观赏用。

科属：唇形科鼠尾草属。

花期：3~10 月。

养护要点：

喜温暖和阳光充足的环境，不耐寒，耐半阴和高温。少浇水、勤松土，并施追肥，以疏松、肥沃和排水良好的沙质壤土为宜。

形态特征：

- 茎：茎钝四棱形，无毛。
- 叶：叶对生，三角状卵圆形，边缘具锯齿，两面无毛。
- 花：轮伞花序 2~6，组成顶生总状花序，花序长达 20 厘米或以上；花冠红色，冠筒筒状，冠檐二唇形。
- 果：小坚果椭圆形，暗褐色，顶端具不规则极少数的皱褶突起，光滑。

薄荷

科属：唇形科薄荷属。 **花期**：6~8 月。

薄荷，也称"银丹草"是一种有特种经济价值的芳香作物。

功效：

薄荷是辛凉发汗解热药，是常用中药之一，可用于治疗流行性感冒、头疼、目赤、身热、咽喉、牙床肿痛等症。

食用价值：

主要食用部位为茎和叶，既可作为调味剂，又可做成香料，还可配酒、冲茶等。

- 茎：茎方柱形，棱上被微柔毛。
- 叶：叶对生，薄纸质，边缘疏生粗大牙齿状锯齿，叶脉上下均密生微柔毛。
- 花：花淡紫粉色或白色，排成稠密多花的轮伞花序；花冠二唇形，上裂片较大。
- 果：小坚果卵圆形，黄褐色。
- 分布：在我国各地广泛分布。

花小而密，轮生。

养护要点 长日照 见干即浇 砂质壤土、冲积土

两侧对称花·唇形

紫苏

科属：唇形科紫苏属。 **花期**：8~11月。

紫苏因其特有的活性物质及营养成分，成为一种备受世界关注的多用途植物，经济价值很高。不少国家对紫苏属植物进行了大量的商业性栽种，开发出了食用油、药品、腌制品、化妆品等多种紫苏产品。

功效：

紫苏既能发汗散寒以解表邪，又能行气宽中、解郁止呕，对风寒表症而兼见胸闷呕吐症状很是适宜。

食用价值：

苏叶、苏梗、苏子均可入药，嫩叶可生食、做汤，茎叶可腌制。

- 茎：茎秆绿色或紫色，钝四棱形。
- 叶：叶边缘在基部以上有粗锯齿，有毛，叶有香味，揉搓后香味浓郁。
- 花：轮伞花序组成长 1.5~15 厘米，密被长柔毛，偏向一侧的顶生及腋生总状花序；花冠白色至紫红色。
- 果：小坚果灰褐色，直径约 1.5 毫米。
- 分布：我国华北、华中、华南、西南等地区均有培种。

花瓣大小不等。

养护要点

长日照

见干即浇

排水性良好的肥沃土壤

凤仙花

科属：凤仙花科凤仙花属。 **花期**：7~10 月。

凤仙花，别名指甲花，旧时民间常用其花及叶染指甲。

功效：

茎及种子可入药。

茎有祛风湿、活血、止痛之效，用于治疗风湿性关节痛、屈伸不利；种子有软坚、消积之效，用于治疗噎膈、骨鲠咽喉、腹部肿块、闭经。

应用布置：

凤仙花因其花色、品种极为丰富，是美化花坛、花境的常用材料，可丛植、群植和盆栽，也可作切花水养。我国各地庭园广泛栽培，为常见的观赏花卉。

- 茎：茎粗壮，肉质，直立，不分枝或有分枝，下部节常膨大。
- 叶：叶互生，最下部叶有时对生；叶片多披针形，基部楔形，边缘有锐锯齿。
- 花：花无总花梗，白色、粉红色或紫色；侧生萼片 2，基部急尖成长 1~2.5 厘米内弯的距；旗瓣圆形，兜状。
- 果：蒴果宽纺锤形，两端尖，密被柔毛。
- 分布：在我国各地庭园广泛栽培。

花形似蝴蝶。

养护要点

短日照 | 见干即浇 | 排水性良好的微酸性土壤

早开堇菜

科属：堇菜科堇菜属。 **花期：**4月中上旬~9月。

本种花形较大，色艳丽，是一种美丽的早春观赏植物。

功效：
全草供药用，可清热解毒、除脓消炎；捣烂外敷可排脓、消炎、生肌。

- 叶：多数，均基生；叶片在花期呈长圆状卵形、卵状披针形或狭卵形。
- 花：花大，紫堇色或淡紫色，喉部色淡并有紫色条纹；萼片多披针形，先端尖；花瓣5，最下面一瓣连着长长的矩；花径0.8~1.2厘米。
- 果：呈长椭圆形，无毛，顶端钝，常具宿存的花柱。
- 分布：分布于我国东北及华北、华中等地区。

果开裂成3瓣。

养护要点

长日照

每周1次

肥沃、含水量充分的土壤

土牛膝

植物档案：

分布情况：分布于我国华南、西南、华中等地区。

科属：苋科牛膝属。

花期：6~8 月。

花呈倒刺状。

药用功效：

根药用，有清热解毒、利尿功效，可缓解感冒发热、扁桃体炎、流行性腮腺炎等症。

形态特征：

- 根茎：根细长，土黄色。茎四棱形，有柔毛，节部稍膨大。
- 叶：叶片纸质，多宽卵状倒卵形，顶端圆钝，具突尖，全缘或波状缘。
- 花：穗状花序顶生，直立，花期后反折；总花梗具棱角，粗壮，坚硬，密生柔毛；花长 3~4 毫米，疏生；花被片披针形，狭长渐尖，花后变硬且锐尖，具 1 脉；苞片披针形，顶端长渐尖，小苞片刺状。

千日红

植物档案：

分布情况：原产美洲热带，现我国南北各地区均有栽培。

科属：苋科千日红属。

花期：6~9 月。

花期长，
花晒干后
不易褪色。

养护要点：

喜阳光，生性强健，旱生，耐干热、耐旱、不耐寒、怕积水，喜疏松肥沃、微潮偏干的土壤环境。

形态特征：

- 茎：茎粗壮，有分枝，枝略成四棱形，有灰色糙毛。
- 叶：叶片纸质，顶端急尖或圆钝，凸尖，基部渐狭，边缘波状，两面有小斑点、白色长柔毛及缘毛。
- 花：花多数，密生，成顶生球形或矩圆形头状花序，苞片的颜色为紫红色。头状花序经久不变。
- 果：胞果近球形，直径 2~2.5 毫米。

鸡冠花

植物档案：

分布情况：我国南北各地区均有栽培。

科属：苋科青葙属。

花期：7~9 月。

花皱缩呈
鸡冠状。

养护要点：

喜温暖干燥气候，怕干旱，喜阳光。生长期浇水不能过多，开花后控制浇水，天气干旱时适当浇水，阴雨天及时排水。

形态特征：

- 茎：茎直立粗壮。
- 叶：叶片卵形、卵状披针形或披针形，宽 2~6 厘米。
- 花：花多数，极密生，成扁平肉质鸡冠状、卷冠状或羽毛状的穗状花序，一个大花序下面有数个较小的分枝，圆锥状矩圆形，表面羽毛状；花被片红色、紫色、黄色、橙色或红黄色相间。

大车前

植物档案：

分布情况：分布于我国大部分地区。

科属：车前科车前属。

花期：6~8 月。

药用功效：

种子为中药车前子，可清热利尿、渗湿通淋、明目、祛痰。

形态特征：

- 叶：叶基生呈莲座状，叶片草质、薄纸质或纸质，宽卵形至宽椭圆形，脉 5~7 条；有叶柄，基部鞘状，常被毛。
- 花：花序 1 至数个；花序梗有纵条纹；穗状花序细圆柱状，基部常间断；花冠白色，无毛。
- 果：蒴果通常近球形，长 2~3 毫米。种子黄褐色。

小车前

植物档案：

分布情况：主要分布于我国西北地区。

科属：车前科车前属。

花期：6~8 月。

药用功效：

种子为中药车前子，有清热利尿、渗湿通淋、明目、祛痰的功效。

形态特征：

- 茎：根茎短。
- 叶：叶基生呈莲座状；叶片硬纸质，通常呈线形，边缘全缘，基部渐狭并下延。
- 花：花序 2 至多数；穗状花序短圆柱状至头状，长 0.6~2 厘米，紧密；花冠白色，无毛，裂片狭卵形，长 1.4~2 毫米，花后反折。
- 果：蒴果呈卵球形。种子 2，深黄色至深褐色，有光泽，腹面内凹成船形。

平车前

植物档案：

分布情况：分布于我国大部分地区。

科属：车前科车前属。

花期：4~8 月。

养护要点：

适应性强，耐寒、耐旱。幼苗期应及时除草，除草结合松土进行，一般 1 年进行 3~4 次松土除草。

形态特征：

- 叶：叶基生呈莲座状，纸质，基部楔形下延至叶柄，叶脉明显。
- 花：花序 3~10 ，穗状花序细圆柱状，上部密集，基部常间断；花冠白色，无毛，花瓣极小，于花后反折；雄蕊同花柱明显外伸。
- 果：蒴果于基部上方周裂。种子黄褐色至黑色。

狗尾草

植物档案：

分布情况：在我国广泛分布。

科属：禾本科狗尾草属。

花期：5~10 月。

养护要点：

喜温暖湿润气候，以疏松肥沃、富含腐殖质的沙质壤土及黏壤土为宜。

形态特征：

- 叶：叶鞘松弛，边缘具较长的密绵毛状纤毛；叶片扁平，长三角状狭披针形或线状披针形，边缘粗糙。
- 花：圆锥花序紧密呈圆柱状，直立或稍弯垂；刚毛通常绿色或褐黄色。

虎尾草

植物档案：

分布情况：遍布于全国各地区。

科属：禾本科虎尾草属。

花期：6~10 月。

养护要点：

适应性极强，耐干旱，喜湿润，不耐淹；喜肥沃，耐瘠薄。

形态特征：

- 叶：叶鞘背部具脊，包卷松弛，无毛；叶片线形，长 3~25 厘米，宽 3~6 毫米。
- 花：穗状花序 5~10，长 1.5~5 厘米，指状着生于秆顶，常直立而并拢成毛刷状，成熟时常带紫色；小穗无柄，长约 3 毫米。
- 果：颖果纺锤形，淡黄色，光滑无毛而半透明。

狼尾草

植物档案：

分布情况：自我国东北、华北经华东、中南及西南各地区分布。

科属：禾本科狼尾草属。

花期：夏秋季。

养护要点：

喜光照充足的生长环境，耐旱、耐湿，亦能耐半阴。当气温达到 20℃以上时，生长速度加快。耐旱，抗倒伏，无病虫害。

形态特征：

- 茎：秆直立，丛生，在花序下密生柔毛。
- 叶：叶鞘光滑，两侧压扁，主脉呈脊；叶舌具长约 2.5 毫米纤毛；叶片线形，长 10~80 厘米，先端长渐尖。
- 花：圆锥花序直立，长 5~25 厘米；主轴密生柔毛；刚毛粗糙，淡绿色或紫色，长 1.5~3 厘米；小穗通常单生，线状披针形。
- 果：颖果长圆形，长约 3.5 毫米。

大臭草

植物档案：

分布情况：分布于我国东北、华北等地区。

科属：禾本科臭草属。

花期：6~8 月。

养护要点：

喜温暖湿润气候，耐阴，耐寒。

形态特征：

- 叶：叶鞘闭合几乎达鞘口，无毛，常向上粗糙；叶片扁平，长 8~18 厘米，上面被柔毛，下面粗糙。
- 花：圆锥花序开展，长 10~20 厘米，每节具分枝 2~3，分枝细弱；小穗紫色或褐紫色，卵状长圆形，比较稀疏。

画眉草

植物档案：

分布情况：全国各地均产；多生于荒芜田野草地上。

科属：禾本科画眉草属。

花期：8~11 月。

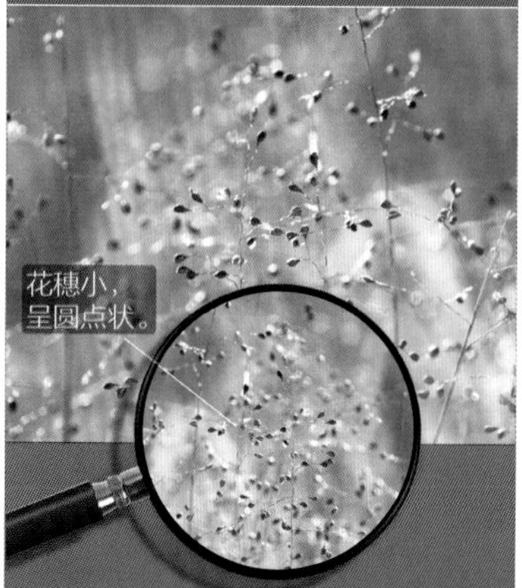

养护要点：

喜光，抗干旱，适应性强。在排水良好、肥沃的沙壤土中生长最好。

形态特征：

- 茎：茎丛生，直立或基部贴地，通常分 4 节，光滑。
- 叶：叶鞘裹茎，扁压，鞘缘近膜质，鞘口有长柔毛。叶片线形，扁平或卷缩，无毛。
- 花：圆锥花序开展或紧缩，多直立向上；小穗具柄，很短，长 3~10 毫米，含小花朵 4~14。
- 果：颖果长圆形，长约 0.8 毫米。

求米草

植物档案：

分布情况：广布我国南北各省区。

科属：禾本科求米草属。

花期：7~11 月。

养护要点：

在土壤肥沃、水分充足处生长繁茂，分生出的新株也多。

形态特征：

- 叶：叶鞘密被疣基毛；叶片扁平，有横脉，通常皱而不平，披针形至卵状披针形，长 2~8 厘米，宽 5~18 毫米。
- 花：圆锥花序长 2~10 厘米，主轴密被疣基长刺柔毛；小穗卵圆形，被硬刺毛，长 3~4 毫米。

地涌金莲

植物档案：

分布情况：分布于我国云南、四川等地区；北方常盆栽养植。

科属：芭蕉科地涌金莲属。

花期：夏秋季。

养护要点：

喜温暖，须光照充足，气温在0℃以下时，地上部分会受冻。喜肥沃、疏松土壤。易移栽。

形态特征：

- 茎：具水平方向根状茎。
- 叶：叶片长椭圆形，长达0.5米，宽约20厘米，两侧对称，有白粉。
- 花：花序直立，直接生于假茎叶腋处，密集如球穗状，长20~25厘米，有花2列，每列4~5花。
- 果：浆果三棱状卵形，长约3厘米，外面密被硬毛，果内具多数种子。

蓖麻

植物档案：

分布情况：广布于我国热带地区，华南和西南地区常逸为野生。

科属：大戟科蓖麻属。

花期：6~9月。

养护要点：

喜高温，不耐霜，酸碱适应性强，各种土质均可种植。蓖麻的吸肥力强，前期需要氮肥多，开花后以施磷钾肥为主。

形态特征：

- 茎：茎多液汁。
- 叶：叶轮廓近圆形，长和宽达40厘米或更大，掌状7~11裂，缺裂几乎达中部；叶柄可长达40厘米。
- 花：总状花序或圆锥花序；雄花雄蕊束众多；雌花的萼片卵状披针形，凋落；花柱红色。
- 果：蒴果卵球形或近球形，果皮具软刺或平滑。
- 种子：种子椭圆形，微扁平，平滑，斑纹淡褐色或灰白色。

相似品种巧辨别

看麦娘

一年生草本；叶鞘光滑，短于节间，叶舌膜质，叶片扁平；花灰绿色；小穗椭圆形或卵状长圆形。

科属：禾本科看麦娘属。

花期：4~8 月。

结缕草

多年生草本植物；叶片革质，修长扁平，具一定韧性；小穗淡黄绿色或带紫褐色，顶端有小刺芒。

科属：禾本科结缕草属。

花期：5~8 月。

澳洲睡莲

多年生水生植物；花朵为星状，雄蕊黄色；叶片圆形，边缘波状。

科属：睡莲科睡莲属。

花期：6~8 月。

埃及蓝睡莲

多年生水生植物；花朵为星状，雄蕊黄色；叶卵圆形，背面有紫色斑突起。

科属：睡莲科芡属。

花期：6~9 月。

红花蕉

多年生草本；叶椭圆形或长椭圆形，黄绿色；小花黄色，直立花序，内面粉红色。

科属：芭蕉科芭蕉属。

花期：9~11 月。

粉芭蕉

多年生草本；叶桨状，椭圆形或长椭圆形，蓝绿色；直立花序。

科属：芭蕉科芭蕉属。

花期：9~11 月。

花小不易识别

聚花草

科属：鸭跖草科聚花草属。 **花期**：7~11月。

多生于林下湿地或海拔1300~1400米的山谷。

功效：

全草药用，有清热解毒、利尿消肿之效，可用于治疗疮疖肿毒、淋巴结肿大、急性肾炎。

- 根茎：具极长的根状茎，根状茎节上密生须根。
- 叶：叶无柄或有带翅的短柄；叶片椭圆形至披针形，上面有鳞片状突起。
- 花：圆锥花序多个，多顶生，组成长达8厘米，宽达4厘米的扫帚状复圆锥花序；花瓣蓝色或紫色，少白色，倒卵形。
- 分布：分布于我国浙江南部、福建、江西、湖南、广东、海南、广西、云南、四川、西藏和台湾。

小花聚生枝顶。

养护要点 短日照 见干即浇 林下湿地

白鹤芋

科属：天南星科苞叶芋属。 **花期**：8~10 月。

白鹤芋开花时十分美丽，不开花时亦是优良的室内盆栽观叶植物。是新一代的室内盆栽花卉。

应用布置：可以盆栽，也可以在花台、庭园的荫蔽地点、石组和水池边缘丛植、列植，起绿化作用。盆栽也可点缀客厅、书房，可以过滤空气中的苯、三氯乙烯和甲醛，同时还是抑制氨气和丙酮的"专家"，可净化居室环境。另外，其花也是极好的花篮和插花的装饰材料。

- 外观：多年生草本，常见高 45 厘米。
- 根茎：具短根茎。
- 叶：叶长椭圆状披针形，两端渐尖，叶脉明显，叶柄长，基部呈鞘状。
- 花：花葶直立，高出叶丛，佛焰苞直立向上，稍卷，肉穗花序圆柱状，白色。
- 分布：我国南北各地广泛栽培。

无花瓣，白色片状的为佛焰苞。

养护要点 | 长日照 | 保持盆土湿润 | 疏松、排水和通气性好的壤土

第二章 城市常见花草树木

灌木植物

灌木是茎秆木质的植物。它们体型大于草本，不需要大家低头费力寻找；又小于乔木，不需要大家抬头仰望。例如在春天开放的丁香、牡丹、蔷薇、棣棠……这些美丽的灌木植物装饰了我们的环境！

辐射对称花·4瓣

枸骨

科属：冬青科冬青属。　**花期：**4~5月。

又名猫儿刺、老虎刺等。叶形奇特，碧绿光亮，四季常青，入秋后红果满枝，经冬不凋，艳丽可爱，是优良的观叶、观果树种，在欧美国家常用于圣诞节的装饰，故也称“圣诞树”。

功效：

根有滋补强壮、活络、清风热、祛风湿的功效；

果实用于阴虚身热、筋骨疼痛等症。

食用价值：

叶片可以泡茶。

应用布置：

可做花坛和花境；

矮生类型可布置岩石园；

可做盆栽和切花观赏，

具有纯朴、典雅的风采。

- 外观：常绿灌木或小乔木。
- 茎：幼枝具纵脊及沟，二年生枝褐色，三年生枝灰白色，具纵裂缝及隆起的叶痕。
- 叶：叶片厚革质，四角状长圆形或卵形，长4~9厘米，宽2~4厘米。
- 花：花序簇生叶腋内；花淡黄色。雄花直径约2.5毫米，裂片膜质，花冠辐状。
- 果：果球形，直径8~10毫米，成熟时鲜红色，顶端宿存柱头盘状。
- 分布：产于我国华南、华中等地区。

入秋后果实成熟，为鲜红色，可观果。

养护要点 | 长日照 | 湿润、不积水 | 肥沃的酸性土壤，不耐盐碱

红瑞木

科属：山茱萸科梾木属。 **花期：**6~7月。

红瑞木秋叶鲜红，小果洁白，落叶后枝干红艳如珊瑚，是少有的观茎植物，也是良好的切枝材料。

功效：

入药部位是树皮、枝叶，具有清热解毒、止痢、止血的功效。

应用布置：

园林中多丛植草坪上或与常绿乔木相间种植，得红绿相映之效果。庭院可观赏、丛植。

- 外观：灌木，高达3米。
- 茎：树皮紫红色；老枝散生灰白色圆形皮孔及略为突起的环形叶痕。
- 叶：叶对生，纸质，椭圆形，长5~8.5厘米，先端突尖。
- 花：伞房状聚伞花序顶生，较密，宽约3厘米；花小，白色或淡黄白色；花瓣4，卵状椭圆形，先端急尖或短渐尖。
- 果：核果长圆形，长约8毫米，直径5.5~6毫米，成熟时乳白色或蓝白色。
- 分布：分布于我国黑龙江、吉林、辽宁、内蒙古等地区。

花密集呈伞房状。

养护要点

长日照

保持土壤湿润

喜肥，宜排水良好的土壤

胡颓子

植物档案：

分布情况：分布于我国华中、华南、西南等地区。

科属：胡颓子科胡颓子属。

花期：9~12 月。

养护要点：

盛夏到来之前追施 3~4 次液肥，盆土应见干见湿。为了能大量结果，秋季应继续追肥，冬季可放在居室内继续观赏。

形态特征：

- 茎：幼枝密被锈色鳞片，老枝鳞片脱落。
- 叶：叶革质，椭圆形或阔椭圆形，边缘微反卷或皱波状，下面密被银白色和少数褐色鳞片。
- 花：花白色或淡白色，下垂，密被鳞片；萼筒圆筒形或漏斗状圆筒形，裂片三角形或矩圆状三角形。
- 果：果实椭圆形，幼时被褐色鳞片，成熟时红色。

太平花

植物档案：

分布情况：分布于我国东北及华北地区。

科属：虎耳草科山梅花属。

花期：5~7 月。

养护要点：

宜栽植于向阳之处，春季发芽前施以适量腐熟堆肥，可使花繁叶茂。宜栽植于排水良好的土壤中。

形态特征：

- 茎：分枝较多；二年生小枝表皮栗褐色，当年生小枝表皮黄褐色。
- 叶：叶卵形或阔椭圆形，长 6~9 厘米，边缘具锯齿，两面无毛；叶脉离基出 3~5；花枝上叶较小，多椭圆形或卵状披针形。
- 花：总状花序有花 5~7；花序轴长 3~5 厘米，黄绿色，无毛；花冠盘状，花瓣白色，倒卵形。

八仙花

植物档案：

分布情况：我国各地区均有分布。

科属：虎耳草科绣球属。

花期：6~8 月。

养护要点：

喜肥，生长期间一般每 15 天施一次稀薄腐熟饼肥水。

形态特征：

- 茎：茎常于基部发出多数放射枝而形成一圆形灌丛；枝圆柱形，具少数长形皮孔。
- 叶：叶纸质或近革质，倒卵形或阔椭圆形，长 6~15 厘米；叶柄粗壮，长 1~3.5 厘米。
- 花：伞房状聚伞花序近球形，花密集；不育花萼片 4，多阔卵形，粉红色、淡蓝色或白色；孕性花极少数，花瓣长圆形。
- 果：蒴果未成熟，长陀螺状。

紫丁香

植物档案：

分布情况：广泛分布于我国各地。

科属：木犀科丁香属。

花期：4 月。

养护要点：

喜光，阴处或半阴处生长衰弱，开花稀少。对土壤的要求不严，耐瘠薄，喜肥沃、排水良好的土壤。

形态特征：

- 茎：小枝较粗，疏生皮孔。
- 叶：单叶对生，全缘，有叶柄；叶阔卵形或肾形，先端渐尖，基部心脏形。
- 花：圆锥状花序顶生；紫色花冠高脚杯状；每个未开放的花苞就像香料“丁香”一样。香味怡人。
- 果：果实为长椭圆形的蒴果，背部开裂，有 2 个带翅种子。

白丁香

植物档案：

分布情况：我国长江流域以北普遍栽培。

科属：木犀科丁香属。

花期：4 月。

养护要点：

喜光，稍耐阴，耐寒，耐旱，喜排水良好的深厚肥沃土壤。通过扦插繁殖或嫁接繁殖，种子繁殖容易产生变异。

形态特征：

- 茎：小枝较粗，疏生皮孔。
- 叶：单叶对生，全缘，有叶柄。叶片较小，基部通常为截形、圆楔形至近圆形，或近心形。
- 花：圆锥状花序顶生；花白色，高脚杯状，花香浓郁。
- 果：果实为长椭圆形的蒴果，背部开裂，有 2 个带翅种子。

花叶丁香

植物档案：

分布情况：分布于我国内蒙古、宁夏、陕西、四川、青海等地区。

科属：木犀科丁香属。

花期：5~6 月。

养护要点：

性喜阳光，喜湿润，耐寒耐旱，稍耐阴，忌积水，一般不需多浇水。要求肥沃、排水良好的沙壤土。

形态特征：

- 茎：树皮呈片状剥裂。枝灰棕褐色，与小枝常呈四棱形，无毛，疏生皮孔。
- 叶：叶为羽状复叶；叶轴、叶柄无毛；小叶片对生或近对生，卵状披针形、卵状长椭圆形至卵形。
- 花：圆锥花序由侧芽抽生，稍下垂；花冠白色、淡红色，略带淡紫色，略呈漏斗状。
- 果：果长圆形，先端凸尖或渐尖，光滑。

辐射对称花·4瓣

连翘

科属：木犀科连翘属。 **花期：**3~5月。

别称黄花条、青翘，早春先叶开花，花开香气淡艳，满枝金黄，艳丽可爱，是早春优良观花灌木。

功效：

秋季果实初熟尚带绿色时采收，可缓解风热感冒、温病初起等症。

食用价值：

只能少量药用，不宜食用。

应用布置：

常用于公园、小区的花坛种植或花境种植，也可以当作园景树使用。

- 外观：落叶灌木，高2~4米。
- 茎：枝稍弯垂，常着地生根，小枝稍呈四棱形，节间中空。
- 叶：一般单叶对生，叶片长3~7厘米，边缘有不整齐的锯齿；半革质。
- 花：花先叶开放，腋生，长约2.5厘米；花冠基部管状，上部4裂，金黄色。
- 果：蒴果狭卵形略扁，长约15厘米，先端有短喙，成熟时2瓣裂。
- 分布：分布于我国辽宁、河北、河南、山东、江苏、湖北、江西、云南、山西、陕西、甘肃等地区。

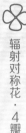

花先于叶子开放。

养护要点 长日照 喜湿忌涝 生长时不择土壤

银桂

科属：木犀科木犀属。 **花期：**9~10月上旬。

又称八月桂，是南方常用的庭院树种，是桂花四大品系之一，花淡雅，香味较淡。

功效：
以花、果实及根入药，具开胃、理气、化痰宽胸、解毒功效。

食用价值：
花朵可以用于制作食品、化妆品，并可酿酒。

应用布置：
主要用于庭园观赏。

- 外观：常绿灌木或乔木，高3~5米，最高可达18米。
- 茎：树皮灰褐色。小枝黄褐色，无毛。
- 叶：叶片革质，多椭圆形，长7~14.5厘米，先端渐尖，腺点在两面连成小水泡状突起。
- 花：聚伞花序簇生于叶腋，或近于帚状，每腋内有花数朵；花冠黄白色。
- 果：果歪斜，椭圆形，长1~1.5厘米，呈紫黑色。
- 分布：原产我国西南部，现各地广泛栽培。

叶互生，叶背有腺点。

养护要点

长日照 | 喜湿忌干 | 肥沃、排水良好的土壤

金桂

科属：木犀科木犀属。 **花期：**9~10月上旬。

花朵金黄，香味宜人，是优良的园林造景树种，有一些景区用金桂做行道树，也有不错的观赏效果。

功效：

药用功效同银桂。

食用价值：

食用价值同银桂。

应用布置：

在一些大型绿地、公园都有栽植，由于形状优良，特别用作观赏栽培，很受欢迎。

- 外观：常绿阔叶灌木或乔木，高3~5米，最高可达15米。
- 根：根系发达深长，幼根浅黄褐色，老根黄褐色。
- 茎：分枝性强且分枝点低，树皮粗糙，灰袍色或灰白色，有时显出皮孔。
- 叶：叶色深绿，革质，富有光泽；叶片椭圆形，叶面不平整，叶肉凸起；网脉两面均明显；叶缘微波曲，反卷明显；全缘，偶先端有锯齿；叶柄粗壮，略有弯曲。
- 花：花冠斜展，裂片微内扣，卵圆形；花金黄色，有浓香，开花量多。
- 分布：原产于中国西南部，四川、云南、广西、广东和湖北等地均有野生。

花金黄色，呈“十”字形。

养护要点

- 长日照
- 喜湿，忌积水
- 排水良好、富含腐殖质的酸性沙性壤土

丹桂

科属：木犀科木犀属。 **花期**：9~10月上旬。

是桂花中的名贵品种，花红色，颜色鲜艳，单瓣，秋季开花。花朵是名贵的香料，香味浓郁。与红豆、方竹、绿萼梅合称为“雁山四宝”。

功效：
药用功效同银桂。

食用价值：
食用价值同银桂。

应用布置：
丹桂有很高的观赏价值，是很优秀的庭园观赏树种。

▸ 外观：常绿灌木或乔木，高3~5米，最高可达18米。

▸ 茎：树皮浅灰色。小枝黄褐色，无毛。

▸ 叶：叶片硬革质，有光泽，深绿至墨绿色；叶身狭长，呈长椭圆状披针形；叶面内折、中脉深凹，网脉两面明显；叶缘微波曲、反卷，全缘或中上部有疏尖锯齿。

▸ 花：聚伞花序簇生于叶腋，或近于帚状，每腋内有花数朵；花冠橘红色。

▸ 分布：原产我国西南部，现各地广泛栽培。

花朵为名贵香料。

养护要点

中日照 | 喜湿，忌积水 | 肥沃疏松、排水良好的壤土

小蜡树

植物档案：

分布情况：主要分布于我国江苏、浙江、福建、湖南等地区。

科属：木犀科梣属。

花期：5~6月。

养护要点：

喜光，稍耐阴，喜温暖湿润气候，较耐寒。对土壤要求不严，在湿润肥沃的微酸性土壤中生长迅速。

形态特征：

- 茎：树皮褐色，小枝灰色，疏生细小皮孔，被细柔毛和糠秕状毛。
- 叶：羽状复叶；叶柄紫色，基部稍增厚，深紫色；叶轴细，稍曲折，上面具窄沟，被微细柔毛和糠秕状毛。
- 花：圆锥花序顶生或腋生枝梢，分枝挺直，多花，密集；花冠白色至淡黄色。
- 果：果实呈球形，无纵棱。

结香

植物档案：

分布情况：分布于我国河南、陕西及长江流域以南等地区。

科属：瑞香科结香属。

花期：冬末春初。

养护要点：

喜半湿润，喜半阴，可栽种或放置在背靠北墙面向南之处，以盛夏可避烈日，冬季可晒太阳为最好。

形态特征：

- 茎：小枝粗壮，褐色，常作三叉分枝，叶痕大。
- 叶：叶在花前凋落，长圆形，披针形至倒披针形，两面均被银灰色绢状毛，侧脉纤细，弧形，每边10~13。
- 花：头状花序顶生或侧生，具花30~50，呈绒球状；花芳香，无梗，外面密被白色丝状毛，内面无毛，黄色，顶端4裂，裂片卵形。
- 果：果椭圆形，绿色。

鸡麻

植物档案：

分布情况：我国南北各地栽培供庭园绿化用。

科属：蔷薇科鸡麻属。

花期：4~5 月。

单花顶生
于新梢上。

养护要点：

喜湿润环境，但不耐积水，喜光，耐寒，对土壤要求不严，在沙壤土中生长最为旺盛，喜肥。

形态特征：

- 茎：小枝紫褐色，嫩枝绿色，光滑。
- 叶：叶对生，卵形，长 4~11 厘米，宽 3~6 厘米，边缘有尖锐重锯齿；叶柄长 2~5 毫米，被疏柔毛。
- 花：单花顶生于新梢上；花直径 3~5 厘米；萼片大，椭圆形，顶端急尖，边缘有锐锯齿，副萼片细小；花瓣白色，倒卵形。
- 果：黑色或褐色，斜椭圆形，光滑。

通脱木

植物档案：

分布情况：分布于我国西南、华东等地区。

科属：五加科通脱木属。

花期：8 月。

花小，
圆锥花序，
生于枝顶。

养护要点：

喜光，喜温暖。在湿润、肥沃的土壤中生长良好。用播种繁殖，或挖取根蘖移植，易成活。

形态特征：

- 茎：茎木质而不坚，中有白色的髓。
- 叶：叶大，通常聚生于茎的上部，长可达 1 米，掌状分裂，叶片 5~7，叶柄粗壮，长 30~50 厘米；托叶 2，大形，膜质。
- 花：花小，有柄，排列成大圆锥花丛；花瓣 4，白色，卵形，头锐尖。
- 果：核果状浆果近球形而扁，外果皮肉质，硬而脆。

醉鱼草

植物档案：

分布情况：分布于我国华南、华中、华东等地区。

科属：马钱科醉鱼草属。

花期：4~10 月。

穗状花序，
花瓣边缘有
缺刻。

养护要点：

为阳性植物，喜干燥的土壤，怕水淹，因此栽培醉鱼草一定要选择向阳、干燥的地点。浇水不宜过多，雨季要注意防涝。

形态特征：

- 茎：茎皮褐色；小枝具四棱。
- 叶：叶对生，萌芽枝条上的叶为互生或近轮生，叶片膜质，多卵形、椭圆形，长 3~11 厘米；侧脉每边 6~8。
- 花：穗状聚伞花序顶生。花紫色、白色、橙色、黄色，芳香；花冠长 13~20 毫米，内面被柔毛，花冠管弯曲，花冠裂片阔卵形或近圆形。
- 果：果序穗状；蒴果多长圆状，无毛，有鳞片。

相似品种巧辨别

冬青卫矛

灌木；叶革质，有光泽，倒卵形或椭圆形；花瓣近卵圆形，长宽各约 2 毫米。

科属：卫矛科卫矛属。

花期：6~7 月。

陕西卫矛

藤本灌木；叶披针形或窄长卵形；花序长大细柔，多数集生于小枝顶部，形成多花状，花瓣常稍带红色。

科属：卫矛科卫矛属。

花期：5~11 月。

卫矛

落叶灌木；全体光滑无毛，多分枝；小枝常呈四棱形，带绿色；叶卵状椭圆形，边缘具细锯齿；花瓣边缘有时呈微波状。

科属：卫矛科卫矛属。

花期：5~6 月。

鸦椿卫矛

灌木；直立或倾斜；叶边缘具浅细锯齿，叶柄短或近无柄；花序梗细，雄蕊无花丝。

科属：卫矛科卫矛属。

花期：5~6 月。

瓜子黄杨

灌木或小乔木；头状花序，腋生花密集；叶厚纸质，先端圆或钝，常有小凹口，中脉凸出。

科属：黄杨科黄杨属。

花期：3 月。

小叶黄杨

灌木或小乔木；叶革质，近椭圆形，全缘；雄蕊连花药 4 毫米，不育雌蕊末端膨大。

科属：黄杨科黄杨属。

花期：3 月。

含羞草

蔓性亚灌木；头状花序，遍体散生倒刺毛和锐刺；羽状复叶，叶片轻轻触碰便会闭合。

科属：豆科含羞草属。

花期：3~10 月。

光荚含羞草

落叶灌木或小乔木；12~16 对线形小叶组成二回羽状复叶；荚果，带状，有 5~7 个荚节。

科属：豆科含羞草属。

花期：5~8 月。

八角金盘

常绿灌木；叶革质，叶缘有锯齿或呈波状，7~9 深裂，形似八角而得名；球状花序。

科属：五加科八角金盘属。

花期：11 月。

鹅掌柴

灌木或乔木；小叶变异大，多簇生呈圆盘状，全缘；圆锥花序顶生。

科属：五加科鹅掌柴属。

花期：11~12 月。

郁香忍冬

落叶或半常绿灌木；叶对生；花先叶开放，成对合生于叶腋，芳香。

科属：忍冬科忍冬属。

花期：4~6 月。

金银木

落叶灌木；叶纸质，通常卵状椭圆形至卵状披针形；花芳香，花冠先白色后变黄色；果实暗红色，圆形。

科属：忍冬科忍冬属。

花期：5~6 月。

辐射对称花·5瓣

佛肚树

科属：大戟科麻疯树属。 **花期：**全年。

株形奇特，以其粗大且贮有大量水分的瓶状树干而引人注目，独木成景，形态怪异，是室内盆栽的优良花卉。

功效：

全草入药能祛风痰、定惊、止痛，能缓解毒蛇咬伤、淋巴结结核、跌打损伤，鲜品适量捣烂敷患处。

应用布置：

一年四季开花不断，在气候温暖的地区可庭园栽培，亦可做园景树、制工艺品。

- 外观：直立灌木。
- 茎：茎基部或下部通常膨大呈瓶状；枝条粗短，肉质，具散生突起皮孔，叶痕大且明显。
- 叶：叶盾状着生，轮廓近圆形，长 8~18 厘米，宽 6~16 厘米，两面无毛；叶柄长 8~16 厘米，无毛。
- 花：花序顶生，具长总梗，分枝短，红色；花瓣倒卵状长圆形，长约 6 毫米，红色。
- 果：蒴果椭圆状，直径约 15 毫米，具 3 纵沟。
- 分布：原产中美洲或南美洲热带地区，现我国大部分地区均有栽培。

花成珊瑚状分枝。

养护要点

长日照

生长期浇水，盆栽稍干为宜

疏松、透气、排水良好的沙质壤土

贴梗海棠

科属：蔷薇科木瓜属。 **花期：**3~5 月。

枝密多刺可做绿篱；也可以做盆景，被称为“盆景中的十八学士之一”。

功效：
果实干制后入药，有祛风、舒筋、活络、镇痛、消肿、顺气之效。

食用价值：
果实含有丰富的齐墩果酸等有机酸，加工产品不需添加防腐剂、柠檬酸、香精、色素，是风味独特的纯天然绿色食品。

应用布置：
可作为独特孤植观赏树或三五成丛的点缀，也可作为乔灌木作片林，还可制作多种造型盆景。

- 外观：落叶灌木。
- 茎：枝条直立开展，有刺；小枝圆柱形，紫褐色或黑褐色，有疏生浅褐色皮孔。
- 叶：叶片卵形至椭圆形，长 3~9 厘米，边缘具有尖锐锯齿；托叶大形，草质，肾形或半圆形，边缘有尖锐重锯齿。
- 花：花 3~5 朵，先叶开放，簇生于二年生老枝上；花瓣[①]猩红色，稀淡红色或白色。
- 分布：我国各地区均有栽培。

花比叶先开放。

① 本书以常见单瓣 5 瓣花为准。

养护要点

长日照

干透浇透

肥沃、排水良好的黏土、壤土

相似品种巧辨别

扶桑

常绿灌木；叶阔卵形或狭卵形，边缘具粗齿或缺刻；花单生于上部叶腋间，常下垂，花冠漏斗形，花瓣倒卵形。

科属：锦葵科木槿属。

花期：全年。

梵天花

小灌木；小枝被星状绒毛；叶掌状 3~5 深裂；花单生或近簇生；果具刺和长硬毛。

科属：锦葵科梵天花属。

花期：6~9 月。

天目琼花

落叶或半常绿灌木；聚伞花序，花冠辐状；叶纸质，多卵形，长 5~11 厘米。

科属：忍冬科荚蒾属。

花期：4~5 月。

球兰

攀援灌木；叶子肉质肥厚，对生，卵圆形；花瓣布满茸毛，中间的副花冠五角星形，富有光泽。现已人工培育出多色。

科属：萝藦科球兰属。

花期：4~6 月。

皋月杜鹃

半常绿灌木；叶集生枝端，通常狭披针形，两面散生红褐色糙伏毛；花生于枝顶，花冠阔漏斗形，有深红色斑点。

科属：杜鹃花科杜鹃属。

花期：5~6 月。

锦绣杜鹃

灌木；叶薄革质，全缘；伞形花序顶生，花冠紫红色。

科属：杜鹃花科杜鹃花属。

花期：4~5 月。

粉团蔷薇

攀援灌木；圆锥状花序，花瓣粉红色，单瓣；小叶片通常倒卵形，边缘有尖锐单锯齿，托叶篦齿状，大部贴生于叶柄。

科属：蔷薇科蔷薇属。

花期：4~5 月。

黄刺玫

直立灌木；奇数羽状复叶，小叶片多宽卵形，叶轴、叶柄有稀疏柔毛和小皮刺；花单生于叶腋，重瓣或半重瓣。

科属：蔷薇科蔷薇属。

花期：4~6 月。

粉花绣线菊

直立灌木；叶片变异大，有裂叶、渐尖叶、急尖叶等；花朵密集，密被短柔毛，花瓣卵形至圆形，先端通常圆钝，粉红色。

科属：蔷薇科绣线菊属。

花期：6~7 月。

李叶绣线菊

灌木；叶片卵形至长圆披针形，边缘有细锐单锯齿，具羽状脉；花梗有短柔毛，花直径达 1 厘米，白色。

科属：蔷薇科绣线菊属。

花期：3~5 月。

珍珠绣线菊

灌木；伞形花序无总梗，花瓣倒卵形或近圆形，白色；叶边缘自中部以上有尖锐锯齿，具羽状脉。

科属：蔷薇科绣线菊属。

花期：4~5 月。

火棘

常绿灌木；花集成复伞房花序，花瓣白色，近圆形；叶基部楔形，下延连于叶柄，边缘有钝锯齿。

科属：蔷薇科火棘属。

花期：3~5 月。

辐射对称花·5瓣

红叶石楠

科属：蔷薇科石楠属。 **花期：**4~5月。

优秀的园林树种之一，因为新叶是红色的，多用来营造春景，培植一些常绿的灌木，可做出简单的模纹图案。

功效：
叶和根供药用为强壮剂、利尿剂，有镇静、解热等作用。

应用布置：
可做行道树，其秆立如火把；做绿篱，其状卧如火龙；修剪造景，形状可千姿百态，景观效果美丽。

- 外观：常绿灌木或小乔木，高4~6米。
- 茎：枝褐灰色，无毛。
- 叶：叶片革质，多长椭圆形，长9~22厘米。叶丛浓密，嫩叶红色。
- 花：复伞房花序顶生，直径10~16厘米；花密生，直径6~8毫米；花瓣白色，近圆形。
- 果：果实球形，直径5~6毫米，红色，后成褐紫色，有1粒种子。
- 分布：分布于我国华东、华中地区及陕西、甘肃、广东、广西、四川、云南、贵州等地区。

花朵着生密集。

养护要点 长日照 每周浇水1次 各种土壤均可生长

辐射对称花·5瓣

平枝栒子

科属： 蔷薇科栒子属。 **花期：** 5~6 月。

生于海拔 1000 米以上的山坡、山脊灌丛中或岩缝中。

功效：
根、全草具有清热化湿、止血止痛的功效，用于泄泻、腹痛、痛经。

应用布置：
枝密叶小，红果艳丽，另外可制作盆景。果枝也可用于插花。

- 外观：落叶或半常绿匍匐灌木，高不超过 0.5 米。
- 茎：枝水平开张成整齐两列状；小枝圆柱形，幼时外被糙伏毛，老时脱落，黑褐色。
- 叶：叶片近圆形或宽椭圆形，长 5~14 毫米，全缘。深秋叶子变红。
- 花：花 1~2 朵，近无梗，直径 5~7 毫米；花瓣直立，倒卵形，先端圆钝，长约 4 毫米，粉红色。
- 果：果实近球形，直径 4~6 毫米，鲜红色，常具 3 小核。
- 分布：分布于我国陕西、甘肃、湖北、湖南、四川、贵州、云南等地区。

果实红色，冬日可观果。

养护要点	中日照	不耐湿热，怕积水	耐瘠薄，适宜肥沃、排水良好的壤土

六月雪

科属：茜草科六月雪属。 **花期：**5~7月。

枝叶密集，白花盛开，宛如雪花满树，雅洁可爱，是既可观叶又可观花的优良观赏植物。

应用布置：
叶细小，根系发达，尤其适宜制作微型或提根式盆景。盆景布置于客厅的茶几、书桌或窗台上，显得非常雅致，是室内美化点缀的佳品。地栽时适宜作花坛境界、花篱和下木，或配植在山石、岩缝间。

- 外观：小灌木，高60~90厘米，有臭气。
- 叶：叶革质，卵形至倒披针形，长6~22毫米，宽3~6毫米，顶端短尖至长尖，边全缘，无毛；叶柄短。
- 花：花单生或数朵丛生于小枝顶部或腋生，有被毛、边缘浅波状的苞片；萼檐裂片细小，锥形，被毛；花冠淡红色或白色，长6~12毫米，裂片扩展，顶端3裂；雄蕊突出冠管喉部外；花柱长突出，柱头2，直，略分开。
- 分布：分布于我国江苏、安徽、江西、浙江、福建、广东、香港、广西、四川、云南。

花瓣上有纵向细条纹。

养护要点 | 长日照 | 每周1次 | 疏松肥沃、排水良好的微酸性壤土

欧李

科属：蔷薇科樱属。 **花期：**4~5月。

生于阳坡沙地、山地灌丛中。研究表明，该种果实含有很多对人体有益的矿物质元素，尤其是钙元素。

功效：
种仁入药，作郁李仁，有利尿、缓下作用，缓解大便燥结、小便不利。

食用价值：
果味酸，可食。

应用布置：
利用不同花色的欧李，在庭园、公园、街道、高速公路两旁等地栽植花坛或者花篱，能够形成春天观花、夏天赏叶、秋天看果的环境效果，给人以美不胜收的感觉。

- 外观：灌木，高0.4~1.5米。
- 茎：小枝灰褐色或棕褐色，被短柔毛。冬芽卵形。
- 叶：叶片倒卵状长椭圆形或倒卵状披针形，长2.5~5厘米，边缘有锯齿，侧脉6~8对。
- 花：花单生或2~3朵簇生，花叶同开；花梗长5~10毫米，被稀疏短柔毛；萼片三角卵圆形；花瓣白色或粉红色，长圆形或倒卵形；雄蕊30~35。
- 果：核果成熟后近球形，红色或紫红色，直径1.5~1.8厘米。
- 分布：主要分布于中国北方各地区。

果实可口，含钙量高。

养护要点

长日照 | 每15日浇水1次 | 耐瘠薄，在贫瘠的土壤上也能生长

夹竹桃

科属：夹竹桃科夹竹桃属。 **花期：**6~10月。

夹竹桃的叶片对二氧化硫、二氧化碳、氟化氢、氯气等有害气体有较强的抵抗作用。夹竹桃即使全身落满了灰尘，仍能旺盛生长，有“环保卫士”之称。

应用布置：

夹竹桃的叶片如柳似竹，红花灼灼，胜似桃花，花冠粉红至深红或白色，有特殊香气，是有名的观赏花卉。

- 茎：枝条灰绿色，含水液；嫩枝条具棱，被微毛，老时毛脱落。
- 叶：叶3~4枚轮生，下枝为对生，窄披针形，顶端急尖，基部楔形，叶缘反卷，叶面深绿，无毛，叶背浅绿色，有多数洼点；叶柄扁平，基部稍宽，内具腺体。
- 花：聚伞花序顶生，着花数朵；花冠深红色或粉红色，栽培演变有白色或黄色。
- 果：果期一般在冬春季，栽培很少结果。
- 分布：我国各地区均有栽培，尤以南方城市为多，常在公园、风景区、道路旁或河旁、湖旁周围栽培。

花瓣上有纵向细条纹。

养护要点

长日照 | 每周1次 | 高燥且排水性良好的土壤

五色梅

科属：马鞭草科马缨丹属。 **花期**：6~10 月。

五色梅头状花序顶生或腋生，由多数小花组成一个大的花序，花冠根据品种和开花时间的不同，有黄、红、粉红、橙等色，有时还夹杂着蓝色，每个花序都五颜六色，故称五色梅。

功效：

五色梅能清热解毒、祛风解表，可用于缓解热病。不可过量使用，否则会出现流涎、恶心呕吐、剧烈腹痛等不良反应。

- 茎：枝无刺或有下弯钩刺。全株被短毛，有一强烈气味。多分枝，小枝方形。
- 叶：叶对生，叶卵形至卵状椭圆形，叶面多绉，长 3~9 厘米，宽 1.5~5 厘米，先端渐尖，边缘有锯齿，两面都有糙毛。
- 花：头状花序腋生，花序梗长于叶柄 1~3 倍；苞片披针形，有短柔毛，花萼管状，顶端有极短的齿；花初开时常为黄或粉红，继而变成橘黄或橘红，最后呈红色，先后开放，黄红相间，犹如绿叶扶彩球，故亦称“五色梅”。
- 果：果实圆球形，成熟时紫黑色。
- 分布：产于美洲热带，我国广东、海南、福建、台湾、广西等地区有栽培，且已逸为野生。

果实可口，含钙量高。

养护要点	长日照	每周 1 次	疏松肥沃、排水性良好的沙壤土

辐射对称花·5瓣

马甲子

科属：鼠李科马甲子属。 **花期**：3~6月。

生于海拔2000以下的山地和平原，野生或栽培。

功效：
根、枝、叶、花、果均供药用，有解毒消肿、止痛活血之效，缓解痈肿溃脓等症，根可缓解喉痛。

应用布置：
做绿篱围护果园等场地，综合效果比砖土竹等做围篱优越。

- 外观：灌木，高达6米。
- 茎：小枝褐色或深褐色，被短柔毛。
- 叶：叶互生，纸质，边缘具锯齿，上面沿脉被棕褐色短柔毛；叶柄长5~9毫米，被毛，基部有2个紫红色斜向直立的针刺。
- 花：腋生聚伞花序，被黄色绒毛。
- 果：核果杯状，被黄褐色或棕褐色绒毛，直径1~1.7厘米；果梗被棕褐色绒毛；种子紫红色或红褐色，扁圆形。
- 分布：分布于我国华东、华中地区及广东、广西、云南、贵州、四川等地区。

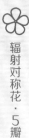

花朵腋生。

养护要点

长日照 | 每日浇水1次 | 肥沃、排水良好的疏松壤土

南天竺

科属：小檗科南天竹属。 **花期：**3~6月。

生于山地林下沟旁、路边或灌丛中。是羽状复叶的典型例子，观赏性强，主要观叶，同时也可观果。

功效：

根、叶能强筋活络、消炎解毒，果为镇咳药。全株有毒，只可少量药用。

应用布置：

因为叶片秀丽、小巧，在古典庭园中多与假山岩石搭配，显得自然灵秀。

- 外观：常绿小灌木，高1~3米。
- 茎：茎常丛生而少分枝，光滑无毛，幼枝常为红色，老后呈灰色。
- 叶：叶互生，集生于茎的上部；小叶薄革质，全缘，冬季变红色。
- 花：圆锥花序直立，长20~35厘米；花小，白色，具芳香，直径6~7毫米；花瓣长圆形；雄蕊6，花丝短，花药纵裂。
- 果：浆果球形，直径5~8毫米，熟时鲜红色，稀橙红色。
- 分布：分布于我国华南、华中、西南等地区。

果实为鲜红色，果期半年。

养护要点

长日照

见干浇透

肥沃、排水良好的沙质壤土

锦带花

植物档案：

分布情况：分布于我国长江流域及其以北的广大地区。

科属：忍冬科锦带花属。

花期：4~6 月。

白色花瓣略小于其他花瓣。

养护要点：

喜光，耐阴，耐寒；对土壤要求不严，能耐瘠薄土壤，但生长以深厚、湿润而腐殖质丰富的土壤最好，怕水涝。

形态特征：

- 茎：幼枝稍四方形，有 2 列短柔毛；树皮灰色。
- 叶：叶矩圆形、椭圆形至倒卵状椭圆形，顶端渐尖，基部阔楔形至圆形，边缘有锯齿，具短柄至无柄。
- 花：花单生或成聚伞花序生于侧生短枝的叶腋或枝顶；花冠紫红色或玫瑰红色，裂片不整齐，开展，内面浅红色；花丝短于花冠，花药黄色。
- 果：尖顶有短柄状喙，疏生柔毛。

单瓣狗牙花

植物档案：

分布情况：广泛分布于我国华东、华南、华中等地区。

科属：夹竹桃科狗牙花属。

花期：6~11 月。

花冠白色。

注意事项：

茎皮和叶含多种吲哚生物碱，有毒。

形态特征：

- 茎：枝和小枝灰绿色，有皮孔，干时有纵裂条纹；节间长 1.5~8 厘米。
- 叶：叶坚纸质，椭圆形或椭圆状长圆形，短渐尖，基部楔形，长 5.5~11.5 厘米，宽 1.5~3.5 厘米，叶面深绿色，背面淡绿色。
- 花：聚伞花序腋生，通常双生，近小枝端部集成假二歧状，着花 6~10 朵；花冠白色，花冠筒长达 2 厘米。

石榴

植物档案：

分布情况：我国南北地区都有栽培。

科属：石榴科石榴属。

花期：5~6 月。

果熟期9~10月。

养护要点：

喜温暖向阳的环境，耐旱，耐寒，耐瘠薄，不耐涝。对土壤要求不严，但以排水良好的夹沙土栽培为宜。

形态特征：

- 茎：枝顶常成尖锐长刺，幼枝有棱角，老枝近圆柱形。
- 叶：叶通常对生，纸质，矩圆状披针形；叶柄短。
- 花：花 1~5 朵，多生于枝顶。花瓣红色、黄色或白色，顶端圆形；花柱长超过雄蕊。
- 果：浆果近球形，通常为淡黄褐色或淡黄绿色，有时白色，稀暗紫色。

枸杞

植物档案：

分布情况：主要分布在我国西北地区。

科属：茄科枸杞属。

花期：5~10 月。

花冠漏斗状，
淡紫色。

药用功效：

枸杞子为“药食两用”品种，有补虚益精、清热明目之功效。

形态特征：

- 茎：枝条细弱，弓状弯曲或俯垂，淡灰色，有纵条纹。
- 叶：叶纸质或栽培者质稍厚，单叶互生或2~4 枚簇生，卵形、卵状菱形、长椭圆形、卵状披针形，顶端急尖，基部楔形。
- 花：花在长枝上单生或双生于叶腋，在短枝上则同叶簇生；花冠漏斗状，长 9~12 毫米，淡紫色。
- 果：浆果红色，卵状，栽培种可呈长矩圆状或长椭圆状。

佛手

植物档案：

分布情况：我国南方各省区多栽培于庭园。

科属：芸香科柑橘属。

花期：4~5 月。

肉质小花
簇生。

养护要点：

喜温暖湿润、阳光充足的环境。适合在土层深厚、疏松肥沃、富含腐殖质、排水良好的酸性壤土、沙壤土或黏壤土中生长。

形态特征：

- 茎：新生嫩枝、芽及花蕾均为暗紫红色，茎枝多刺，刺长达 4 厘米。
- 叶：单叶，叶柄短；叶片椭圆形或卵状椭圆形，长 6~12 厘米，宽 3~6 厘米。
- 花：总状花序，花可达 12 朵；花瓣 5，长 1.5~2 厘米。
- 果：果实在成熟时各心皮分离，形成细长弯曲的果瓣，状如手指。香气比香橼浓，久置更香。

海州常山

植物档案：

分布情况：分布于我国辽宁、甘肃、陕西及华北、中南、西南等地区。

科属：马鞭草科大青属。

花期：8~9 月。

花丝与花柱同
伸出花冠外。

养护要点：

喜阳光、稍耐阴、耐旱，适应性好，在温暖湿润的气候，肥、水条件好的沙壤土中生长旺盛。

形态特征：

- 茎：老枝灰白色，具皮孔，髓白色，有淡黄色薄片状横隔。
- 叶：叶片纸质，卵形、卵状椭圆形或三角状卵形，长 5~16 厘米，宽 2~13 厘米，顶端渐尖，基部宽楔形至截形，偶有心形，表面深绿色，背面淡绿色。
- 花：伞房状聚伞花序顶生或腋生，通常二歧分枝。
- 果：核果近球形，径 6~8 毫米，包藏于增大的宿萼内，成熟时外果皮蓝紫色。

辐射对称花·5瓣

紫叶小檗

科属：小檗科小檗属。 **花期：**4月。

在光梢差或密度过大时部分叶片会返绿，园林中常与绿树种搭配种植，在城市园林中常作为绿篱使用。

功效：
全株可入药，具有清热燥湿、泻火解毒的功效，可缓解急性肠炎、痢疾、黄疸、肺炎、结膜炎等。

食用价值：
可少量煎汤或炖肉。

应用布置：
可用来布置花坛、花境，是园林绿化中色块组合的重要树种，常用来做模纹图案。

- 外观：落叶多枝灌木，高1~2米。
- 茎：幼枝紫红色，老枝灰褐色或紫褐色，有槽，具刺。
- 叶：叶深紫色或红色，全缘，菱形或倒卵形，在短枝上簇生。
- 花：单生或2~5朵成短总状花序，黄色，下垂，花瓣边缘有红色纹晕。
- 果：浆果红色，宿存。
- 分布：原产我国华北、华东以及秦岭以北，现我国北部各城市基本都有栽植。

黄色小花下垂。

养护要点 长日照 每日浇水1次 肥沃、排水良好的土壤

假连翘

科属：马鞭草科假连翘属。 **花期：**5~10月。

花期长而花美丽，是一种很适宜做绿篱的植物。

功效：

叶、果实有散热透邪、行血祛瘀、止痛杀虫、消肿解毒之效，可用于治疗疟疾、痈毒初起等。

应用布置：

花期长、花量多，盛开时芬芳四溢，可作花篱、花丛、花镜、花坛栽植于宅旁、亭阶、墙隅、篱下或路边、溪边、池畔，令人赏心悦目。

- 外观：灌木，高约1.5~3米。
- 茎：枝条有皮刺，幼枝有柔毛。
- 叶：叶纸质，对生，少有轮生，叶片卵状椭圆形或卵状披针形，顶端短尖或钝，基部楔形。
- 花：总状花序顶生或腋生，常排成圆锥状；花萼管状；花冠通常蓝紫色；花柱短于花冠管；子房无毛。
- 果：核果球形，无毛，有光泽，直径约5毫米，熟时红黄色，有增大宿存花萼包围。
- 分布：常见于我国南部地区。

在绿化、美化、香化城市方面应用广泛。

养护要点

长日照

干透浇透

土壤肥沃、疏松、排水良好的沙壤土或壤土

含笑

植物档案：

分布情况：现广植于全国各地。

科属：木兰科含笑属。

花期：3~5 月。

花肉质，
花心有粗
大雌蕊。

养护要点：

喜肥，喜半阴，不甚耐寒，不耐干燥瘠薄，怕积水，在弱阴下最利生长，忌强烈阳光直射，夏季要注意遮阴。

形态特征：

- 茎：树皮灰褐色，分枝繁密；芽、嫩枝、叶柄、花梗均密被黄褐色绒毛。
- 叶：叶革质，狭椭圆形或倒卵状椭圆形，长 4~10 厘米，叶柄长 2~4 毫米。
- 花：花直立，长 12~20 毫米，淡黄色而边缘有时红色或紫色，具甜浓的芳香；花被片 6，肉质，较肥厚。
- 果：聚合果长 2~3.5 厘米；蓇葖果卵圆形，顶端有短尖的喙。

紫薇

植物档案：

分布情况：广泛分布于我国长江流域。

科属：千屈菜科紫薇属。

花期：6~9 月。

花瓣有很
多褶皱。

养护要点：

喜温暖湿润气候，喜光喜肥，尤喜深厚肥沃的沙质壤土，略耐阴，好生于略有湿气之地，忌种在地下水位高的低湿地方。

形态特征：

- 茎：树皮脱落，树干光滑，幼枝为 4 棱。
- 叶：单叶，近椭圆形；叶柄很短，几乎没有。
- 花：圆锥花序顶生；花瓣 6，紫红色，圆形，边缘有很多褶皱；花瓣基部有长长的爪。
- 果：蒴果，近球形，长约 1.2 厘米。

迎春

植物档案：

分布情况：我国各地普遍栽培。

科属：木犀科素馨属。

花期：2~4 月。

花先叶开放。

养护要点：

要求温暖而湿润的气候，适宜疏松肥沃和排水良好的沙质土，在酸性土中生长旺盛，碱性土中生长不良。

形态特征：

- 茎：枝条细长，四棱形，呈拱形下垂生长。
- 叶：叶子对生，3 枚小叶成一组；椭圆形，表面很光滑。
- 花：每朵花 5 或 6[①]，长 1~1.5 厘米；花缀满枝条上，比叶子先出现；花期可持续 50 天之久。

① 迎春花花瓣有 5 瓣或 6 瓣，此处以常见的 6 瓣花为识别标志。

云南黄馨

植物档案：

分布情况：我国各地都有栽培，但以南方地区为主。

科属：木犀科素馨属。

花期：11 月 ~ 翌年 8 月。

养护要点：

喜光，稍耐阴，喜温暖湿润气候。全日照或半日照均可。

形态特征：

- 茎：小枝四棱形，具沟，光滑无毛。
- 叶：叶对生，三出复叶或小枝基部具单叶；叶片近革质；小叶片长卵形或长卵状披针形，先端钝或圆；单叶为宽卵形或椭圆形，有时几近圆形。
- 花：花通常单生于叶腋，花冠黄色，漏斗状，裂片 6~8，宽倒卵形或长圆形，栽培时出现重瓣。
- 果：果椭圆形，两心皮基部愈合。

茶梅

植物档案：

分布情况：主要分布于我国江苏、浙江、福建、广东等各地区。

科属：山茶科山茶属。

花期：10 月 ~ 翌年 4 月。

养护要点：

宜生长在排水良好、富含腐殖质、湿润的微酸性土壤中，较为耐寒；畏酷热。

形态特征：

- 叶：叶革质，椭圆形，长 3~5 厘米，宽 2~3 厘米，先端短尖，基部楔形，边缘有细锯齿。
- 花：花大小不一，直径 4~7 厘米；花瓣 6~7，芳香，阔倒卵形；雄蕊离生。
- 果：蒴果球形，宽 1.5~2 厘米，1~3 室。

牡丹

植物档案：

分布情况：牡丹原产我国，在我国广泛种植。

科属：毛茛科芍药属。

花期：4~5 月。

养护要点：

适宜在疏松、深厚、肥沃、地势高燥、排水良好的中性沙壤土中生长。

形态特征：

- 茎：茎分枝短而粗。
- 叶：叶通常为二回三出复叶。顶生叶宽卵形，3 裂至中部；侧生小叶狭卵形。
- 花：花单生枝顶，直径 10~17 厘米；花梗长 4~6 厘米；花瓣 5 或为重瓣，颜色多变，顶端呈不规则的波状。
- 果：蓇葖长圆形，密生黄褐色硬毛。

紫玉兰

植物档案：

分布情况：主要分布于我国福建、湖北、四川、云南西北部。

科属：木兰科木兰属。

花期：3~4 月。

果穗粗，
红色，
长有瘤。

养护要点：

喜温暖湿润、阳光充足的环境，较耐寒，不耐旱和盐碱，怕水淹，要求肥沃、排水好的沙壤土。

形态特征：

- 茎：树皮灰褐色，小枝绿紫色或淡褐紫色。
- 叶：叶多椭圆状倒卵形，长 8~18 厘米，先端急尖或渐尖，基部渐狭沿叶柄下延至托叶痕。
- 花：花蕾卵圆形，被淡黄色绢毛；花叶同时开放，稍有香气。
- 果：聚合果深紫褐色，变褐色，圆柱形。

茉莉

植物档案：

分布情况：在我国被广泛种植。

科属：木犀科素馨属。

花期：5~8 月。

重瓣茉莉常
作盆栽观赏。

养护要点：

喜温暖湿润，在通风良好、半阴环境中生长最好。土壤以含有大量腐殖质的微酸性沙质壤土最为合适。

形态特征：

- 茎：小枝圆柱形或稍压扁状，有时中空，疏被柔毛。
- 叶：叶对生，单叶，叶片纸质，圆形、椭圆形、卵状椭圆形或倒卵形，长 4~12.5 厘米，侧脉 4~6 对。
- 花：聚伞花序顶生，花 3；花[①]极芳香；花冠白色，花冠管长 0.7~1.5 厘米，裂片长圆形至近圆形，先端圆或钝。
- 果：果球形，呈紫黑色。

① 茉莉花有单瓣和重瓣之分，单瓣茉莉藤蔓型，重瓣有直立茎，重瓣栽植比较多。

重瓣棣棠

植物档案：

分布情况：广泛分布于我国各地区。

科属：蔷薇科棣棠属。

花期：4~5 月。

花黄色，
生于枝顶。

养护要点：

喜温暖湿润和半阴环境，耐寒性较差，对土壤要求不高，以肥沃、疏松的沙壤土生长最好。常用分株、扦插和播种法繁殖。

形态特征：

- 茎：小枝细长成丛生长，前端向下弯曲，就像花、叶压弯了枝条一样。
- 叶：叶片三角状卵形，单叶互生，叶缘有尖锐重锯齿。
- 花：花单生于侧枝枝顶；花瓣黄色，有数不清的重瓣；雄蕊很多，为花瓣长度的一半。
- 果：瘦果，黑色，无毛。

榆叶梅

植物档案：

分布情况：全国各地多数公园内均有栽植。

科属：蔷薇科桃属。

花期：4~5 月。

养护要点：

喜光，稍耐阴，耐寒。喜湿润环境，但也较耐干旱，以中性至微碱性的肥沃土壤为宜。

形态特征：

- 茎：枝条开展，具多数短小枝；小枝灰色，一年生枝灰褐色；冬芽短小。
- 叶：短枝上的叶常簇生，一年生枝上的叶互生；叶片宽椭圆形至倒卵形，披有短柔毛，叶边具粗锯齿或重锯齿。
- 花：花 1~2，先于叶开放，花瓣近圆形或宽倒卵形，先端圆钝，有时微凹，粉红色。
- 果：果实近球形，红色。

玫瑰

植物档案：

分布情况：我国各地均有栽培。

科属：蔷薇科蔷薇属。

花期：5~6 月。

养护要点：

耐寒耐旱，喜阳光充足；应保持土壤湿润，喜排水良好、疏松肥沃的壤土或轻壤土。

形态特征：

- 茎：茎粗壮，丛生；小枝密被绒毛，并有针刺和腺毛；有皮刺，外被绒毛。
- 叶：小叶 5~9，连叶柄长 5~13 厘米；边缘有尖锐锯齿；叶上有褶皱；叶柄和叶轴密被绒毛和腺毛。
- 花：花单生于叶腋，或数朵簇生；萼片卵状披针形，先端尾状渐尖；花瓣倒卵形，重瓣至半重瓣，芳香，紫红色至白色。
- 果：果扁球形，砖红色，肉质。

山茶

植物档案：

分布情况：我国各地广泛栽培。

科属：山茶科山茶属。

花期：1~4 月。

养护要点：

喜温暖、半阴环境，怕高温，忌烈日。保持土壤湿润状态，但不宜过湿，宜选土层深厚、疏松、排水性好的土壤。

形态特征：

- 叶：叶革质，椭圆形，长 5~10 厘米，宽 2.5~5 厘米；侧脉 7~8 对，在上下两面均能见。叶柄长 8~15 毫米。
- 花：花顶生，红色，无柄；花瓣 6~7，外侧 2 片近圆形，内侧花瓣倒卵圆形。
- 果：蒴果圆球形，直径 2.5~3 厘米，2~3 室。

蜡梅

科属：蜡梅科蜡梅属。 **花期**：11月～翌年的3月。

别名金梅、蜡花、蜡梅花，是中国特产的传统名贵观赏花木，也是少有的冬季观赏花木，花香宜人，沁人心脾。

功效：

根、叶可以药用，能理气止痛、散寒解毒，治疗跌打、腰痛等症；花能解暑生津，主治心烦口渴、气郁胸闷。

应用布置：

片状栽植，形成蜡梅花林，建筑正面门口、两侧以及中心花坛处的园林绿化配置。通常采用蜡梅与其他树种混栽，构成不同层次，不同物种的灌、乔混合配置。

- 外观：落叶灌木，株高2~4米。
- 茎：幼枝四方形，老枝圆柱形。
- 叶：叶纸质或薄革质，卵状椭圆形。
- 花：花黄色，着生于第二年生枝条叶腋内；先开花后展叶，芳香，直径2~4厘米；内部花被片比外部花被片短，基部有爪。
- 果：果托近木质化，倒卵状椭圆形，长2~5厘米，口部收缩。
- 分布：全国除华南外各大城市均有栽植。

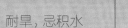

花下垂，花香浓郁。

养护要点

长日照

耐旱，忌积水

肥沃、疏松、排水良好的微酸性沙质壤土

阔叶十大功劳

科属：小檗科十大功劳属。 **花期**：9月～翌年1月。

生于阔叶林、竹林、杉木林及混交林下、林缘，草坡，溪边，路旁或灌丛中。是常用的园林树木之一。

功效：
全株入药，能清热解毒、消肿、止泻。

应用布置：
可点缀于草坪，或栽于公园、庭院的建筑物旁、水榭、窗前等处，也常与假山石配植，还可作刺篱，同时也是制作盆景的好材料。作为切花更为独特。

- 外观：灌木或小乔木。
- 叶：叶狭倒卵形至长圆形，具4~10对小叶；小叶厚革质，硬直，自叶下部往上渐次变长而狭。
- 花：总状花序直立，通常3~9个簇生；花黄色，花瓣倒卵状椭圆形。
- 果：浆果卵形，长约1.5厘米，直径1~1.2厘米，深蓝色，被白粉。
- 分布：分布于我国浙江、安徽、江西、福建、湖南、湖北、陕西、河南、广东、广西、四川等地区。

花密集，有香味。

养护要点 | 中日照 | 见干浇透 | 排水良好的沙质壤土

本本象牙红

植物档案：

分布情况：分布于我国福建、广东、海南等地区。

科属：豆科刺桐属。

花期：3 月。

养护要点：

喜温暖湿润、光照充足的环境，耐旱也耐湿，对土壤要求不高，宜肥沃、排水良好的沙壤土。

形态特征：

- 茎：树皮灰褐色，髓部疏松，颓废部分成空腔。
- 叶：羽状复叶具 3 小叶，常密集枝端。
- 花：总状花序顶生，上有密集、成对着生的花；花冠红色。
- 果：荚果肿胀黑色，肥厚，种子间略缢缩。

鸡冠刺桐

植物档案：

分布情况：广泛分布于我国东北、华北、西北、华东、东南等地区。

科属：豆科胡枝子属。

花期：7~9 月。

养护要点：

耐旱、耐瘠薄、耐酸性、耐盐碱。对土壤适应性强，在瘠薄的新开垦地上可以生长，但最适于壤土和腐殖土。

形态特征：

- 茎：多分枝，小枝黄色或暗褐色，有条棱，被疏短毛。
- 叶：羽状复叶具 3 小叶；托叶 2 枚，线状披针形；小叶质薄，卵形、倒卵形或卵状长圆形。
- 花：总状花序腋生，比叶长，常构成大型、较疏松的圆锥花序；花冠红紫色，极稀白色。
- 果：荚果斜倒卵形，稍扁，表面具网纹，密被短柔毛。

大花田菁

植物档案：

分布情况：分布于我国广东、广西、云南、台湾地区。

科属：豆科田菁属。

花期：7~9 月。

养护要点：

喜温暖、湿润的气候，不耐寒。适宜土层深厚、疏松、肥沃的土壤。

形态特征：

- 茎：枝斜展，圆柱形，叶痕及托叶痕明显。
- 叶：羽状复叶；托叶斜卵状披针形，小叶长圆形至长椭圆形。
- 花：总状花序长 4~7 厘米，下垂，具 2~4 花；苞片、小苞片卵形至卵状披针形，长 7~10 毫米，两面均被柔毛；花萼绿色，有时具斑点，钟状。
- 果：荚果线形，稍弯曲，下垂。

翅荚决明

植物档案：

分布情况：分布于我国广东和云南南部地区 。

科属：豆科决明属。

花期：11 月 ~ 翌年 1 月。

荚果两边
有纸质翅。

养护要点：

生于疏林或较干旱的山坡上，耐干旱，耐贫瘠，适应性强。喜光耐半阴，喜高温湿润气候，不耐寒，不耐强风。

形态特征：

- 茎：枝粗壮，绿色。
- 叶：叶长 30~60 厘米；小叶 6~12 对，薄革质，长 8~15 厘米，顶端有小短尖头。
- 花：花序顶生和腋生，具长梗，长 10~50 厘米；花直径约 2.5 厘米；花瓣黄色，有明显的紫色脉纹。
- 果：荚果长带状，每果瓣的中央顶部有直贯至基部的翅，翅纸质，具圆钝的齿。

黄槐决明

植物档案：

分布情况：分布于我国广西、广东、福建等省区。

科属：豆科决明属。

花期：全年。

花药棕色。

养护要点：

对土壤水肥条件要求不高，一般肥力中等的低丘缓坡地及路旁、城镇绿化带均能生长成景。耐干旱，但不抗风，不耐积水洼地。

形态特征：

- 茎：分枝多，小枝有肋条。
- 叶：叶长 10~15 厘米；在叶轴上面最下 2 或 3 对小叶之间和叶柄上部有棍棒状腺体 2~3；小叶 7~9 对。
- 花：总状花序生于枝条上部的叶腋内；花瓣鲜黄至深黄色，长 1.5~2 厘米；雄蕊 10，全部能育。
- 果：荚果扁平，带状，开裂，长 7~10 厘米，顶端具细长的喙；种子 10~12。

双荚决明

植物档案：

分布情况：主要分布于我国华南地区。

科属：豆科决明属。

花期：10~11 月。

花的雄蕊 7 枚，
3 枚退化。

养护要点：

喜光，根系发达，萌芽能力强，适应性较广，耐寒，尤其适应在肥力中等的微酸性或砖红土壤中生长。

形态特征：

- 叶：叶长 7~12 厘米，有小叶 3~4 对；叶柄长 2.5~4 厘米；小叶膜质，在近边缘处呈网结。
- 花：总状花序生于枝条顶端的叶腋间，常集成伞房花序状，长度约与叶相等，花鲜黄色，直径约 2 厘米。
- 果：荚果圆柱状，膜质，直或微曲，长 13~17 厘米，直径约 1.6 厘米，缝线狭窄；种子二列。

金雀儿

科属：豆科金雀儿属。 **花期**：4~5 月。

因花多为黄色或金黄色，且形状酷似雀儿，故名金雀儿。

花入药有强心利尿之效。

- 外观：落叶灌木。
- 茎：枝丛生，直立，分枝细长，无毛，具纵长的细棱。
- 叶：上部常为单叶，下部为掌状三出复叶，具短柄；托叶小，通常不明显或无；小叶倒卵形至椭圆形。
- 花：花单生上部叶腋，于枝梢排成总状花序，基部有呈苞片状叶；花梗细，无小苞片；萼二唇形，无毛，通常粉白色；花冠鲜黄色。
- 果：荚果扁平，阔线形。
- 分布：主产我国北部或东北部。

养护要点	长日照	见干浇透	沙壤土、黏土均能正常生长

假地豆

科属：豆科山蚂蝗属。 **花期**：7~10 月。

生长于山坡草地、水旁、灌丛或林中，山边及屋边草地。

花序轴有开展长柔毛。

- 外观：小灌木或亚灌木。
- 茎：茎直立或平卧，基部多分枝，后变无毛。
- 叶：小叶纸质，顶生小叶多椭圆形，侧生小叶通常较小，全缘，侧脉每边 5~10，不达叶缘。
- 花：总状花序顶生或腋生，花极密，每 2 朵生于花序的节上；花冠紫红色、紫色或白色。
- 果：荚果密集，狭长圆形，腹缝线浅波状，腹背两缝线被钩状毛。
- 分布：分布于我国长江以南地区。

养护要点	长日照	见干浇透	疏松排水良好的酸性壤土

紫荆

科属：豆科山蚂蝗属。　　花期：3~4 月。

紫荆是木本花卉植物，树皮可入药，有清热解毒、活血行气、消肿止痛的功效。

扁荚果挂满枝条。

蝶形 两侧对称花。

▶ 外观：丛生或单生灌木，高 2~5 米。

▶ 茎：树皮和小枝灰白色。

▶ 叶：叶纸质，近圆形，两面通常无毛，叶缘膜质透明，新鲜时可见。

▶ 花：花紫红色或粉红色，2~10 余朵成束，簇生于老枝和主干上，尤以主干上花束较多，通常先于叶开放，花长 1~1.3 厘米；龙骨瓣基部具深紫色斑纹。

▶ 果：荚果扁狭长形，绿色，长 4~8 厘米，宽 1~1.2 厘米，翅宽约 1.5 毫米，喙细而弯曲，基部长渐尖。

养护要点	☀ 长日照	🪣 干透浇湿	🌱 肥沃、排水良好的土壤

紫穗槐

科属：豆科紫穗槐属。　　花期：5~10 月。

原产美国东北部和东南部，为多年生优良绿肥、蜜源植物，叶量大且营养丰富，含大量粗蛋白、维生素等，是营养丰富的饲料植物。

花穗紫黑色。

▶ 外观：落叶灌木，丛生，高 1~4 米。

▶ 茎：小枝灰褐色，被疏毛，后变无毛，嫩枝密被短柔毛。

▶ 叶：叶互生；小叶卵形或椭圆形，先端圆形，有一短而弯曲的尖刺。

▶ 花：穗状花序常 1 至数个顶生和枝端腋生，长 7~15 厘米，密被短柔毛。

▶ 果：荚果下垂，长 6~10 毫米，微弯曲，顶端具小尖，棕褐色，表面有凸起的疣状腺点。

▶ 分布：原产美国东北部和东南部，我国东北、华北、西北及山东、安徽、江苏等地均有栽培。

养护要点	☀ 长日照	🪣 每 15 日浇水 1 次	🌱 对土壤要求不高

美蕊花

植物档案：

分布情况：我国台湾、福建、广东有引种，栽培供观赏。

科属：豆科朱缨花属。

花期：8~9 月。

养护要点：

热带花卉，喜光，喜温暖湿润气候，不耐寒，适生于深厚肥沃、排水良好的酸性土壤。

形态特征：

- 茎：枝条扩展，小枝圆柱形，褐色，粗糙。
- 叶：二回羽状复叶；羽片 1 对，长 8~13 厘米；小叶 7~9 对，斜披针形，先端钝而具小尖头，基部偏斜，边缘被疏柔毛。
- 花：头状花序腋生；花冠管淡紫红色。
- 果：荚果线状倒披针形，长 6~11 厘米，成熟时由顶至基部沿缝线开裂，果瓣外反。

黄芦木

植物档案：

分布情况：分布于我国黑龙江、吉林、辽宁、河北、内蒙古、山东、河南、山西、陕西、甘肃地区。

科属：小檗科小檗属。

花期：4~5 月。

养护要点：

喜肥，喜湿润环境。浇水后应及时松土保墒，夏季雨天要及时排除树穴内的积水，防止水多烂根，秋末要浇好防冻水。

形态特征：

- 茎：老枝淡黄色或灰色，稍具棱槽，无疣点；节间 2.5~7 厘米；茎刺三分叉，稀单一，长 1~2 厘米。
- 叶：叶纸质，倒卵状椭圆形、椭圆形或卵形，先端急尖或圆形，基部楔形；上面暗绿色，背面淡绿色。
- 花：总状花序，具花 10~25，花黄色；萼片 2 轮，外萼片倒卵形，内萼片与外萼片同形。
- 果：浆果长圆形，红色，顶端不具宿存花柱，不被白粉或仅基部微被霜粉。

雀舌黄杨

植物档案：

分布情况：广泛分布于我国中部及东部地区。

科属：黄杨科黄杨属。

花期：2 月。

养护要点：

喜温暖、半阴、湿润气候，耐旱、耐寒、耐修剪。

形态特征：

- 茎：老枝圆柱形，小枝四棱形。
- 叶：叶薄革质，先端圆或钝，中脉两面凸出，侧脉极多，与中脉呈 50°～60° 角。
- 花：头状花序腋生，花极小且密集；苞片卵形，萼片卵圆形。
- 果：蒴果卵形，长约 5 毫米，宿存花柱直立。

圆叶福禄桐

植物档案：

分布情况：原产太平洋诸岛，现广泛家庭盆栽。

科属：五加科南洋森属。

花期：5~6 月。

养护要点：

生长期保持盆土湿润而不积水，经常用与室温相近的水向植株喷洒，以增加空气湿度，使叶色清新。

形态特征：

- 茎：侧枝细长，分枝皮孔显著。
- 叶：奇数羽状复叶，小叶 3~4 对，对生，呈圆形；叶缘常有不规则白斑。
- 花：伞形花序，花小，淡白色。

花小不易识别

狭叶十大功劳

科属：小檗科十大功劳属。 **花期**：8~10月。

多生于中海拔以下，低山地区山坡林缘、沟边、住宅近旁。

- 外观：常绿灌木，株高可达2米。
- 茎：茎秆直立，有节而多棱，分枝力弱。
- 叶：叶革质，奇数羽状复叶；每个复叶上着生5~9枚小叶，小叶呈长椭圆形或披针形，正面为暗绿色，背面黄绿色。
- 花：多花组成总状花序，着生在茎秆顶端的叶腋之间；小花黄色，每朵花上有萼片9枚，排成3轮。
- 果：果为小浆果，近圆形。
- 分布：分布于我国华南、华中、西南地区。

养护要点	短日照	每周浇水1次	极不耐碱，喜排水良好的酸性腐殖土

米兰

科属：楝科米仔兰属。**花期**：5~12月。

常生于低海拔山地的疏林或灌木林中。

- 外观：灌木或小乔木。
- 茎：茎多小枝，幼枝顶部被星状锈色的鳞片。
- 叶：叶长5~16厘米，有小叶3~5片；小叶对生，厚纸质，顶端1片最大，下部的远较顶端的为小，先端钝，基部楔形，两面均无毛。
- 花：圆锥花序腋生，花萼5裂，裂片圆形；花瓣5，黄色，长圆形或近圆形；雄蕊管略短于花瓣，顶端全缘或有圆齿。
- 果：浆果卵形或近球形，长10~12毫米，初时被散生的星状鳞片，后脱落。
- 分布：分布于我国广东、广西、福建、四川、贵州和云南等地区。

养护要点	长日照	见干浇透	喜疏松、肥沃、排水良好的微酸性腐殖土

花小不易识别

红叶黄栌

科属：漆树科黄栌属。 **花期**：4 月。

黄栌属的一个变种，是中国重要的观赏红叶树种，叶片秋季变红，鲜艳夺目。

叶背叶脉明显，皱缩。

- 外观：灌木，高 3~5 米。
- 叶：叶倒卵形或卵圆形，长 3~8 厘米，全缘，两面或尤其叶背显著被灰色柔毛；叶柄短。叶秋季变红。
- 花：圆锥花序被柔毛；花杂性，径约 3 毫米；花瓣卵形或卵状披针形，长 2~2.5 毫米，宽约 1 毫米，无毛；雄蕊 5，花药卵形，与花丝等长。
- 果：果肾形，长约 4.5 毫米，宽约 2.5 毫米，无毛。
- 分布：分布于我国华北、西南地区。

养护要点 | 长日照 | 每日浇水 1 次 | 瘠薄和碱性土壤

苏铁

科属：棕榈科散尾葵属。 **花期**：6~8 月。

俗称“铁树”，最为出名的是其开花，被称之为“铁树开花”。

此乃近圆形雌花。

- 茎：树干高约 2 米，稀达 8 米或更高，圆柱形如有明显螺旋状排列的菱形叶柄残痕。
- 叶：羽状叶从茎的顶部生出，下层的向下弯，上层的斜上伸展，整个羽状叶的轮廓呈倒卵状狭披针形。
- 花：雌雄异株，花形各异，雄花长椭圆形，挺立于青绿的羽叶之中，黄褐色；雌花扁圆形，浅黄色，紧贴于茎顶。
- 分布：主要分布于我国福建、广东、广西、江西、云南、四川等地区。

养护要点 | 长日照 | 干透浇透 | 肥沃湿润的微酸性土壤

第三章 城市常见花草树木

乔木

冠大荫浓的乔木就好像是城市的肺，一方面能吸附尘埃和雾霾，净化空气；另一方面能释放氧气，改善生态环境。被引进城市中的树，有些主要用于庇荫防风，做行道树，还有些是用来观赏的。

本章对城市常见乔木均有介绍，

快来看看吧。

侧柏

植物档案：

分布情况：分布于我国大部分省区。

科属：柏科侧柏属。

花期：3~4 月。

养护要点：

喜光，幼时稍耐阴，适应性强。喜生于湿润、肥沃、排水良好的钙质土壤。

形态特征：

- 茎：生鳞叶的小枝细，向上直展或斜展，扁平，排成一平面。
- 叶：叶鳞形，先端微钝，小枝中央的叶呈倒卵状菱形或斜方形，背面中间有条状腺槽。
- 花：雄球花黄色，卵圆形；雌球花近球形，蓝绿色，被白粉。
- 果：球果近卵圆形，成熟前近肉质，蓝绿色，被白粉，成熟后木质，开裂。

圆柏

植物档案：

分布情况：分布于我国大部分省区。

科属：柏科圆柏属。

花期：无。

养护要点：

喜阳光充足，略耐半阴。不干不浇，做到见干见湿。耐寒、耐热，对土壤要求不高，但以在中性、深厚而排水良好的土壤中生长最佳。

形态特征：

- 茎：树皮灰褐色，纵裂，成不规则的薄片脱落；生鳞叶的小枝近圆柱形。
- 叶：叶二型，即刺叶及鳞叶；刺叶生于幼树上，老龄树则全为鳞叶，壮龄树兼有刺叶与鳞叶；鳞叶三叶轮生；刺叶三叶交互轮生。
- 花：雌雄异株，雄球花黄色，椭圆形，长 2.5~3.5 毫米。
- 果：球果近圆球形，直径 6~8 毫米，两年成熟。

水杉

植物档案：

分布情况：已被广泛栽培。

科属：杉科水杉属。

花期：2 月下旬。

养护要点：

喜光，喜温暖湿润气候，适应性强，土壤为酸性山地黄壤、紫色土或冲积土较好。

形态特征：

- 茎：树皮灰色、灰褐色或暗灰色；幼树裂成薄片脱落，大树裂成长条状脱落，内皮淡紫褐色；侧生小枝排成羽状，长 4~15 厘米，冬季凋落。
- 叶：初生叶交叉对生；叶条形，沿中脉有两条较边带稍宽的淡黄色气孔带；叶在侧生小枝上排成羽状，冬季与枝一同脱落。
- 果：球果下垂，近四棱状球形或矩圆状球形 。

白皮松

植物档案：

分布情况：为我国特有树种，主要分布于我国山西、河南、陕西等省。

科属：松科松属。

花期：5~6 月。

树皮褐白相间。

养护要点：

喜光树种，耐瘠薄土壤及较干冷的气候。在气候温凉、土层深厚、肥润的钙质土和黄土中生长良好。

形态特征：

- 茎：幼树树皮光滑，灰绿色，长大后树皮薄块片脱落，露出淡黄绿色的新皮，老则树皮呈淡褐灰色或灰白色，鳞状块片脱落，露出粉白色的内皮。
- 叶：针叶 3 针一束，粗硬。
- 花：雄球花卵圆形或椭圆形，成穗状。
- 果：球果通常单生，初直立，后下垂，卵圆形或圆锥状卵圆形。

油松

植物档案：

分布情况：为我国特有树种，我国大部分省市均有分布。

科属：松科松属。

花期：4~5 月。

球果中部种鳞近矩圆状倒卵形。

养护要点：

喜光，喜干冷气候，抗瘠薄，在土层深厚、排水良好的酸性、中性或钙质黄土中均能生长良好。

形态特征：

- 茎：枝平展或向下斜展，老树树冠平顶，小枝褐黄色。
- 叶：针叶 2 针一束，深绿色，粗硬，长 10~15 厘米。
- 花：雄球花圆柱形，长 1.2~1.8 厘米，在新枝下部聚生成穗状。
- 果：球果卵形或圆卵形，长 4~9 厘米，成熟前绿色，熟时淡黄色或淡褐黄色。

华山松

植物档案：

分布情况：主产于我国中部至西南部高山。

科属：松科松属。

花期：4~5 月。

枝条平展，形成圆锥形或柱状塔形树冠。

养护要点：

阳性树，但幼苗略喜阴。喜排水良好的土壤，能适应多种土壤，最宜深厚、湿润、疏松的中性或微酸性壤土，不耐盐碱土。

形态特征：

- 茎：幼树树皮灰绿色或淡灰色，平滑，老则呈灰色，裂成方形或长方形厚块片固着于树干上。
- 叶：针叶 5 针一束，稀 6~7 针一束，长 8~15 厘米，宽 1~1.5 毫米，边缘具细锯齿。
- 果：球果圆锥状长卵圆形，长 10~20 厘米，直径 5~8 厘米，幼时绿色，成熟时黄色或褐黄色。

白扦

植物档案：

分布情况：我国特有树种，主要分布于我国华北地区。

科属：松科云杉属。

花期：4 月。

养护要点：

耐阴、耐寒，喜欢凉爽湿润的气候和肥沃深厚、排水良好的微酸性沙质土壤。

形态特征：

- 茎：一年生枝黄褐色，二年、三年生枝多淡黄褐色。
- 叶：主枝上的叶常辐射伸展，侧枝上面的叶伸展；叶四棱状条形，微弯曲，四面有白色气孔线。
- 果：球果矩圆状圆柱形；中部种鳞倒卵形，长约 1.6 厘米；种子倒卵圆形，连种子长约 1.3 厘米。

青扦

植物档案：

分布情况：为我国特有树种，分布于我国华南、西北、华中等地区。

科属：松科云杉属。

花期：4 月。

养护要点：

有较强的耐干旱、瘠薄能力。半阴性，能耐强光照。耐寒，喜肥沃、排水良好的土壤。耐旱，不耐积水。

形态特征：

- 茎：一年生枝淡黄绿色或淡黄灰色，二年、三年生枝淡灰色、灰色或淡褐灰色。
- 叶：叶排列较密，四棱状条形，较短，先端尖，横切面四棱形或扁菱形，微具白粉。
- 果：球果通常卵状圆柱形，成熟前绿色，熟时黄褐色或淡褐色。种子倒卵圆形。

雪松

植物档案：

分布情况：分布于长江流域各大城市。

科属：松科雪松属。

花期：10~11 月。

养护要点：

喜阳光充足，也稍耐阴。在土层深厚、排水良好的酸性土壤上生长旺盛。

形态特征：

- 茎：枝平展、微斜展或微下垂，小枝常下垂，一年生长枝淡灰黄色，二年、三年生枝呈淡褐灰色或深灰色。
- 叶：叶针形，坚硬，长 2.5~5 厘米，常成三棱形。
- 花：雄球花多长卵圆形，长 2~3 厘米；雌球花卵圆形，长约 8 毫米。
- 果：球果成熟前淡绿色，熟时红褐色，长 7~12 厘米，直径 5~9 厘米，顶端圆钝，有短梗。

冬青

植物档案：

分布情况：分布于我国华中、华南、西南等地区。

科属：冬青科冬青属。

花期：4~6 月。

果实球形，果皮平滑。

养护要点：

较耐阴湿。当年栽植的小苗一次浇透水后可任其自然生长，视墒情每 15 日灌水一次。

形态特征：

- 茎：当年生小枝浅灰色，圆柱形，具细棱；二至多年生枝具不明显的小皮孔，叶痕新月形。
- 叶：叶片薄革质至革质，椭圆形或披针形，先端渐尖，基部楔形或钝，边缘具圆齿。
- 花：雄花淡紫色或紫红色，花冠辐状，花瓣卵形，开放时反折；雌花具花 3~7。
- 果：果长球形，成熟时红色。

大叶冬青

植物档案：

分布情况：分布于我国华东及河南、湖北、广西及云南等地区。

科属：冬青科冬青属。

花期：4 月。

秋冬季小果变红。

养护要点：

适应性强，较耐寒、耐阴，不耐强光照射，幼龄喜荫蔽。喜肥沃湿润、排水良好的酸性壤土。

形态特征：

- 茎：分枝粗壮，具纵棱及槽，黄褐色或褐色，光滑，具明显隆起。
- 叶：叶生于 1~3 年生枝上，厚革质，边缘具疏锯齿，齿尖黑色，中脉在叶面凹陷，在背面隆起。
- 花：由聚伞花序组成的假圆锥花序生于二年生枝的叶腋内，花淡黄绿色。
- 果：果球形，成熟时红色，外果皮厚，平滑。

羊蹄甲

植物档案：

分布情况：分布于我国南部地区。

科属：豆科羊蹄甲属。

花期：9~11 月。

中间一枚花瓣颜色加深。

养护要点：

喜土质肥沃，最好是排水能力强的沙质土。喜温暖气候，阳光充足且稍微有一点潮湿的环境。勤浇水，要浇透。

形态特征：

- 茎：树皮厚，近光滑，灰色至暗褐色。
- 叶：叶硬纸质，近圆形，长 10~15 厘米。
- 花：总状花序侧生或顶生，少花，长 6~12 厘米；花瓣桃红色，倒披针形，长 4~5 厘米，具脉纹和长的瓣柄；能育雄蕊 3，花丝与花瓣等长。
- 果：荚果带状，扁平，成熟时开裂，木质的果瓣扭曲将种子弹出。

相似品种巧辨别

蒙椴

乔木；嫩枝无毛；叶阔卵形或圆形，先端渐尖；聚伞花序，花黄绿色，花瓣长 6~7 毫米；退化雄蕊花瓣状，稍窄小。

科属：椴树科椴树属。
花期：7 月。

糠椴

乔木；嫩枝被灰白色星状茸毛，顶芽有茸毛；叶卵圆形；聚伞花序，花序柄有毛；苞片窄长圆形或窄倒披针形。

科属：椴树科椴树属。
花期：7 月。

沙棘

落叶灌木或乔木，棘刺较多，粗壮，顶生或侧生；嫩枝褐绿色，老枝灰黑色；单叶近对生，纸质；果实橙黄色或桔红色。

科属：胡颓子科沙棘属。
花期：4~5 月。

沙枣

落叶乔木或小乔木；幼枝密被银白色鳞片，老枝鳞片脱落；叶顶端钝尖或钝形，基部楔形；花外面银白色，里面黄色。

科属：胡颓子科胡颓子属。
花期：5~6 月。

木芙蓉

落叶灌木或小乔木；叶宽卵形至圆卵形或心形；花初开时白色或淡红色，后变深红色。

科属：锦葵科木槿属。
花期：8~10 月。

木槿

落叶灌木；叶菱状卵形，边缘具不整齐齿缺；花钟形，颜色多变，早上开，晚上凋萎。

科属：锦葵科木槿属。
花期：7~10 月。

鹅掌楸

乔木；高达 40 米；叶马褂状；花杯状，绿色，花期时雌蕊群超出花被之上。

科属：木兰科鹅掌楸属。
花期：5 月。

白玉兰

落叶乔木；树冠呈卵圆形；叶片多互生；花大，单生于枝顶，呈钟形，花香清新。

科属：木兰科木兰属。
花期：2~4 月。

豆梨

落叶乔木；小枝粗壮；叶片宽卵形至卵形；伞形总状花序，花瓣白色；梨果球形，黑褐色，有斑点。

科属：蔷薇科梨属。
花期：4 月。

花具黄色纵条纹 VS 花具紫红色晕或条纹

早春开花 VS 晚春开花

叶片边缘钝锯齿 VS 叶片边缘锐锯齿

二乔玉兰

落叶小乔木；高 6~10 米；叶倒卵形、宽倒卵形，先端宽圆；花淡紫红色、玫瑰色或白色。

科属：木兰科木兰属。
花期：3~4 月。

广玉兰

常绿乔木；叶厚革质，叶面深绿色，有光泽；花白色，状如荷花，芳香，厚肉质。

科属：木兰科木兰属。
花期：5~6 月。

梨

落叶乔木，叶圆如大叶杨，干有粗皮外护，枝撑如伞。春季开花，花色洁白，如同雪花，具有淡淡的香味。

科属：蔷薇科梨属。
花期：3~5 月。

单叶

暴马丁香

植物档案：

分布情况：主要分布于我国东北地区。

科属：木犀科丁香属。

花期：6~7 月。

养护要点：

对土壤的要求不高，耐瘠薄，喜肥沃、排水良好的土壤。具有一定耐寒性和较强的耐旱力。忌在低洼地种植。

形态特征：

- 茎：树皮紫灰褐色；二年生枝棕褐色，无毛，具较密皮孔。
- 叶：叶片厚纸质，常宽卵形、卵形，先端短尾尖至尾状渐尖或锐尖，基部常圆形；叶柄长 1~2.5 厘米，无毛。
- 花：圆锥花序；花冠白色，长 4~5 毫米，花冠管长约 1.5 毫米，裂片先端锐尖；花丝与花冠裂片近等长或长于裂片。
- 果：蒴果长椭圆形。

元宝枫

植物档案：

分布情况：广泛分布于我国各地区。

科属：槭树科槭树属。

花期：4 月。

养护要点：

在湿润、肥沃、土层深厚的土中生长最好。耐旱，不耐涝。

形态特征：

- 茎：树皮灰褐色或深褐色，深纵裂。小枝无毛，灰褐色。
- 叶：叶纸质，常 5 裂，稀 7 裂，基部截形稀近于心脏形，边缘全缘；主脉 5，在上面显著。
- 花：花黄绿色，杂性，雄花与两性花同株，常成无毛的伞房花序，直径约 8 厘米；花瓣 5，淡黄色或淡白色，长圆倒卵形。
- 果：翅果常成下垂的伞房果序；小坚果压扁状；翅长圆形，常与小坚果等长。

鸡爪槭

植物档案：

分布情况：主要分布于我国华北、华中、华东等地区。

科属：槭树科槭属。

花期：5 月。

养护要点：

怕日光曝晒，抗寒性强，耐酸碱，较耐干燥，不耐水涝，适应于湿润和富含腐殖质的土壤。

形态特征：

- 茎：树皮深灰色，小枝细瘦。
- 叶：叶纸质，5~9 掌状分裂，通常 7 裂，裂片长圆卵形或披针形，边缘具紧贴的尖锐锯齿。
- 花：花紫色，杂性，雄花与两性花同株，组成伞房花序，叶发出以后才开花。
- 果：翅果嫩时紫红色，成熟时淡棕黄色；小坚果球形；翅与小坚果共长 2~2.5 厘米张开成钝角。

大叶紫薇

植物档案：

分布情况：我国广东、广西及福建有栽培。

科属：千屈菜科紫薇属。

花期：5~7 月。

养护要点：

耐旱，需强光。怕涝，秋天不宜浇水。喜高温湿润气候，栽培在全日照或半日照之地均能适应，对土壤要求不高。

形态特征：

- 茎：树皮灰色，平滑；小枝圆柱形。
- 叶：叶革质，甚大，长 10~25 厘米，宽 6~12 厘米，两面均无毛；叶柄长 6~15 毫米，粗壮。
- 花：花淡红色或紫色，直径 5 厘米，顶生圆锥花序长 15~25 厘米；花瓣 6，几不皱缩，有短爪；雄蕊数量很多。
- 果：蒴果球形至倒卵状矩圆形，直径约 2 厘米，褐灰色。

单叶

山桃

植物档案：

分布情况：分布于我国华北、华中、西南等地区。

科属：蔷薇科桃属。

花期：3~4 月。

花瓣 5，
阔倒卵形。

养护要点：

喜光，耐寒。对土壤适应性强，耐干旱、瘠薄，怕涝。以中性至微碱性的沙质壤土最为适宜。在黏重土壤中容易产生流胶病。

形态特征：

- 茎：树皮暗紫色，光滑；小枝细长，直立。
- 叶：叶片卵状披针形，长 5~13 厘米，两面无毛，叶边具细锐锯齿；叶柄长 1~2 厘米。
- 花：花单生，先于叶开放，直径 2~3 厘米；花梗极短或几无梗；萼片紫色，先端圆钝；花瓣粉红色，单瓣，先端圆钝。
- 果：果实近球形，直径 2.5~3.5 厘米，淡黄色，外面密被短柔毛，果梗短而深入果洼。

菊花桃

植物档案：

分布情况：分布于我国北部及中部地区。

科属：蔷薇科桃属。

花期：4 月中旬。

花形似菊花，
但为乔木。

养护要点：

适宜在疏松肥沃、排水良好的中性至微酸性土壤中生长。

形态特征：

- 茎：干皮深灰色，小枝细长柔弱，黄褐色。
- 叶：叶绿色略显灰，边缘略卷，椭圆披针形，长约 10 厘米，叶缘有细锯齿。
- 花：花粉色；花瓣披针卵形，花径 4~5 厘米，菊花型，花瓣多数；雄蕊数量多，花丝卷曲，略呈花瓣状。
- 果：果实绿色，尖圆形，长约 42 厘米；果核椭圆形，表面粗糙。

碧桃

植物档案：

分布情况：我国各省区广泛栽培。

科属：蔷薇科桃属。

花期：4 月。

重瓣花，
阔倒卵形。

养护要点：

喜阳光，耐旱，不耐潮湿的环境。喜欢气候温暖的环境，耐寒性好，要求土壤肥沃、排水性良好。

形态特征：

- 树皮：树皮暗红褐色，老时粗糙呈鳞片状。
- 叶：4 月叶片展放，叶片椭圆披针形，先端渐尖，叶缘有锯齿。
- 花：花单生，先于叶片开放，花重瓣，红色。
- 果：核果近球形，外面有绒毛。果实面向阳光的一面有红晕。

单叶

杏

植物档案：

分布情况：我国长江以北栽培较多。

科属：蔷薇科杏属。

花期：3 月。

养护要点：

喜光，耐旱，抗寒，抗风。苗木定植后浇一遍透水，此后视具体情况确定浇水量和浇水时间。

形态特征：

- 叶：叶片较小，宽卵形，先端多急尖，基部圆形，叶边有圆钝锯齿。
- 花：花单生，先于叶开放，花瓣圆形，白色或粉红色；花梗短或无梗。
- 果：果实球形，黄色至黄红色。

李子

植物档案：

分布情况：主要分布于我国华北、西北和华东地区。

科属：蔷薇科李属。

花期：3~4 月。

养护要点：

选择土层深厚、排水良好的砂质壤土，避开低洼积涝地带。

形态特征：

- 茎：树冠广圆形，树皮灰褐色，起伏不平；老枝紫褐色或红褐色，无毛；小枝黄红色，无毛。
- 叶：叶片长圆倒卵形、长椭圆形，稀长圆卵形，先端渐尖、急尖或短尾尖，基部楔形，边缘有圆钝重锯齿，常混有单锯齿。
- 花：通常 3 朵并生，萼筒钟状，萼片长圆卵形，先端急尖或圆钝，边有疏齿；花瓣白色，长圆倒卵形，先端啮蚀状，基部有明显带紫色脉纹。
- 果：核果球形、卵球形或近圆锥形。

榕树

植物档案：

分布情况：分布于我国华中、华南、华东、西南等地区。

科属：桑科榕属。

花期：5~6 月。

养护要点：

喜阳光充足、温暖湿润气候，不耐寒。不要经常浇水，浇必浇透。喜疏松肥沃的酸性土。

形态特征：

- 茎：老树常有锈褐色气根，树皮深灰色。
- 叶：叶薄革质，狭椭圆形，长 4~8 厘米，有光泽，全缘，侧脉 3~10 对。
- 花：榕果成对腋生或生于已落叶枝叶腋，成熟时黄或微红色，扁球形；雄花、雌花、瘿花同生于一榕果内。
- 果：瘦果卵圆形。

桑树

植物档案：

分布情况：从我国东北至西南，西北直至新疆均有栽培。

科属：桑科桑属。

花期：4~5 月。

养护要点：

喜光，幼时稍耐阴。喜温暖湿润气候，耐寒，耐水湿能力强，耐旱，不耐涝，耐瘠薄。对土壤的适应性强。

形态特征：

- 茎：树皮厚，灰色，具不规则浅纵裂。
- 叶：叶卵形或广卵形，长 5~15 厘米，边缘锯齿粗钝，有时叶为各种分裂；叶柄长 1.5~5.5 厘米。
- 花：花与叶同时生出；雄花序下垂，长 2~3.5 厘米，密被白色柔毛；雌花序长 1~2 厘米，被毛。
- 果：聚花果卵状椭圆形，成熟时红色或暗紫色。

构树

植物档案：

分布情况：主要分布于我国黄河、长江和珠江流域地区。

科属：桑科构属。

花期：4~5 月。

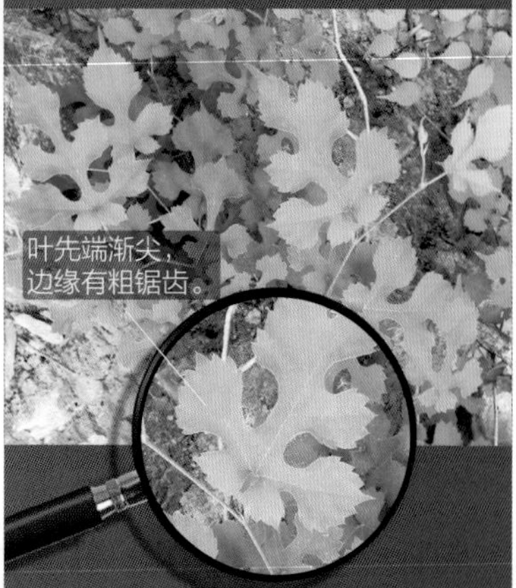

养护要点：

喜光，适应性强，适宜背风向阳、疏松肥沃、深厚、不积水的壤土。

形态特征：

- 茎：树皮暗灰色平滑，浅灰色或灰褐色，不易裂；小枝密生柔毛。
- 叶：叶螺旋状排列，广卵形至长椭圆状卵形。
- 花：雄花序为柔荑花序，粗壮。
- 果：聚花果直径 1.5~3 厘米，成熟时橙红色，肉质；瘦果具与等长的柄，表面有小瘤，龙骨双层，外果皮壳质。

单叶

柿树

植物档案：

分布情况：在我国广泛栽培。

科属：柿科柿属。

花期：5~6 月。

养护要点：

阳性树种，喜温暖气候，喜充足阳光，喜深厚、肥沃、湿润、排水良好的土壤，适生于中性土壤。

形态特征：

- 茎：树皮沟纹较密，裂成长方块状；枝上有散生纵裂的皮孔。
- 叶：叶纸质，较大，5~18 厘米，多卵状椭圆形，中脉在上面凹下，在下面凸起。
- 花：花通常雌雄异株，雄花序腋生，为聚伞花序，较小，弯垂，通常花 3；雄花花冠钟状，黄白色，有 4 裂，开展。
- 果：果实宿存萼有 4 裂，厚革质或干时近木质。

枣树

植物档案：

分布情况：全国各地均有栽培。

科属：鼠李科枣属。

花期：5~6 月。

养护要点：

耐旱、耐涝性较强，否则不利授粉坐果。喜光性强，对光反应较敏感，对土壤适应性强，耐贫瘠、耐盐碱。

形态特征：

- 茎：有长枝，短枝和新枝呈“之”字形曲折，具 2 个托叶刺，长刺可达 3 厘米，粗直；短枝短粗，矩状；当年生小枝绿色，下垂。
- 叶：叶卵形至卵状长椭圆形，边缘有圆齿状锯齿，基生三出脉。
- 花：聚伞花序腋生，花小，黄绿色。
- 果：核果卵形至长圆形，8~9 月果熟，熟时暗红色。

单叶

泡桐

科属：玄参科泡桐属。 **花期：**3~4 月。

树姿优美，花色美丽鲜艳，并有较强的净化空气和抗大气污染的能力，是城市和工矿区绿化的好树种。

功效：

根、果入药。

根能辅助治疗筋骨疼痛、疮毒红肿，

果能用于治疗气管炎。

食用价值：

鲜花除去花蕊后可食。

- 外观：乔木，高达 30 米，树冠圆锥形，主干直，胸径可达 2 米。
- 茎：树皮灰褐色，幼枝、叶、花序各部和幼果均被黄褐色星状绒毛。
- 叶：叶片长卵状心脏形，成熟叶片下面密被绒毛。
- 花：先于叶片开放；聚伞花序有花 3~8；花冠管状漏斗形；淡紫色，有淡淡的花香。
- 果：蒴果长圆形或长圆状椭圆形，果皮木质。
- 分布：分布于我国大部分地区，为常见行道树。

花先于叶开放，可摘花舔尝花冠底的花蜜。

养护要点 | 长日照 | 见干见湿 | 肥沃、深厚、湿润但不积水的土壤

单叶

青铜

科属：梧桐科梧桐属。 **花期**：6月。

别名青桐，树干光滑，叶大优美，是一种著名的观赏树种。

功效：
茎、叶、花、果和种子均可药用，有清热解毒的功效。

食用价值：
青桐的果实可生吃，也可炒着吃。

- 外观：落叶乔木，高达16米。
- 茎：树皮青绿色，平滑。木材轻软，为制木匣和乐器的良材。
- 叶：叶心形，掌状3~5裂，裂片三角形，基生脉7条，叶柄与叶片等长。
- 花：圆锥花序顶生；花淡黄绿色；萼5深裂几至基部，萼片条形，向外卷曲；花梗与花几等长。
- 果：蓇葖果膜质，有柄，成熟前开裂成叶状。
- 分布：分布于我国南北各地。

叶裂片三角形。

养护要点

长日照

见干见湿

肥沃、湿润的砂质壤土

单叶

小叶朴

植物档案：

分布情况：分布于我国华东、华中、西北等地区。

科属：榆科朴属。

花期：4~5 月。

果实成熟时会变成蓝黑色。

养护要点：

喜光，稍耐阴，耐寒。喜深厚、湿润的中性黏土。深根性，萌蘖力强，生长较慢。

形态特征：

- 茎：树皮灰色或暗灰色，散生椭圆形皮孔。
- 叶：叶厚纸质，多狭卵形、长圆形，长 3~7 厘米；叶柄淡黄色；萌发枝上的叶形变异较大，先端可具尾尖且有糙毛。
- 果：果单生叶腋，成熟时蓝黑色，近球形，直径 6~8 毫米。

家榆

植物档案：

分布情况：分布于我国东北、华北、西北及西南各地区。

科属：榆科榆属。

花期：3~6 月（东北较晚）。

翅果密集，可食用。

养护要点：

喜光，耐寒，抗旱，能适应干凉气候，喜肥沃、湿润而排水良好的土壤，不耐水湿，但能耐干旱瘠薄和盐碱土。

形态特征：

- 茎：大树皮暗灰色，不规则深纵裂，小枝有散生皮孔，冬芽内层芽鳞的边缘具白色长柔毛。
- 叶：叶多椭圆状卵形、长卵形，基部偏斜或近对称，叶面平滑无毛，边缘具重锯齿或单锯齿。
- 花：花先叶开放，在去年生枝的叶腋成簇生状。
- 果：翅果近圆形，果核部分位于翅果的中部，初淡绿色，后白黄色。

樟树

植物档案：

分布情况：主要分布于我国南方及西南地区。

科属：樟科樟属。

花期：4~5 月。

果实成熟后可碾出紫黑色汁液。

养护要点：

喜光，幼苗幼树耐阴，喜温暖湿润气候，耐寒性不强，怕冷，不耐干旱瘠薄和盐碱土，萌芽力强，耐修剪。

形态特征：

- 茎：枝条圆柱形，淡褐色，无毛。
- 叶：叶互生，卵状椭圆形，边缘全缘。
- 花：圆锥花序腋生；花绿白或带黄色，长约 3 毫米；花被裂片椭圆形。
- 果：果卵球形或近球形，直径 6~8 毫米，紫黑色；果托杯状。

柚子

植物档案：

分布情况：我国长江以南各地均有栽培。

科属：芸香科柑橘属。

花期：4~5 月。

花肉质，
略厚。

养护要点：

对土壤种类和土壤酸碱度的适应性比较广泛，而以透气性好、疏松的土壤为宜。

形态特征：

- 茎：嫩枝扁且有棱。
- 叶：嫩叶通常暗紫红色，叶质颇厚，色浓绿，阔卵形或椭圆形，连翼叶长 9~16 厘米，宽 4~8 厘米，翼叶长 2~4 厘米。
- 花：总状花序，花蕾多淡紫红色；花萼不规则 5~3 浅裂；花瓣长 1.5~2 厘米。
- 果：果圆球形，扁圆形，梨形或阔圆锥状，直径通常 10 厘米以上。

假槟榔

植物档案：

分布情况：我国华南、西南等地区均有栽培。

科属：棕榈科假槟榔属。

花期：4~7 月。

种子生于
叶片之下
的主干上。

养护要点：

喜高温、高湿和避风向阳的气候环境，在土层深厚、肥沃、排水良好的微酸性沙质壤土中生长良好。

形态特征：

- 茎：茎粗约 15 厘米，圆柱状，基部略膨大。
- 叶：叶羽状全裂，生于茎顶，长 2~3 米，羽片长达 45 厘米，叶面绿色，叶背面被灰白色鳞秕状物；叶鞘绿色，膨大而包茎，形成明显的冠茎。
- 花：花序生于叶鞘下，呈圆锥花序式，下垂，多分枝；有 2 个鞘状佛焰苞，长 45 厘米；花白色，花瓣 3。
- 果：果实卵球形，红色。

棕榈

植物档案：

分布情况：分布于我国长江以南各地区。

科属：棕榈科棕榈属。

花期：4 月。

叶深裂
呈剑状。

养护要点：

喜温暖湿润气候，喜光。耐寒性极强，稍耐阴。易风倒，生长慢。

形态特征：

- 茎：树干圆柱形，树干直径 10~15 厘米，甚至更粗，有不易脱落的老叶柄和密集的网状纤维。
- 叶：叶片呈 3/4 圆形或者近圆形，深裂成 30~50 片具皱折的线状剑形。
- 花：花序粗壮，多次分枝，从叶腋抽出，通常是雌雄异株。
- 果：果实阔肾形，有脐，成熟时由黄色变为淡蓝色，有白粉。

相似品种巧辨别

白花洋槐

落叶乔木；羽状复叶，小叶常对生，先端圆，微凹，具小尖头，小托叶针芒状；总状花序腋生，花下垂，多数，芳香。

科属：豆科刺槐属。
花期：4~6 月。

合欢

落叶乔木；二回羽状复叶，小叶线形至长圆形，晚上叶子会闭合；头状花序于枝顶排成圆锥花序，花呈流苏羽毛状。

科属：豆科合欢属。
花期：6~7 月。

国槐

乔木；羽状复叶，叶柄基部膨大，包裹着芽；小叶 4~7 对，对生或近互生，纸质；花冠白色或淡黄色，有花香。

科属：豆科槐属。
花期：7~8 月。

花冠白色
VS
花冠红色

花粉红色
VS
花冠白色或淡黄色

圆锥花序顶生
VS
总状花序腋生及顶生

红花洋槐

落叶乔木；奇数羽状复叶，小叶 7~19 枚，卵形或长圆形；总状花序腋生，花瓣粉红色；很少结果。

科属：豆科刺槐属。
花期：4~6 月。

酸豆

乔木；小叶基部圆而偏斜，无毛；花多黄色或杂以紫红色条纹；花梗被黄绿色短柔毛；花瓣倒卵形，边缘波状，皱折。

科属：豆科酸豆属。
花期：5~8 月。

龙爪槐

落叶乔木；叶柄基部膨大，包裹着芽；小叶 4~7 对，对生或近互生，纸质；圆锥花序顶生，常呈金字塔形，长达 30 厘米。

科属：豆科槐属。
花期：7~8 月。

垂丝海棠

乔木；树冠开展；叶片卵形或椭圆形至长椭卵形，嫩叶呈紫色；花瓣倒卵形，基部有短爪，粉红色，有重瓣、白花等变种。

科属： 蔷薇科苹果属。

花期： 3~4 月。

西府海棠

小乔木；树枝直立性强；冬芽卵形，先端急尖，暗紫色；叶片长椭圆形或椭圆形；花瓣基部有短爪，粉红色。

科属： 蔷薇科苹果属。

花期： 4~5 月。

日本早樱

落叶乔木；叶缘有芒状锯齿，先花后叶，或与叶同时开放；花 3~5，排成伞状花序，花瓣先端有缺刻。

科属： 蔷薇科樱属。

花期： 早春。

日本晚樱

落叶乔木；叶缘有细锯齿；伞房花序总状或近伞形，有花 2~3，花瓣白色，稀粉红色，倒卵形，先端下凹。

科属： 蔷薇科樱属。

花期： 晚春。

复叶

臭椿

科属：苦木科臭椿属。 **花期：**4~5月。

生长迅速，可以在25年内达到15米的高度。寿命较短，极少超过50年。

功效：

树皮、根皮、果实均可入药，有清热利湿、收敛止痢等功效。

应用布置：

可作石灰岩地区的造林树种，也可作园林风景树和行道树。

- 外观：落叶乔木，高可达20余米。
- 茎：树皮平滑而有直纹；嫩枝有髓，幼时被黄色或黄褐色柔毛，后脱落。
- 叶：叶为奇数羽状复叶，有小叶13~27；小叶对生或近对生，纸质，卵状披针形，长7~13厘米，两侧各具1或2个粗锯齿，有臭味。
- 花：花淡绿色；萼片5，覆瓦状排列；花瓣5。
- 果：翅果长椭圆形；种子位于翅的中间，扁圆形。
- 分布：我国除黑龙江、吉林、青海、宁夏、甘肃和海南省份外，各地均有分布。

小花绿色，肉质。

养护要点

长日照

不耐水湿，忌积水

深厚、肥沃、湿润的沙质壤土

复叶

香椿

科属：楝科香椿属。 **花期：**6~8 月。

又名香椿芽、香桩头、大红椿树、椿天等，古代称香椿为椿。椿芽营养丰富，并具有食疗作用，中国人食用香椿久已成习。

功效：

根皮及果入药，有收敛止血、祛湿止痛之功效。

食用价值：

幼芽嫩叶芳香可口，供蔬食。

应用布置：

园林绿化的优选树种，常作为行道树使用。

- 外观：乔木；树皮粗糙，深褐色，常成片状脱落。
- 叶：叶具长柄，偶数羽状复叶，长 30~50 厘米或更长；小叶 16~20，纸质，长 9~15 厘米，无毛。
- 花：圆锥花序与叶等长或更长，小聚伞花序生于短的小枝上，多花，花瓣 5，白色，长圆形，先端钝。
- 果：蒴果狭椭圆形，长 2~3.5 厘米，深褐色，有小而苍白色的皮孔，果瓣薄。
- 分布：我国各地广泛栽培。

蒴果狭椭圆形，果期 10~12 月。

养护要点

长日照 | 每周浇水 1 次 | 河边、宅院周围肥沃湿润的沙壤土

复叶

苦楝

科属：楝科楝属。 **花期：**4~5 月。

树形优美，枝条秀丽，在春夏之交开淡紫色花，香味浓郁；耐烟尘，抗二氧化硫能力强，并能杀菌。

功效：
根皮可驱蛔虫和钩虫，但有毒，用时要严遵医嘱，根皮粉调醋可治疥癣，用苦楝子做成油膏可治头癣。

应用布置：
生于旷野或路旁，常栽培于房前屋后，是平原及低海拔丘陵区的良好造林树种，在村边路旁种植更为适宜。

- 外观：落叶乔木，高可达 10 余米。树皮灰褐色，纵裂。分枝广展，小枝有叶痕。
- 叶：叶为二至三回奇数羽状复叶；小叶对生，顶生一片通常略大，边缘有钝锯齿。
- 花：圆锥花序约与叶等长；花芳香；花瓣淡紫色，倒卵状匙形，长约 1 厘米，两面均被微柔毛，通常外面较密；雄蕊管紫色。
- 果：核果球形至椭圆形，长 1~2 厘米，内果皮木质。
- 分布：主要分布于我国黄河以南各省区，较常见。

花瓣长，花心深紫色。

养护要点

长日照

每周浇水 1 次

疏松肥沃、排水良好、富含腐殖质的沙质壤土

复叶

菩提树

科属：桑科榕属。 **花期**：3~4 月。

“菩提”梵文意为“觉悟”，在印度菩提树被视为“神圣之树”。

功效：

干菩提树是治疗哮喘、糖尿病、腹泻、癫痫、胃部疾病等的传统中医药。

应用布置：

菩提树分枝扩展、树形高大，枝繁叶茂，冠幅广展，优雅可观，是优良的观赏树种，宜作庭院行道的绿化树种；同时它对二氧化硫、氯气抗性中等，对氢氟酸抗性强，宜作污染区的绿化树种。

- 外观：大乔木，幼时附生于其他树上，高达 15~25 米。
- 茎：树皮灰色，平滑或微具纵纹，冠幅广展；小枝灰褐色，幼时被微柔毛。
- 叶：叶革质，三角状卵形，表面深绿色，光亮，背面绿色，先端骤尖，顶部延伸为尾状，尾尖长 2~5 厘米。
- 花：总花梗长约 4~9 毫米；花柱纤细，柱头狭窄。
- 果：榕果球形至扁球形，直径 1~1.5 厘米，成熟时红色，光滑；基生苞片 3，卵圆形。
- 分布：分布于我国广东、云南地区。

瘿花和雌花生于同一榕果内壁。

养护要点

长日照

幼苗生长期应注意排水

肥沃的棕色森林土、沙质土

栾树

植物档案：

分布情况：分布于我国大部分地区。

科属： 无患子科栾树属。

花期： 6~8 月。

养护要点：

对环境的适应性强，喜欢生长于石灰质土壤中，耐盐渍及短期水涝，有较强抗烟尘能力。

形态特征：

- 茎：树皮厚，灰褐色，老时纵裂，皮孔小；小枝具疣点。
- 叶：叶一回、不完全二回或偶有为二回羽状复叶；小叶边缘有钝锯齿，齿端具小尖头。
- 花：聚伞圆锥花序，分枝长而广展；花淡黄色，稍芬芳；花瓣 4，开花时向外反折，线状长圆形，被长柔毛，瓣片基部的鳞片初时黄色，开花时橙红色，参差不齐的深裂。
- 果：蒴果圆锥形，顶端渐尖。

无患子

植物档案：

分布情况：分布于我国东部、南部至西南部。

科属： 无患子科无患子属。

花期： 春季。

养护要点：

喜光，稍耐阴，耐寒能力较强。对土壤要求不高，深根性，抗风力强，不耐水湿，能耐干旱。萌芽力弱，不耐修剪。

形态特征：

- 茎：树皮灰褐色或黑褐色；嫩枝绿色，无毛。
- 叶：叶连柄长 25~45 厘米或更长，叶轴上面两侧有直槽；小叶 5~8 对，通常近对生，叶片薄纸质，长 7~15 厘米。
- 花：花序顶生，圆锥形；花小，辐射对称；花瓣 5，披针形，有长爪。
- 果：果的发育分果爿近球形，直径 2~2.5 厘米，橙黄色，干时变黑。

复羽叶栾树

植物档案：

分布情况：分布于我国西南、华中、华东等地区。

科属： 无患子科栾树属。

花期： 7~9 月。

养护要点：

喜生于石灰质的土壤中，能耐盐渍及短期水涝；但以深厚、肥沃、湿润的土壤为好。

形态特征：

- 茎：皮孔圆形至椭圆形；枝具小疣点。
- 叶：叶平展，二回羽状复叶，叶轴和叶柄向轴面常有一纵行皱曲的短柔毛；小叶 9~17，互生，纸质或近革质，斜卵形，边缘有内弯小锯齿。
- 花：圆锥花序大型，花瓣 4，长圆状披针形。
- 果：蒴果椭圆形或近球形，具 3 棱，淡紫红色，老熟时褐色，有小凸尖。

相似品种巧辨别

加杨

大乔木；叶一般长大于宽，边缘有圆锯齿；雄花序长 7~15 厘米，雌花序有花 45~50 朵。

科属：杨柳科杨属。

花期：4 月。

毛白杨

乔木；叶边缘深齿牙缘或波状齿牙缘；雄花序较长，苞片密，生长毛，雌花序较雄花序短，苞片褐色，边缘有长毛。

科属：杨柳科杨属。

花期：3 月。

旱柳

落叶乔木；叶下面苍白色或带白色；花与叶同时开放，雌雄异株，雄花序圆柱形，黄绿色，雌花序较雄花序短。

科属：杨柳科柳属。

花期：4 月。

垂柳

落叶乔木；花先于叶或与叶同步长出；雌雄异株，雌花序是呈刷子状的柔荑花序。

科属：杨柳科柳属。

花期：3~4 月。

榔榆

落叶乔木；叶质地厚，基部偏斜，叶面深绿色，叶背色较浅；花秋季开放，3~6 数在叶腋簇生或排成簇状聚伞花序。

科属：榆科榆属。

花期：8~10 月。

裂叶榆

落叶乔木；叶先端通常 3~7 裂，裂片三角形，叶边缘具较深的重锯齿；花在去年生枝上排成簇状聚伞花序。

科属：榆科榆属。

花期：4~5 月。

第四章 城市常见花草树木

爬藤植物

提到“爬藤植物”，大家想到的也许就是“爬山虎”，然而“爬山虎”只是泛称，想要知道还有哪些“爬藤植物”装饰了我们的环境吗？快来看看本章吧。

辐射对称花·5瓣

落葵

科属：落葵科落葵属。 **花期**：5~9月。

落葵具体分为红花落葵、白花落葵及黑花落葵等，栽培的主要是红花落葵、白花落葵。

功效：
全草可供药用，为缓泻剂，有滑肠、散热、利大小便的功效。花汁有清血解毒作用，能解痘毒，外敷治痈毒及乳头破裂。

应用布置：
落葵适用于庭院、窗台、阳台和小型篱栅装饰美化，观赏性强。

- 茎：茎长可达数米，无毛，肉质，绿色或略带紫红色。
- 叶：叶片卵形或近圆形，长3~9厘米，基部下延成柄，全缘。
- 花：穗状花序腋生，花被片淡红色或淡紫色，卵状长圆形，全缘，顶端钝圆，内摺，下部白色，连合成筒。
- 果：果实球形，直径5~6毫米，红色至深红色或黑色，多汁液。
- 分布：我国南北各地多有种植。

果实球形，深红色或黑色。

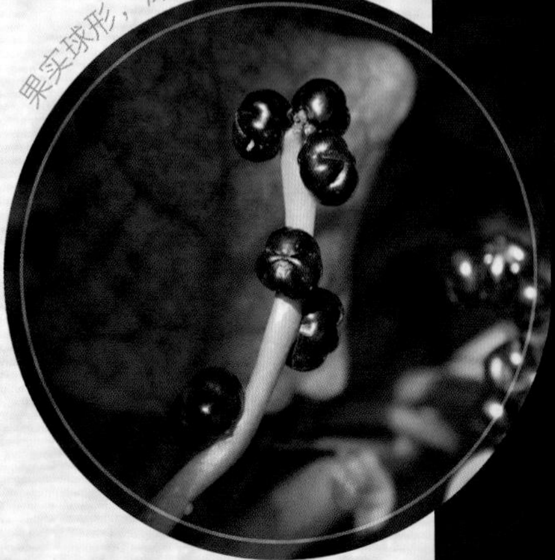

养护要点

长日照

每周浇水1次

疏松肥沃、排水良好富含腐殖质的沙质壤土

钩吻

科属：马钱科钩吻属。**花期：**11 月～翌年 1 月。

生于海拔 500~2000 米山地路旁灌木丛中或潮湿肥沃的丘陵山坡疏林下。

功效：

全草供药用，有消肿止痛、拔毒杀虫之效，主治疥湿疹、瘰疬、痈肿、风湿痹痛等。

- 外观：常绿木质藤本，长 3~12 米。
- 枝：小枝圆柱形，幼时具纵棱，除苞片边缘和花梗幼时被毛外，全株均无毛。
- 叶：叶膜质，对生，卵形、卵状长圆形或卵状披针形，长 5~12 厘米。
- 花：数朵漏斗形的黄花排成聚伞花序，花瓣 5，喉部有红色斑点。
- 果：果椭圆形，有两条纵槽。每个果实有 20~40 颗种子。
- 分布：分布于我国江西、福建、台湾、湖南、广东、海南、广西、贵州、云南等地区。

花冠黄色，漏斗状。

养护要点

短日照

每周浇水 1 次

喜疏松、排水良好的壤土

南蛇藤

植物档案：

分布情况：在我国广泛分布。

科属：卫矛科南蛇藤属。

花期：5~6 月。

养护要点：

喜阳耐阴，抗寒耐旱，对土壤要求不高，在背风向阳、湿润且排水好的肥沃沙质壤土中生长最好。

形态特征：

- 茎：小枝光滑无毛，灰棕色或棕褐色。
- 叶：叶通常阔倒卵形，长 5~13 厘米，宽 3~9 厘米,边缘具锯齿；侧脉 3~5 对；叶柄长 1~2 厘米。
- 花：聚伞花序通常腋生，花序长 1~3 厘米；小花 1~3；花瓣绿色，长 3~4 厘米，宽 2~2.5 毫米。
- 果：蒴果近球状，橙黄色。种子椭圆状稍扁，赤褐色。

凌霄

植物档案：

分布情况：分布于我国长江流域各地及其他省份。

科属：紫葳科凌霄属。

花期：5~8 月。

养护要点：

喜充足阳光，耐半阴。适应性较强，耐寒、耐旱、耐瘠薄，但不适宜暴晒或在无阳光下生长。

形态特征：

- 茎：茎木质，表皮脱落，枯褐色，以气生根攀附于其他物体之上。
- 叶：叶对生，为奇数羽状复叶；小叶 7~9，两侧不等大，两面无毛，边缘有粗锯齿。
- 花：顶生疏散的短圆锥花序，花序轴长 15~20 厘米；花冠圆筒形，内面鲜红色，外面橙黄色，花瓣反卷。
- 果：蒴果顶端钝。

常春藤

植物档案：
分布情况：在我国广泛分布。

科属：五加科常春藤属。
花期：9~11 月。

养护要点：
能生长在全光照的环境中，在温暖、湿润的气候条件下生长良好，不耐寒。

形态特征：

- 茎：茎长 3~20 米，灰棕色或黑棕色，有气生根。
- 叶：叶片革质，通常为三角状卵形，长 5~12 厘米，宽 3~10 厘米，边缘全缘或 3 裂；叶柄细长，长 2~9 厘米。
- 花：伞形花序单个顶生，有花 5~40；花淡黄白色或淡绿白色，芳香；花瓣 5，三角状卵形，花药紫色。
- 果：果实球形，红色或黄色，直径 7~13 毫米。

花叶常春藤

植物档案：
分布情况：在我国广泛分布，常家庭栽培。

科属：五加科常春藤属。
花期：9~11 月。

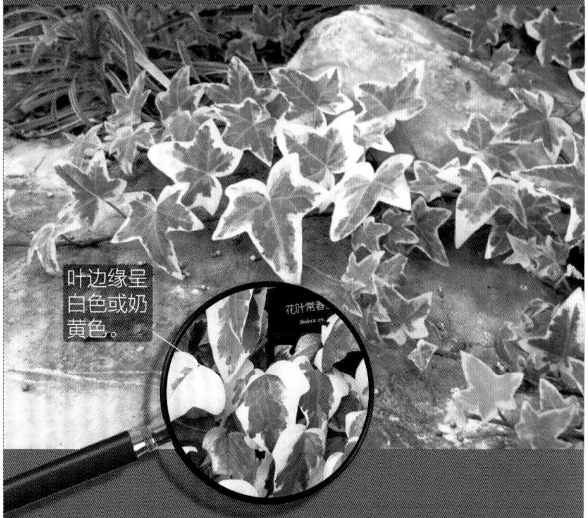

养护要点：
喜暖，畏寒，喜暗，耐阴。夏季高温，避免烈日暴晒。对光照要求不严。

形态特征：

- 茎：茎长 3~20 米，灰棕色或黑棕色，有气生根。
- 叶：叶片革质，通常为三角状卵形，叶色斑驳，具有 3 种颜色，叶中间有墨绿与淡绿两色，叶边缘呈白色或奶黄色。
- 花：花淡黄白色或淡绿白色，芳香；花瓣 5，三角状卵形。
- 果：果实球形，红色或黄色，直径 7~13 毫米。

中华猕猴桃

植物档案：

分布情况：产于我国华中、华东、华南等地区。

科属：猕猴桃科猕猴桃属。

花期：4 月中旬 ~5 月中、下旬。

养护要点：

喜光，但怕暴晒。不耐涝，喜土层深厚、肥沃、疏松的腐殖质土和冲积土。

形态特征：

- 外观：大型落叶藤本。
- 茎：隔年枝完全秃净无毛，皮孔长圆形。
- 叶：叶纸质，顶端截平形并中间凹入或具突尖。
- 花：聚伞花序，花 1~3，花初放时白色，放后变淡黄色，有香气；花瓣 5，阔倒卵形。
- 果：果黄褐色，近球形，具小而多的淡褐色斑点。

爬蔓儿月季

植物档案：

分布情况：在我国广泛栽培。

科属：蔷薇科蔷薇属。

花期：4~9 月。

养护要点：

喜阳光，喜温暖背风、空气流通的环境。适合在肥沃、疏松、排水良好的湿润土壤中生长，但土壤不能过湿，否则易烂根。

形态特征：

- 茎：茎长可达 5 米，其茎上有疏密不同的尖刺，形态依品种而异。
- 叶：小叶 3~5，近革质，组成奇数羽状复叶；顶生小叶片有柄，侧生小叶片近无柄，叶缘有锯齿。
- 花：花单生、聚生或簇生，花朵重瓣，花色丰富。
- 果：果卵球形或梨形，长 1~2 厘米，红色，顶部开裂。

异叶地锦

植物档案：

分布情况：主要分布于我国华中、华南、西南等地区。

科属：葡萄科地锦属。

花期：5~7 月。

养护要点：

生于山崖陡壁、山坡或山谷林中或灌丛岩石缝中，喜温暖气候，耐贫瘠，对土壤与气候适应性较强。

形态特征：

- 卷须：卷须总状 5~8 分枝，顶端嫩时膨大呈圆珠形，后遇附着物扩大呈吸盘状。
- 叶：有 3 小叶及单叶两种，单叶长 3~7 厘米；3 小叶中，中央小叶长椭圆形，长 6~21 厘米。秋季叶色鲜红。
- 花：花序主轴不明显，形成多歧聚伞花序；花小，花瓣 4，倒卵椭圆形。
- 果：果实近球形，成熟时紫黑色，有种子 1~4 颗。

爬山虎

植物档案：

分布情况：我国大部分地区均有分布。

科属：葡萄科爬山虎属。

花期：6 月。

养护要点：

适应性强，喜阴湿环境，但不怕强光，在阴湿、肥沃的土壤中生长最佳。

形态特征：

- 茎：枝条粗壮，藤茎可长达 20 米。
- 卷须：卷须短，多分枝，卷须顶端及尖端有黏性吸盘。
- 叶：叶宽卵形，长 8~18 厘米，常 3 裂，或下部枝上的叶分裂成小叶 3，基部心形。
- 花：花小，成簇不显，黄绿色。
- 果：浆果紫黑色，与叶对生。

花小不易识别

乌蔹梅

科属：山葡萄科乌蔹莓属。 **花期**：5~6 月。

别名威蛇、紫背龙牙、紫背草、蛇含草、地五爪等，多生于山坡或湿地。

功效：

有清热利湿、解毒消肿之功效，可用于治疗痈肿、疔疮、痄腮、风湿痛等。非热病者慎用。

应用布置：

由于其性强健，抗逆性强，可用作水土保持植物。

- 茎：茎常绿色，有纵棱，具卷须，被微柔毛。
- 叶：叶片多为倒卵形至长椭圆形，基部钝，边缘粗锯齿，总叶柄长 3~8 厘米，中间小叶柄最长。
- 花：花淡绿色，腋生聚伞花序，花冠 4。
- 果：浆果卵形，熟时紫黑色。
- 分布：分布于我国长江流域。

果实熟时紫黑色。

养护要点

长日照 | 见干见湿 | 湿润但不积水的土壤

花小不易识别

五叶地锦

科属：葡萄科地锦属。 **花期**：6~7 月。

因五叶地锦的抗逆性强，遭受病害和虫害的侵袭少，不容易感染病虫害。

应用布置：是垂直绿化、草坪及地被绿化墙面、廊架、山石或老树干的好材料，也可用作地被植物。

- 外观：木质藤本。小枝圆柱形，无毛。
- 卷须：卷须总状分枝 5~9，卷须顶端嫩时尖细卷曲，后遇附着物扩大成吸盘。
- 叶：叶为掌状小叶 5，边缘有粗锯齿。秋后入冬，叶色变红或黄。
- 花：花序假顶生，形成主轴明显的聚伞花序；花小，花瓣 5。
- 果：果实球形，成熟后紫黑色。

叶能覆盖大片墙面。

养护要点 长日照 见干见湿 中性或偏碱性土壤中

无花瓣

麒麟叶

科属：天南星科麒麟叶属。 **花期：**4~5月。

又称麒麟尾、上树龙、飞天蜈蚣，为天南星科麒麟叶属多年生常绿藤本观叶植物。在欧洲南部常作绿篱。

功效：
茎叶供药用，能消肿止痛；可治跌打损伤、风湿关节、痈肿疮毒。

应用布置：
可作为观叶植物，适宜于作攀援植物栽培，庭园植栽绿篱用。

- 外观：藤本植物，攀援极高。
- 茎：茎圆柱形，粗壮，多分枝；气生根具发达的皮孔，平伸，紧贴于攀援物上。
- 叶：叶柄长25~40厘米，叶片薄革质，成熟叶基部宽心形，沿中肋有2行星散的，有时为长达2毫米的小穿孔，叶片长40~60厘米，宽30~40厘米，两侧不等地羽状深裂。
- 花：花序柄圆柱形，粗壮，长10~14厘米。佛焰苞外面绿色，内面黄色，渐尖。肉穗花序圆柱形。
- 分布：产于我国台湾、广东、广西、云南热带地域、福建等地区。

叶片大型，单叶，羽状深裂。

养护要点

长日照

见干浇透

腐殖质较丰富、肥沃的土壤

紫藤

花期：4~5 月。

别名藤萝、朱藤、黄环，落叶攀援缠绕性大藤本植物。对生长环境的适应性强，为长寿树种。

功效：
花能解毒、止吐泻；
种子有小毒，含氰化物，
少量药用可以治疗筋骨疼；
树皮能杀虫、止痛，
可缓解风痹痛、蛲虫病等。

食用价值：
民间将花朵焯水凉拌，
或裹面油炸，或制作"紫萝饼"
"紫萝糕"等风味面食。

应用布置：
可作庭园棚架植物，
适栽于湖畔、池边、假山、石坊等处，
具独特风格，盆景也常用。
普遍栽培于庭园，以供观赏。

- 外观：落叶藤本。
- 茎：茎左旋，枝较粗壮，冬芽卵形。
- 叶：奇数羽状复叶；小叶 3~6 对，纸质，通常卵状椭圆形，上部小叶较大，基部 1 对最小，先长叶后开花。
- 花：总状花序长 15~30 厘米；花长 2~2.5 厘米，芳香；花冠紫色，旗瓣圆形，花开后反折，基部有 2 胼胝体；翼瓣长圆形，基部圆，龙骨瓣较翼瓣短。
- 果：荚果倒披针形，密被绒毛，悬垂枝上不脱落。
- 分布：主要分布于我国河北以南，黄河、长江流域及其他地区。

蝶形花冠大型垂吊。

养护要点 长日照 每日浇水 1 次 肥沃的腐叶土

第五章 城市常见花草树木

水生植物

水生植物物种丰富，一般可分为三种类型：一类是叶子可以高出水面生长，以荷花、芦苇、香蒲为代表的挺水植物。一类是叶子浮于水面之上，以睡莲、荇菜为代表的浮水植物。还有一类是叶子沉于水下，待到开花之时花葶伸出水面的沉水植物。这些美丽的水生植物点缀着城市里的水体，装点着我们的生活，为我们在城市中进行亲水游览之时，增加了无限的景致与美感，让我们一起来认识它们吧。

辐射对称花·3瓣

苦草

科属：水鳖科苦草属。 **花期**：8月。

别称蓼萍草，扁草。为多年生无茎沉水草本，有匍匐茎。

功效：
全草入药，可清热解毒、止咳祛痰、养筋和血，用于急、慢性支气管炎，咽炎，扁桃体炎，关节疼痛的治疗。

应用布置：
叶长、翠绿、丛生，是水族箱中、植物园水景、风景区水景、庭园小水池中的良好绿化布置材料。有药用、观赏、经济等多种价值。

- 外观：沉水草本，生于溪沟、河流、池塘、湖泊之中。
- 茎：具匍匐茎，径约2毫米，白色，先端芽浅黄色。
- 叶：叶基生，线形或带形，常具棕色条纹和斑点，无叶柄。
- 花：花单性；雌雄异株；雄佛焰苞卵状圆锥形，含雄花200余朵或更多，成熟的雄花浮在水面开放；雌佛焰苞筒状，先端2裂，雌花单生于佛焰苞内；花瓣3，极小，白色。
- 分布：分布于我国东北、华北及山东、浙江、江西、河南、湖北、湖南等地区。

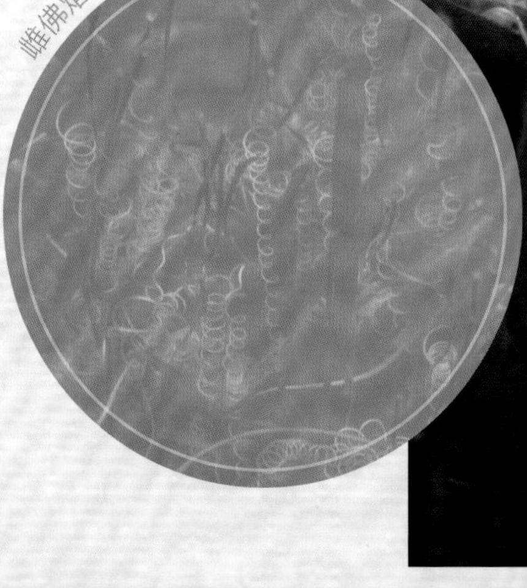

雌佛焰苞受精后呈螺旋状。

养护要点

长日照

水位保持在30厘米以内

7月中须酌情追复合肥

水鳖

花期：8~10月。

生于静水池沼间。别名水白、水苏、芣菜、马尿花、水旋覆、油灼灼、白苹。

功效：

无药用价值。

主要用于水族箱栽培观赏。

食用价值：

幼叶柄作蔬菜食用。

应用布置：

常种于池塘边，

作为滨水景观的配置。

- 外观：多年生（稀一年生）水生漂浮草本或沉水草本。
- 叶：叶簇生，多漂浮；叶多圆状心形，长4.5~5厘米，全缘；叶柄长达10厘米。
- 花：雄花序腋生，佛焰苞2枚，具红紫色条纹，苞内雄花5~6朵，每次仅1朵开放，花瓣3，黄色；雌佛焰苞小，苞内雌花1朵，花大，直径约3厘米，花瓣3，白色，基部黄色。
- 果：果实浆果状，具数条沟纹。
- 分布：分布于我国华中、华南、西南等地区。

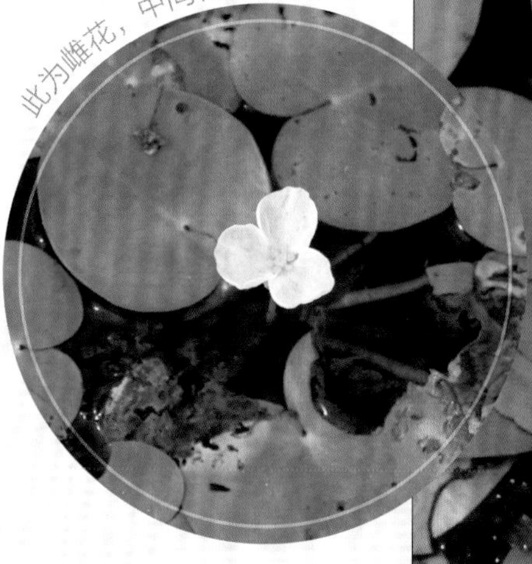

此为雌花，中间花蕊黄色。

养护要点 长日照 用塘泥作为基质最好

慈姑

植物档案：

分布情况：我国各地区均有栽培。

科属：泽泻科慈姑属。

花期：5~10月。

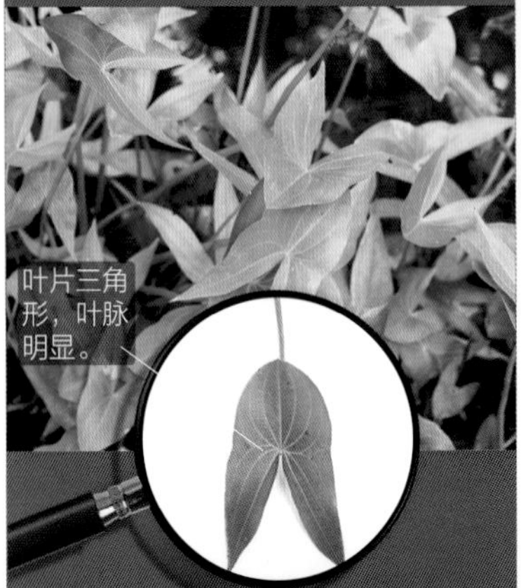

养护要点：

喜温湿及充足阳光，适于黏壤土中生长。

形态特征：

- 茎：匍匐茎末端膨大呈球茎，球茎卵圆形或球形，可以食用。
- 叶：叶片宽大，肥厚，似箭头，呈三角形。
- 花：圆锥花序高大，长20~60厘米，着生于下部；外轮花瓣3，萼片状，卵形；内轮花瓣3，花瓣状，白色，基部常有紫斑。
- 果：果扁球形；种子褐色，具小凸起。

皇冠草

植物档案：

分布情况：广泛栽培于家庭水族箱或庭园水中。

科属：泽泻科刺果泽泻属。

花期：6~9月。

养护要点：

适宜在弱酸性、中性水中生长，喜温、喜光。水温要在24℃以上，26~28℃较为适宜。

形态特征：

- 叶：叶基生，呈莲座状排列。幼年期的叶片窄、尖，而且没有叶柄，成熟期的叶片呈心形，长20~30厘米，宽3~4厘米，有黄色叶脉。当可漂浮叶长成的时候，这些水下叶就会消失。
- 花：总状花序伸出水外，小花直径约1厘米，白色，花瓣3。花期很短。

泽泻

植物档案：

分布情况：分布于我国华东、华中、西南、华南等地区。

科属：泽泻科泽泻属。

花期：6~8月。

养护要点：

在生长期间一般要耘田、除草、追肥3~4次，三者在同一时间内连续进行。在生育期中宜浅水灌溉。

形态特征：

- 茎：地下有块茎，球形，直径可达4.5厘米，外皮褐色，密生多数须根。
- 叶：叶基生，叶片先端急尖或短尖，基部多广楔形，全缘，两面无毛，叶脉6~7。
- 花：花茎由叶丛中生出，轮生状圆锥花序；小花梗伞状排列；花瓣3，白色，倒卵形。
- 果：瘦果多数，扁平，倒卵形。

柳叶菜

植物档案：

分布情况：广布于我国温带与热带地区。

科属：柳叶菜科柳叶菜属。

花期：6~8月。

养护要点：

定植后，可每10~15日浇水1次，施足基肥，开花后剪去上部花枝，促进新生分枝，可形成新花芽，继续开花。

形态特征：

- 茎：地下葡匐根状茎粗壮；地上茎常在中上部多分枝，周围密被伸展长柔毛。
- 叶：叶草质，对生，茎上部的叶互生；茎生叶通常披针状椭圆形，两面被长柔毛。
- 花：总状花序直立；花瓣常玫瑰红色，宽倒心形，长9~20毫米，先端凹缺；花柱白色或粉红色，柱头白色，深裂4。
- 种子：种子倒卵状，深褐色，表面具粗乳突。

水罂粟

植物档案：

分布情况：主要用于人工栽培，生长在浅水区。

科属：花蔺科水罂粟属。

花期：6~9月。

养护要点：

喜温暖、湿润的气候环境，喜日光充足的环境，至少要每天接受3~4小时的散射日光。喜温暖，不耐寒。

形态特征：

- 茎：圆柱形，较长。
- 叶：叶簇生于茎上，叶片呈卵形至近圆形，长4~8厘米，具长柄，全缘；叶柄圆柱形，长度随水深而异，有横隔。
- 花：伞形花序，小花具长柄，罂粟状，花黄色。
- 果：蓇果披针形；种子细小，多数，马蹄形。

野菱

植物档案：

分布情况：分布于我国华东、华中、西南、华南等地区。

科属：菱科菱属。

花期：7~8月。

养护要点：

对气候和土壤适应性很强，耐水湿干旱，喜深厚、肥沃、疏松的土壤。

形态特征：

- 叶：浮水叶互生，聚生于茎顶形成莲座状的菱盘，叶片斜方形或三角状菱形，长2~5厘米，边缘中上部具不整齐的缺刻状的锯齿。
- 花：花单生叶腋，花小，两性；花瓣4，白色；花盘鸡冠状；花梗无毛。
- 果：果三角形，具4刺角，刺角长约1厘米；果柄细而短。

红蓼

植物档案：

分布情况：除我国西藏外，广布于各地区。

科属：蓼科蓼属。

花期：6~9 月。

养护要点：

喜温暖湿润环境，要求光照充足。喜肥沃、湿润、疏松的土壤，但也能耐瘠薄，喜水又耐干旱。

形态特征：

- 茎：茎直立，有节，中空；上部多分枝，密被开展的长柔毛。
- 叶：叶多宽卵形，叶缘全缘，密生缘毛，两面密生短柔毛，叶两面均有粗毛及腺点。
- 花：总状花序，花密集，下垂；初秋开淡红色或玫瑰红色小花；花被深裂 5，淡红色或白色。
- 果：瘦果近圆形，双凹黑褐色，有光泽，包于宿存花被内。

荇菜

植物档案：

分布情况：全国各地区都有分布，只生活在清澈流动的水中。

科属：龙胆科莕菜属。

花期：4~10 月。

养护要点：

在水池中种植，水深以 40 厘米左右较为合适，盆栽水深 10 厘米左右即可。以普通塘泥作基质，不宜太肥。

形态特征：

- 茎：柔软多分枝，节上生根。
- 叶：叶漂浮于水面，呈圆形，近革质；叶上表面绿色，边缘具紫黑色斑块，下表面紫色。
- 花：花序生于叶腋，花开于水面；花冠黄色，花瓣 5，裂片边缘成须状；花径 2~3 厘米。

千屈菜

植物档案：

分布情况：我国各地区均有分布。

科属：千屈菜科千屈菜属。

花期：7~9 月。

养护要点：

喜强光，耐寒性强，喜水湿，对土壤要求不高，在深厚、富含腐殖质的土壤中生长更好。

形态特征：

- 茎：粗壮木质的根茎横卧于地下；茎直立，四棱形，多分枝；枝通常具 4 棱。
- 叶：叶对生或三叶轮生，披针形或阔披针形，有时略抱茎，全缘，无柄。
- 花：花组成小聚伞花序，簇生，因花梗及总梗极短，因此花枝全形似一大型穗状花序；花瓣 6，红紫色或淡紫；雄蕊 12，6 长 6 短，伸出萼筒之外。

雨久花

植物档案：

分布情况：分布于我国东北、华北、华中、华东和华南等地区。

科属：雨久花科雨久花属。

花期：7~8 月。

养护要点：

每日应保证植株接受 4 小时以上的直射日光。喜温暖，不耐寒，在 18~32℃的温度范围内生长良好，越冬温度不宜低于 4℃。

形态特征：

- 茎：茎直立，高 30~70 厘米，基部有时带紫红色。
- 叶：叶基生和茎生；基生叶宽卵状心形，具多数弧状脉，叶柄长达 30 厘米；茎生叶叶柄渐短，基部抱茎。
- 花：总状花序顶生；花大，蓝色，雄蕊 6，其中 1 枚较大，花药长圆形，浅蓝色，其余各枚较小，花药黄色，花丝丝状。

黄菖蒲

植物档案：

分布情况：我国各地区常见栽培。

科属：鸢尾科鸢尾属。

花期：5 月。

养护要点：

喜光，也较耐阴，在半阴环境下也可正常生长。喜温凉气候，耐寒性强。

形态特征：

- 茎：根状茎粗壮，直径可达 2.5 厘米；须根黄白色；花茎粗壮，有明显的纵棱，上部分枝。
- 叶：基生叶灰绿色，宽剑形，中脉较明显；茎生叶比基生叶短而窄。
- 花：花黄色；有内外 2 轮，各花瓣 3；外花被中央有黑褐色的条纹，内花被裂片较小。

荷花

植物档案：

分布情况：我国各地区均有。

科属：睡莲科莲属。

花期：7~8 月。

花单生于花梗顶端。

养护要点：

水生植物，喜相对稳定的平静浅水、湖沼、泽地、池塘。非常喜光，生育期需要全光照的环境。

形态特征：

- 茎：茎有明显的分节现象，肥厚，长满须根；横断面有许多大小不一的孔道。
- 叶：叶基生，叶柄长，圆柱形，中空，能传输空气；叶片盾状圆形，直径 25~90 厘米，波状全缘；叶脉放射状。
- 花：花大，直径 10~20 厘米，芳香，有 3~4 层花被，外轮萼片状，内轮花瓣状，雄蕊多数。
- 果：坚果（莲子）椭圆形。

睡莲

植物档案：

分布情况：在我国广泛分布。

科属：睡莲科睡莲属。

花期：6~8 月。

花瓣长椭圆形，花比荷花小。

养护要点：

喜阳光，喜通风良好的环境，对土质要求不高。较适合水深为 25~30 厘米，最深不得超过 80 厘米。

形态特征：

- 根茎：根状茎短粗。
- 叶：叶纸质，浮在水面，通常心状卵形，基部具深弯缺；全缘，上面光亮，下面带红色或紫色；叶柄可长达 60 厘米。
- 花：花浮在水面，直径 3~5 厘米，到了晚上会闭上花瓣去“睡觉”。
- 果：浆果球形，直径 2~2.5 厘米，为宿存萼片包裹；种子椭圆形，长 2~3 毫米，黑色。

王莲

植物档案：

分布情况：分布于我国云南、广州、海南等地区。

科属：睡莲科王莲属。

花期：夏秋季。

花香与白玉兰相似。

养护要点：

喜高温高湿，耐寒力极差，喜肥沃深厚的污泥，但不喜过深的水。喜光，栽培水面应有充足阳光。

形态特征：

- 茎：有直立的根状短茎和发达的不定须根，白色。
- 叶：叶片直径可达 3 米以上，叶面光滑，背面紫红色，叶背和叶柄有坚硬的刺，叶缘上卷；叶脉似伞架，具有很大的浮力。
- 花：花很大，芳香，第一天白色，次日逐渐闭合，傍晚再次开放，花瓣变为红色，第三天闭合并沉入水中。
- 果：种子黑色。

芦苇

植物档案：

分布情况：分布于我国大部分省区。

科属：禾本科芦苇属。

花期：8~12 月。

养护要点：

适应性强，抗逆性强，对水分的适应幅度很宽，宜生在浅水中或低湿地。

形态特征：

- 茎：地下有发达的匍匐根状茎，以根茎繁殖，再生能力强。
- 叶：叶片长线性，排列成两行。
- 花：大型的圆锥花序顶生，疏散，多为白色，向一侧伸展；雌雄同株，花序最下方的小穗为雄花，其余都是雌雄同花。
- 果：芦苇的果实为颖果，披针形，顶端有宿存花柱。

水葱

植物档案：

分布情况：分布于我国长江以北及西南河塘、湖沼浅水处。

科属：莎草科藨草属。

花期：6~9 月。

养护要点：

能耐低温，可沉水盆栽，即把盆浸入水中，对肥力要求较高。

形态特征：

- 茎：茎秆高大通直，不是中空的，含有白色海绵状组织。
- 叶：仅有一片退化小叶，线性，比花茎秆短；基部有叶鞘 3~4，膜质，最上面一个叶鞘具有叶片。
- 花：聚穗花序歪生于秆顶，数根聚穗小枝常偏向一侧。

杉叶藻

植物档案：

分布情况：分布于我国东北、西北、华北、西南等地区。

科属：杉叶藻科杉叶藻属。

花期：4~9 月。

养护要点：

在高温季节生长较快，喜湿性强，有一定的抗旱能力。

形态特征：

- 茎：茎直立，多节，常带紫红色，上部不分枝。
- 叶：叶条形，轮生，两型，无柄；沉水中的叶线状披针形，长 1.5~2.5 厘米；露出水面的叶多条形，比沉水叶稍短而挺直，先端有一半透明。
- 花：花细小，两性，稀单性，无梗，单生叶腋；无花盘；花药红色，个字着生。
- 果：果为小坚果状，卵状椭圆形，长 1.2~1.5 毫米。

花小不易识别

蒲苇

科属：禾本科蒲苇属。 **花期：**9~10月。

"君当作磐石，妾当作蒲苇。蒲苇纫如丝，磐石无转移。"《孔雀东南飞》中描述的正是蒲苇非常有韧性的特性。

应用布置：
观花类，花穗长而美丽，庭园栽培壮观而雅致，或植于岸边入秋观赏其银白色羽状穗的圆锥花序。也可用作干花，或花境观赏草专类园内使用。

- 外观：多年生草本，雌雄异株。
- 茎：秆高大粗壮，丛生，高2~3米。
- 叶：叶舌为一圈密生柔毛；叶片质硬，狭窄，簇生于秆基，长1~3米，边缘具锯齿状粗糙。
- 花：圆锥花序大型稠密，长50~100厘米，银白色至粉红色；雌花序较宽大，雄花序较狭窄。
- 分布：我国各地区均有栽培。

花序大型稠密，能留存很长时间。

养护要点 长日照 喜湿润 对土壤要求不高

菖蒲

科属：天南星科菖蒲属。　**花期**：6~9月。

是中国传说中可防疫驱邪的灵草，端午节有把菖蒲叶和艾叶捆一起插于檐下的习俗。有香气，可以提取芳香油，根茎可制香料。

功效：

根茎可入药，能开窍化痰、健胃醒神，缓解癫痫、胸腹胀闷、慢性支气管炎。

食用价值：

根茎可以制作药膳调养身体。

应用布置：

适宜水景岸边及水体绿化，也可盆栽观赏或作布景用。叶、花序还可以作插花材料。园林上丛植于湖、塘岸边，或点缀于庭园水景和临水假山一隅，有良好的观赏价值。

- 外观：多年生草本，全株有香味。
- 根茎：根茎横走，稍扁，分枝，外皮黄褐色，芳香，肉质根多数。
- 叶：叶基生，叶片剑状线形，长 90~100 厘米，绿色光亮；中肋在两面均明显隆起，侧脉 3~5 对，平行。
- 花：花序柄三棱形，叶状佛焰苞剑状线形，长 30~40 厘米；肉穗花序狭锥状圆柱形，花黄绿色。
- 果：浆果长圆形，红色。
- 分布：我国各地区均产。

果熟后变为红色。

养护要点

- 长日照
- 生长期内保持潮湿
- 富含腐殖质的壤土

花小不易识别

小香蒲

科属：香蒲科香蒲属。 **花期**：5~8 月。

生于池塘、水泡子、水沟边浅水处，亦常见于一些水体干枯后的湿地及低洼处。常用的园林绿化植物。

功效：
花粉称蒲黄，其味甘、微辛，性平，能止血、祛瘀、利尿。

食用价值：
嫩芽称蒲菜，其味鲜美，可食用，为有名的水生蔬菜。

应用布置：
通常以植物配景材料运用在水体景观设计中。香蒲与其他一些野生水生植物还可用在模拟大自然的溪涧、喷泉、跌水、瀑布等园林水景造景中，使景观野趣横生，别有风味。

- 外观：多年生草本。
- 根茎：根状茎，姜黄色或黄褐色，先端乳白色。地上茎直立，细弱，矮小。
- 叶：叶通常基生，鞘状，无叶片，如果有叶片存在，要短于花葶。
- 花：雌雄花序远离，雄花序长 3~8 厘米，基部具 1 枚叶状苞片，花后脱落；雌花序长 1.6~4.5 厘米。
- 果：小坚果椭圆形，纵裂，果皮膜质。
- 分布：主要分布于我国东北、华北及河南、山东、陕西、甘肃、新疆、湖北、四川等地区。

花序粗短，略带绒毛。

养护要点 | 长日照 | 水层约 50 厘米 | 淤泥层深厚肥沃的壤土

花小不易识别

香蒲

花期：5~8月。

一般成丛、成片生长在潮湿多水环境，是园林中常用的滨水景观植物。

功效：
花粉也称蒲黄，
其功效与小香蒲同。

食用价值：
幼叶的底部和根状茎前端
可以用来炒菜食用。

应用布置：
通常以植物配景材料
运用在水体景观设计中；
还可用在模拟大自然的溪涧、喷泉、
跌水、瀑布等园林水景造景中。

- 外观：株高1~3米，成丛茂密生长。
- 叶：叶片条形，质地厚，光滑无毛，叶片长于花序秆。
- 花：花序秆挺拔直立；雌雄花序紧密连接，上面雄花序，下面雌花序，雄花序在花后脱落，雌花序存留，形似"香肠"。
- 分布：几乎遍布于我国各地浅水、湿地。

雌花花序形似香肠。

养护要点

- 长日照
- 水层深度约50厘米
- 淤泥层深厚肥沃的壤土

无花瓣

浮萍

科属：浮萍科浮萍属。 **花期：**4~6月。

又称青萍、田萍、浮萍草、水浮萍、水萍草，常见的水面浮生植物。是良好的饲料，同时也是草鱼的饵料。

功效：

入药能发汗、利水、消肿毒，治水肿、小便不利、斑疹不透、感冒发热无汗。

应用布置：

多生长于水中，可做湖面绿化，或者做滨水景观。

- 外观：漂浮植物。
- 叶：叶状体对称，表面绿色，背面浅黄色、绿白色或紫色，近圆形，全缘，长 1.5~5 毫米，背面垂生丝状根 1 条，白色，长 3~4 厘米；背面一侧具囊，新叶状体于囊内形成浮出，以极短的细柄与母体相连，随后脱落。
- 果：果实无翅，近陀螺状。
- 分布：分布于我国南北各地区，生于水田、池沼或其他静水水域。

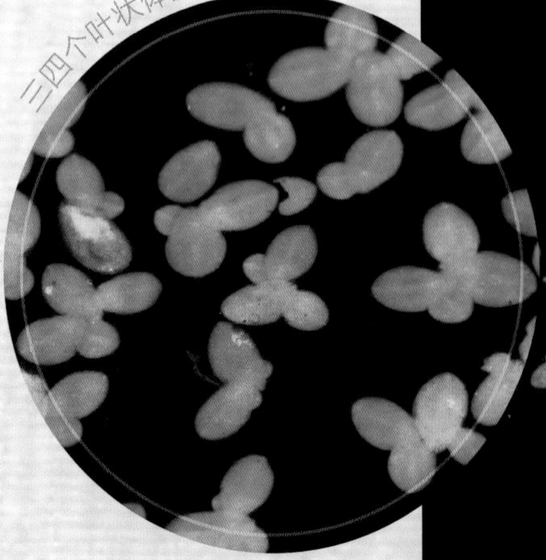

三四个叶状体聚集。

养护要点

长日照

水深 1~1.5 米

淤泥厚 20~25 厘米，有保水、保肥能力

紫芋

科属：天南星科芋属。 **花期：**7~9 月。

常见的单子叶植物，同时也是园林配景中较受青睐的观叶植物。紫芋可在春季至秋季分株或种植球茎进行繁殖。

功效：
块茎具有散结消肿、祛风解毒的功效。

食用价值：
块茎、球茎、叶柄、花序均可作蔬菜食用。

应用布置：
紫芋的叶片巨大，常植于水缘，进行围合。

- 外观：叶片巨大，主要作为水缘观叶植物。
- 茎：块茎粗厚，可食；侧生小球茎若干枚，亦可食。
- 叶：叶 1~5，由块茎顶部抽出，高 1~1.2 米；叶柄圆柱形，紫褐色；叶片盾状，侧脉粗壮，边缘波状，长 40~50 厘米，宽 25~30 厘米。
- 花：佛焰苞管部长 4.5~7.5 厘米，粗 2~2.7 厘米；檐部厚，席卷成角状，长 19~20 厘米，金黄色；肉穗花序两性。
- 分布：我国各地均有栽培。

叶柄向上渐细，叶脉略深。

养护要点

全日照或半日照	耐湿，可基部浸水	疏松肥沃且通气良好的壤土

凤眼莲

科属：雨久花科凤眼蓝属。　**花期：**7~10月。

1844年，凤眼莲在美国的博览会上被喻为“美化世界的淡紫色花冠”，自此以后，凤眼莲被作为观赏植物引种栽培。但因其无性繁殖速度极快，已在亚、非、欧、北美洲等数十个国家造成外来入侵物种的危害。

功效：
全株可供药用，有清凉解毒、除湿祛风热等功效。

食用价值：
嫩叶及叶柄可作蔬菜。

应用布置：
常是园林水景中的造景材料，植于小池一隅，以竹框之，野趣幽然。

- 外观：浮水草本。须根发达，棕黑色。
- 茎：茎极短，具长匍匐枝，与母株分离后长成新植物。
- 叶：叶在基部丛生，莲座状排列；叶片全缘，具弧形脉，表面深绿色，光亮，质地厚实。
- 花：穗状花序；花被裂片6，紫蓝色，花冠略两侧对称；上方1枚裂片较大，四周淡紫红色，中间蓝色，在蓝色的中央有1黄色圆斑。
- 果：蒴果卵形。
- 分布：广布于我国长江、黄河流域及华南各地区。

最大花瓣中部为深色，如同一只眼睛。

养护要点	全日照	喜生于浅水	全株漂浮，不需要土壤

梭鱼草

科属：雨久花科梭鱼草属。 **花期：**5~10 月。

属多年生挺水或湿生草本植物。每到花开时节，串串紫花在片片绿叶的映衬下，别有一番情趣。

应用布置：

可用于家庭盆栽、池栽，也可广泛用于园林美化，栽植于河道两侧、池塘四周、人工湿地，与千屈菜、花叶芦竹、水葱、再力花等相间种植，具有观赏价值。

- 外观：多年生挺水或湿生草本植物，茎叶丛生，株高 80~150 厘米。
- 根茎：地下茎粗壮，黄褐色，有芽眼。
- 叶：叶柄圆筒形，横切断面具膜质物；叶片较大，长可达 25 厘米，通常倒卵状披针形。
- 花：花葶直立，通常高出叶面；穗状花序顶生，小花密集，200 朵以上，蓝紫色，花瓣 6，最上方的花被裂片有一个二裂的黄绿色斑点。
- 分布：分布于我国大部分地区。

小花密集，200 朵以上。

养护要点

长日照 | 静水及水流缓慢的水域 | 喜肥，需多水肥

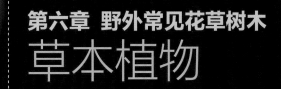

第六章 野外常见花草树木

草本植物

野外的花草树木少了人为的干预，与城市花草相比，少了些张扬，多了些沉静，更加淳朴。跟着本章一起去野外吧，寻找你钟爱的野花、野果……和大自然有个亲密接触。

毛草龙

科属：柳叶菜科丁香蓼属。　**花期**：7~10月。

分布于我国华东、华中、西南、华南等地区。

功效：

全草有助于缓解肾炎水肿、肝硬化腹水、痢疾等病症。

- 茎：茎直立，全株被黄褐色的粗毛。
- 叶：呈披针形，幼时绿色，老时变为红色。
- 花：黄色的花单生于叶腋，有花瓣4，雄蕊8，花径2~2.5厘米。
- 果：蒴果，红褐色长圆筒状，中部微弯，像一个迷你香蕉。

花瓣先端有缺刻且有细纹。

柳兰

植物档案：

分布情况：分布于我国东北、华北、西北及西南各地区。

科属：柳叶菜科柳兰属。

花期：6~8 月。

花由下至上
逐渐开放。

生长环境：

喜光，喜凉爽湿润的气候条件，不耐炎热。耐寒性强，稍耐阴。适生于湿润肥沃、腐殖质丰富的土壤。

形态特征：

- 叶：单叶互生，长披针形，近全缘。
- 花：花序长，花比较大，从下至上逐渐开放；花瓣 4，紫红色；8 枚雄蕊夹着弯曲下垂的花柱，与众不同；子房很长，像花梗一样；花径 3~5 厘米。
- 果：蒴果线形。

扁蕾

植物档案：

分布情况：分布于我国东北、西北、华北、西南等地区。

科属：龙胆科扁蕾属。

花期：7~8 月。

钟形花冠托
举出 4 枚覆
瓦状的蓝紫
色花瓣。

生长环境：

喜湿，性寒，生于水沟边、山坡草地、林下、灌丛中、沙丘边缘。

形态特征：

- 茎：有 4 条纵棱。
- 叶：在膨大的茎节处对生，没有叶柄，茎生叶条状披针形，可长达 6 厘米。
- 花：单生于枝顶，花萼 4 裂；花冠蓝色或蓝紫色，也有 4 棱，长 3~5 厘米；花被呈覆瓦状排列，花径约 2 厘米。
- 果：蒴果狭矩圆形，2~3 厘米，有长柄。

圆叶节节菜

植物档案：

分布情况：分布于我国华东、华中、西南、华南等地区。

科属：千屈菜科节节菜属。

花期：2~4 月。

小红花
顶生成
穗状。

生长环境：

生于水田或潮湿的地方，以人粪尿或化肥等氮肥为主，整修生长期应保持土壤潮湿。

形态特征：

- 茎：下部有匍匐的根茎，上部的茎直立。
- 叶：呈圆形或长圆形，就像纽扣一样，一层层对生于茎的两旁。
- 花：粉红色小花成串开在枝顶，呈顶生穗状花序；花细小，有花瓣 4，花径 0.2~0.3 厘米。

丰花草

植物档案：

分布情况：分布于我国华东、华中、西南、华南等地区。

科属：茜草科丰花草属。

花期：10 月 ~ 翌年 3 月。

4 瓣花十
分细小。

生长环境：

喜温暖，喜阳光，生于低海拔的草地和草坡或路边。

形态特征：

- 茎：呈四棱柱形，单生，直立生长在草坪上。
- 叶：对生，革质，条状长圆形，叶柄不明显。
- 花：小花腋生与叶柄处的托叶鞘上；花冠近漏斗型，白色，顶端带点红色。
- 果：蒴果长圆形或近倒卵形，成熟时开裂。

蓬子菜

植物档案：

分布情况：分布于我国大部分地区。

科属：茜草科拉拉藤属。

花期：4~8 月。

花序大型，
花小，稠密。

药用功效：

全草能活血化瘀、解毒止痒、利尿，缓解跌打损伤、经闭。

形态特征：

- 茎：茎有 4 角棱，披覆柔毛。
- 叶：叶纸质，6~10 片轮生，线形，通常长 1.5~3 厘米，边缘极反卷，常卷成管状，干时常变黑色，无柄。
- 花：聚伞花序较大，长可达 15 厘米；花小，稠密；花冠黄色，辐状，直径约 3 毫米，花冠裂片卵形或长圆形。
- 果：果小，果爿双生，近球状，直径约 2 毫米。

裂叶秋海棠

植物档案：

分布情况：分布于我国华东、华中、西南、华南等地区。

科属：秋海棠科秋海棠属。

花期：6~8 月。

花瓣两大两小，很特别。

生长环境：

喜冬暖夏凉的气候，喜半阴半阳的光照，一般适合在晨光和散射光下生长，适生于疏松肥沃的土壤。

形态特征：

- 茎：有匍匐的根状茎。
- 叶：叶片两侧不相等，掌状浅裂至中裂，裂片形状不规则，边缘有齿，叶面上有比较明显的掌状脉。
- 花：每个花序生有 5~6 朵花，粉红色，两大两小，花径 0.5~0.7 厘米。

鱼腥草

植物档案：

分布情况：分布于我国中部、东南至西南部各地区。

科属：三白草科蕺菜属。

花期：4~7 月。

茎、叶、花搓碎有鱼腥气而得名。

生长环境：

喜温凉、湿润的气候环境。耐涝，不耐干旱。

形态特征：

- 茎：茎下部伏地，节上轮生小根，上部直立。
- 叶：叶薄纸质，卵形或阔卵形，有腺点，背面尤甚；背面常呈紫红色；叶脉 5~7，叶柄长 1~3.5 厘米，下部与叶柄合生而成鞘。
- 花：花序长约 2 厘米，总苞片长圆形或倒卵形，长 10~15 毫米，花瓣状。
- 果：蒴果长 2~3 毫米，顶端有宿存的花柱。

花旗竿

植物档案：

分布情况：分布于我国东北、华北、西北和华东等地区。

科属：十字花科花旗竿属。

花期：5~8 月。

生长环境：

喜阳光，稍耐阴，有一定耐寒力。以肥沃和排水良好的土壤为宜。

形态特征：

- 茎：直立，上部有分枝。
- 叶：互生叶，茎下部的叶有柄，上部叶却无柄，叶片长 3~6 厘米；叶缘具有数个疏锯齿。
- 花：总状花序顶生及腋生，花被 4，"十"字形排列，花径 1.5~2 厘米。
- 果：长角果狭长型，无毛，具明显的中脉；种子 1 行，近卵形。

糖芥

植物档案：

分布情况：分布于我国东北、华北及江苏、陕西、四川等地区。

科属：十字花科糖芥属。

花期：6~8 月。

生长环境：

适宜于肥沃、湿润、排水良好的沙壤土。

形态特征：

- 茎：茎直立，具棱角。
- 叶：叶披针形或长圆状线形；基生叶长 5~15 厘米，全缘；上部叶有短柄或无柄，基部近抱茎。
- 花：总状花序顶生；花瓣橘黄色，长 1~1.4 厘米，有细脉纹，顶端圆形，基部具长爪。
- 果：长角果线形，长 4.5~8.5 厘米，宽约 1 毫米，稍呈四棱形。

淫羊藿

植物档案：

分布情况：分布于我国华东、华中、西南、华南等地区。

科属：小檗科淫羊藿属。

花期：6 月。

生长环境：

喜阴湿，对光较为敏感，忌烈日直射。以中性、酸性或稍偏碱、疏松、含腐殖质、有机质丰富的土壤为宜。

形态特征：

- 根茎：根状茎粗壮，木质化，坚硬，密生多数须根。茎直立，有纵条棱。
- 叶：叶基生和茎生，为二回三出复叶；基生叶 1~3，具长柄，开花时枯萎；茎生叶 2，对生，小叶片卵形或宽卵形。
- 花：圆锥花序顶生，狭窄。
- 果：蓇果圆柱形，两端狭，腹部略膨大，先端具长喙。

葶苈

植物档案：

分布情况：分布于我国东北、华北等地区。

科属：十字花科葶苈属。

花期：3~4 月上旬。

花密集成
伞房状。

生长环境：

喜温暖、湿润、阳光充足的环境，生于田边路旁、山坡草地及河谷湿地。

形态特征：

- 茎：茎直立，高 5~45 厘米，单一或有分枝。
- 叶：基生叶莲座状，长倒卵形；茎生叶长卵形，两面有毛。
- 花：总状花序，有花 25~90，密集成伞房状，花后显著伸长；花瓣黄色，花期后成白色，倒楔形；雌蕊椭圆形，密生短单毛。
- 果：短角果长圆形或长椭圆形，果梗与果序轴通常成直角开展。

野罂粟

植物档案：

分布情况：分布于我国北方地区。

科属：罂粟科罂粟属。

花期：5~9 月。

花瓣质地
薄，简洁
靓丽。

生长环境：

耐寒，怕暑热，喜阳光充足的环境，生于海拔 1000~2500 米的林下、林缘、山坡草地。

形态特征：

- 茎：根茎短，增粗，通常不分枝，密盖有麦秆色、覆瓦状排列的残枯叶鞘。
- 叶：全部基生，卵形至披针形，长 3~8 厘米，羽状浅裂、深裂或全裂；裂片 2~4 对。
- 花：花葶 1 至数支，长 15~40 厘米，圆柱形，直立；花单生于花葶先端；花瓣 4，淡黄色、黄色或橙黄色；花径 5~7 厘米。

红景天

植物档案：

分布情况：分布于我国西南地区。

科属：景天科红景天属。

花期：6~7 月。

花朵红黄
色，边缘
颜色加深。

生长环境：

适应性较强，喜阳光充足，稍冷凉而湿润的气候环境，耐寒耐旱，以含腐殖质多、土层深厚、排水良好的壤土或沙壤土为宜。

形态特征：

- 茎：地上的根茎短，有少数花枝茎残存。
- 叶：叶片宽倒卵圆形；花茎多数，叶具短的假柄。
- 花：伞房状花序，多花；花大型，有长梗，雌雄异株；花瓣 4，黄绿色，线状倒披针形或长圆形，雄花雄蕊比花瓣长；雌花花柱外弯。
- 果：种子倒卵形，两端有翅，果期 7~8 月。

糙叶败酱

植物档案：

分布情况：分布于我国北方地区。

科属： 败酱科败酱属。

花期： 7~8 月。

生长环境：

喜阳光充足、气候干燥。

形态特征：

- 叶：茎生叶对生，表面粗糙，羽状深裂甚至全裂，尖端貌似镰刀，中央的裂片较大。
- 花：多歧聚伞花序在枝顶集成伞房状；花黄色，花萼不明显；花径约 1 厘米。
- 果：呈倒卵状圆柱形，背面贴生有 1 片膜质苞片，类圆形，常带紫色。

缬草

植物档案：

分布情况：分布极广，产于我国东北至西南的广大地区。

科属： 败酱科缬草属。

花期： 5~7 月。

生长环境：

喜湿润，耐涝，也较耐旱。土壤以中性或弱碱性的沙质壤土为宜。

形态特征：

- 茎：根状茎粗短呈头状，须根簇生；茎是中空的，有纵棱，被覆有粗毛，尤在节部数量多。
- 叶：基生叶和基部叶在花期常凋萎；茎生叶卵形至宽卵形，羽状深裂，裂片 7~11。
- 花：花序顶生，成伞房状三出聚伞圆锥花序；花冠淡紫红色或白色；花径为 0.4~0.6 厘米。

胭脂花

植物档案：

分布情况：分布于我国吉林、河北、山西、陕西等地区。

科属： 报春花科报春花属。

花期： 5~6 月。

生长环境：

喜气候温凉、湿润的环境和排水良好、富含腐殖质的土壤，不耐高温和强烈的直射光，多数亦不耐严寒，不耐霜冻。

形态特征：

- 茎：根状茎短，具多数长根。
- 叶：叶基生，莲座状，叶片 5~20 厘米；叶通常倒卵状椭圆形，侧脉不明显。
- 花：花葶稍粗壮，长 20~45 厘米；伞形花序 1~3 轮，花萼狭钟状，裂片三角形，花冠暗朱红色；花径 1~1.1 厘米。

阿拉善点地梅

植物档案：

分布情况：分布于我国西北地区。

科属：报春花科点地梅属。

花期：5~6 月。

叶肉质，
花小，
花柱短。

生长环境：

喜湿润、温暖、向阳环境，喜肥沃土壤。

形态特征：

- 叶：呈灰绿色，革质，线状披针形或近钻形。
- 花：花葶单一，极短，藏于叶丛中，顶生 1~2 朵花；花冠轮状，5 裂，白色或粉色，花心黄色或粉色；花径 0.6~0.7 厘米。
- 果：蒴果近球形，5 裂，直径约 0.3 厘米。

西藏点地梅

植物档案：

分布情况：分布于我国甘肃、内蒙古、青海、四川和西藏地区。

科属：报春花科点地梅属。

花期：5~6 月。

花朵小巧，
花心颜色深。

生长环境：

耐寒，喜向阳环境和肥沃土壤。生于山坡草地、林缘和砂石地上，海拔 1800~4000 米。

形态特征：

- 茎：匍匐茎纵横蔓延，呈莲座状，丛生，多数。
- 叶：呈灰绿色，矩圆形、匙形或倒披针形，有软骨质硬尖头；底部有宿存老叶。
- 花：花葶 1~2；伞形花序具花 4~10；花冠淡紫红色，5 瓣（偶有 6 瓣），喉部黄色，有绛红色环状凸起。
- 果：蒴果倒卵形，顶端 5~7 裂；种子数枚，褐色。

海乳草

植物档案：

分布情况：分布于我国西北、西南、东北、华北等地区。

科属：报春花科海乳草属。

花期：6~7 月。

花瓣根部为
红紫色，花
蕊褐色。

生长环境：

耐旱，耐湿，耐盐碱。适生长于潮湿甚至低洼积水的土壤。

形态特征：

- 茎：高 3~25 厘米，节间很短，通常有分枝。
- 叶：肉质，交互对生或有时互生，间距非常短，仅 0.1 厘米。
- 花：单生于茎中上部的叶腋内，没有花冠；花萼钟形，白色或粉红色，有 5 裂；雄蕊 5，着生于子房周围；子房球形；花径约 0.5 厘米。
- 果：蒴果卵圆球形。

柔弱斑种草

科属：紫草科斑种草属。 **花期**：2~10月。

多生长于田间草丛、山坡草地、山坡路边或溪边阴湿处。

药用功效：

全草可入药，有小毒，有止咳、止血功效。

- 茎：茎细弱，丛生，多分枝，被向上贴伏的糙伏毛。
- 叶：叶椭圆形或狭椭圆形，长1~2.5厘米，先端钝，具小尖，上下两面均有毛。
- 花：花序柔弱，细长，长10~20厘米；花萼密生向上的伏毛；花冠蓝色或淡蓝色，很小，花径3~4毫米，喉部有白色附属物。
- 果：小坚果肾形。
- 分布：分布于我国东北、华东、华南、西南各地区。

花心有白色附属物。

附地菜

科属：紫草科附地菜属。 **花期：**4~6月。

为紫草科附地菜属的植物，别名"地胡椒"。

药用功效：
全草可入药，有温中健胃、消肿止痛之功效，可用于治疗胃痛、吐酸。

- 茎：茎通常自基部分枝。
- 叶：叶互生，两面均有粗毛。
- 花：花序生茎顶；小花天蓝色，直径约3毫米，花瓣5，喉部有黄色的附属物。有的附地菜花茎很长，形成一个花柱。
- 分布：广泛分布于我国大部分地区。

花小巧玲珑，花心黄色。

花荵

植物档案：

分布情况：分布于我国东北及河北、陕西等地区。

科属：花荵科花荵属。

花期：6~8 月。

生长环境：

喜欢阴凉或半阴，忌阳光直射，耐旱，以排水良好、不完全湿润的土壤为宜。

形态特征：

- 叶：奇数羽状复叶，小叶有 15~21 片，叶片披针形或狭披针形。
- 花：聚伞圆锥花序顶生于茎端；花冠是宽钟形的，紫色；雄蕊伸出；花柱 1 个，柱头 3 裂，远远伸出花冠之外；花径 2~3 厘米。

蒺藜

植物档案：

分布情况：全国各地均有分布。

科属：蒺藜科蒺藜属。

花期：6~7 月。

生长环境：

适应性广，对土壤要求不高，但以土质疏松、质地肥沃的沙壤土为宜。

形态特征：

- 叶：偶数羽状复叶，小叶对生，3~8 对，矩圆形或斜短圆形，被柔毛，全缘。
- 花：腋生，花梗短于叶；花黄色，花瓣 5，雄蕊 10；花径约 2 厘米。
- 果：果较有特点，黄白色或淡黄绿色，有纵棱、多数疙瘩状小短刺及粗硬刺；果整体放射状排列，呈五棱状球形。

冬葵

植物档案：

分布情况：全国各地均有分布。

科属：锦葵科锦葵属。

花期：6~8 月。

生长环境：

喜冷凉湿润气候，不耐高温和严寒，但耐低温、耐轻霜，在排水良好、疏松肥沃、保水保肥的土壤中栽培更易丰产。

形态特征：

- 茎：茎直立，单一，具纵条棱，被星状毛。
- 叶：单叶互生，具长柄；叶片圆肾形，掌状 5~7 浅裂，边缘有不规则锯齿，两面有毛。
- 花：花数朵至十数朵，簇生于叶腋；花瓣淡红色，倒卵形，长约为花萼的 2 倍，先端微凹。
- 果：蒴果扁球形，包于宿存萼内，成熟后心皮彼此分离并与轴脱离，形成分果。

瓦松

植物档案：

分布情况：分布于我国东北、华北、华中、华东、西北地区。

科属：景天科瓦松属。

花期：8~9 月。

生长环境：

生于石质山坡和岩石上以及瓦房或草房顶上。古老屋瓦缝中也有生长，耐旱耐寒。

形态特征：

- 茎：二年生花茎一般高 10~20 厘米，矮的长约 5 厘米，高的有时达 40 厘米。
- 叶：叶互生，疏生，有刺，线形至披针形。
- 花：花序总状，紧密，或下部分枝，可呈宽约 20 厘米的金字塔形。

费菜

植物档案：

分布情况：分布于我国东北、华北、西北、华中等地区。

科属：景天科景天属。

花期：6~7 月。

生长环境：

喜阳，稍耐阴，耐寒，耐干旱瘠薄，在山坡岩石上和荒地上均能旺盛生长。

形态特征：

- 茎：茎高 20~50 厘米，有 1~3 条茎，直立，无毛，不分枝。
- 叶：叶互生，通常狭披针形、椭圆状披针形，长 3.5~8 厘米，边缘有不整齐的锯齿；叶坚实，近革质。
- 花：聚伞花序有多花，水平分枝，平展；萼片 5，线形，肉质，不等长；花瓣 5，黄色；雄蕊 10，较花瓣短。
- 果：蓇葖呈星芒状排列，长约 7 毫米。

二色补血草

植物档案：

分布情况：分布于我国华北及东北、华东等地区。

科属：白花丹科补血草属。

花期：7~10 月。

生长环境：

耐盐、耐旱，广泛分布于草原带的典型草原群落、沙质草原、内陆盐碱土地上，属盐碱土指示植物。也可零星分布于荒漠地区。

形态特征：

- 叶：叶大多数基生，呈莲座状，叶片匙形或长倒卵形。
- 花：花葶丛生，上部有分枝；花顶生，密集，萼筒干膜质，初时淡紫红或粉红色，后变为白色，花后宿存；花瓣 5，黄色；花径约 0.5 厘米。
- 果：蒴果具 5 棱。

拳参

科属：蓼科蓼属。 **花期**：6~9月。

因根卷曲似拳头而得名。拳参在中国的种植和利用已有悠久的历史，是一味常用中药，也可作香料。

筒状花组成穗状花序。

- 外观：多年生草本，高35~90厘米。
- 根茎：根茎肥厚，弯曲，外皮紫棕色。茎直立，单一，无毛。
- 叶：基生叶有长柄，叶片革质，边缘外卷；茎生叶互生，向上柄渐短至抱茎。
- 花：总状花序呈穗状顶生，圆柱形；小花密集；花淡红色或白色，花被5深裂。
- 果：瘦果三棱状椭圆形，红棕色，光亮，包于宿存花被内。
- 分布：分布于我国华北、华中及辽宁、陕西、宁夏、甘肃等地区。

杠板归

科属：蓼科蓼属。 **花期**：6~8月。

明代古籍《万病回春》中写有："扛板归，四、五月生，至九月见霜即无。叶尖青，如犁头尖样，藤有小刺。有子圆黑如睛。"

小果熟时蓝紫色。

- 外观：一年生草本。茎攀援，分枝多，长1~2米，沿棱具稀疏的倒生皮刺。
- 叶：叶三角形，长3~7厘米，薄纸质；叶柄与叶片近等长，具倒生皮刺。
- 花：总状花序呈短穗状，长1~3厘米；苞片卵圆形，每苞片内具花2~4；花被5深裂，白绿色或淡红色，长约3毫米，果时增大，呈肉质，深蓝色。
- 果：瘦果球形，未成熟时青色渐紫红色，成熟时黑色，有光泽。
- 分布：分布于我国东北、华北、华中、华东等地区。

水蓼

科属: 蓼科蓼属。 **花期:** 5~9 月。

生长于湿地、水边或水中。在中国的种植和利用已有悠久的历史，古代文献中单称的"蓼"大多指的是水蓼。

花穗细长，花稀疏，有间断。
辐射对称花·5 瓣

▶ **外观:** 一年生草本，高 40~70 厘米。

▶ **茎:** 茎直立，多分枝，无毛，节部膨大。

▶ **叶:** 叶披针形或椭圆状披针形，边缘全缘，具缘毛，两面无毛，被褐色小点，具辛辣味；托叶鞘筒状，通常内藏有花簇。

▶ **花:** 总状花序呈穗状，通常下垂，花稀疏，下部间断。

▶ **果:** 瘦果卵形，密被小点，黑褐色，包于宿存花被内。

▶ **分布:** 分布于我国南北各地区的湿地、水边或水中。

珠芽蓼

科属: 蓼科蓼属。 **花期:** 6~7 月。

珠芽蓼、嵩草、苔草与一些杂类草共同形成色彩绚丽的著名五花草甸，具有很强的观赏价值。

花穗中下部生有珠芽。

▶ **外观:** 多年生草本，高 10~40 厘米。

▶ **茎:** 根状茎肥厚，暗褐色，断面紫红色，密生须根。茎直立，常 2~3 个丛生。

▶ **叶:** 基生叶与茎下部叶具长柄，叶缘具细脉纹；上部茎生叶无柄，披针形，渐小。

▶ **花:** 穗状花序顶生，长 3~6 厘米，各着生花 1~2；花被 5 深裂，白色或粉红色。

▶ **果:** 坚果三棱形，有光泽。

▶ **分布:** 分布于我国海拔 1200~5100 米的地区。

秦艽

植物档案：

分布情况：分布于我国东北以及河北、陕西、山西等地区。

科属：龙胆科龙胆属。

花期：7~8 月。

筒状花，
尖端5裂。

生长环境：

喜湿润、凉爽气候，耐寒。怕积水，忌强光。适宜在土层深厚、肥沃的壤土或砂壤土中生长。

形态特征：

- 叶：对生，披针形或长圆披针形，顶端尖锐，边缘粗糙，具 5 脉；基部叶较大，长可达 30 厘米，聚集成丛状。
- 花：多朵顶生成头状；花冠蓝紫色，钟形，常直立；花径 1.6~2 厘米。

达乌里龙胆

植物档案：

分布情况：分布于我国华北、西北及四川、西藏等地区。

科属：龙胆科龙胆属。

花期：7~8 月。

钟形花，
花心处
有细纹。

生长环境：

喜阳，喜凉爽、湿润气候，耐寒，耐湿，耐干旱。

形态特征：

- 茎：细长的茎贴近地面斜生，常多数茎聚集一起丛生。
- 叶：修长的叶片基生，条状披针形，一般长 5~10 厘米。
- 花：蓝紫色的花 1~3 或者更多聚伞排列于茎顶或上部叶腋处；花冠修长，有 3.5~4 厘米；花径 2~3 厘米。
- 果：蒴果椭圆形，有花冠那么长。

麻花艽

植物档案：

分布情况：分布于我国四川、西藏、青海、甘肃、宁夏及湖北西部。

科属：龙胆科秦艽属。

花期：7~8 月。

筒状花，
喉部有绿
色斑点。

生长环境：

喜阳，不喜风，喜温暖湿润。适宜在富含腐殖质的壤土或沙质壤土中生长。

形态特征：

- 根：须根很多，通常扭结缠绕在一起，组成一个粗大、圆锥形的根，如同“麻花”。
- 叶：基生叶莲座状，叶片宽披针形或卵状椭圆形。
- 花：聚伞花序顶生及腋生；花冠黄绿色，喉部有很多绿色斑点；花径 1~1.5 厘米。
- 果：蒴果内藏，椭圆状披针形；种子褐色，有光泽，表面有细网纹。

鹅绒藤

植物档案：

分布情况：分布于我国华北、西北及辽宁、河南、江苏、浙江等地区。

科属：萝藦科鹅绒藤属。

花期：6~8月。

生长环境：

喜阳，耐阴，生于海拔500米以下的山坡、向阳灌木丛中或路旁、河畔、田梗边。

形态特征：

- 叶：对生，三角状心形，全缘。
- 花：伞状聚伞花序腋生，每个花序上有多朵花；花萼5，深裂，裂片披针形；花冠白色，辐状，具5深裂，裂片为披针形；单朵花径0.5~0.8厘米。
- 果：蓇葖果圆柱形。

老瓜头

植物档案：

分布情况：分布于我国西北地区。

科属：萝藦科鹅绒藤属。

花期：5~6月。

生长环境：

喜阳，喜干燥环境，喜温暖气候，不耐霜冻，需保土壤湿润。多生于沙地及干河床。

形态特征：

- 叶：对生，狭椭圆形，长3~7厘米，宽0.5~1.5厘米，几乎没有叶柄。
- 花：伞形聚伞花序在接近茎顶部处腋生，有10余朵花；花冠紫红色，花冠有花瓣5；副花冠5深裂，裂片盾状；花径约1.5厘米。
- 果：蓇葖果单生，匕首形。
- 种子：扁平，顶端有白绢质的绒毛。

白首乌

植物档案：

分布情况：分布于我国辽宁、河北、河南、山东、山西等地区。

科属：萝藦科鹅绒藤属。

花期：6~7月。

生长环境：

短日照植物，喜湿润，不耐高和温干旱。生于海拔3500米以下的山坡岩石缝中、灌丛中或路旁、墙边、河流及水沟边潮湿地。

形态特征：

- 根：块状根可以长出各种形状，比如人形；根内有白色的乳汁。
- 叶：戟形，单叶对生，两面被粗硬毛。
- 花：花序腋生，中上部叶腋都生有花序；白色花冠辐状，裂片反卷；副花冠5深裂；花径1~1.5厘米。
- 果：蓇葖果呈长角状，长约9厘米。

小花草玉梅

科属：毛茛科银莲花属。　**花期**：5~8 月。

蓼科蓼属一年生草本植物，多生郊野道旁，初夏开淡红色或白色小花。在中医上多有应用。

功效：

根状茎可药用，可用于治疗肝炎、筋骨疼痛等症。

▶外观：多年生草本。

▶茎：根状茎木质，垂直或稍斜，粗 0.8~1.4 厘米。

▶叶：基生叶 3~5，有长柄；叶片肾状五角形，三全裂，中全裂片宽菱形或菱状卵形，有时宽卵形。

▶花：花葶直立，聚伞花序；苞片的深裂片通常不分裂，披针形至披针状线形，有柄。

▶果：瘦果狭卵球形，稍扁，宿存花柱钩状弯曲。

▶分布：分布于我国四川、青海、新疆，甘肃、宁夏、陕西、河南、山西、河北、内蒙古、辽宁地区。

草地老鹳草

科属：牻牛儿苗科老鹳草属。 **花期：**6~7月。

生长于山地草甸和亚高山草甸。始载于《新华本草纲要》，有悠久的历史，而且有同名药物。

功效：

全草入药，具有舒筋活络、止泻的功效，用于痹证、肠炎、痢疾、腹泻等病症。

应用布置：

草地老鹳草质地柔软，常作地被植物。

- 外观：多年生草本，株高30~50厘米。
- 叶：有一部分叶片贴地，另外一部分叶片在茎秆上相对生长；叶片如同手掌一样分裂成7~9个裂片。
- 花：每一花梗上常有2朵花，花梗下弯；花被5，紫色；花径2~3厘米。
- 果：蒴果长2.5~3厘米，被短柔毛和腺毛，有一个长长的喙。
- 分布：分布于我国东北、华北及陕西、甘肃、宁夏、青海、四川等地区。

果有长长的喙。

牻牛儿苗

科属：牻牛儿苗科牻牛儿苗属。 **花期：**5~6 月。

荒漠植物，耐干旱，在我国西北地区常见，为我国西北地区增添了一抹美丽的景色。

功效：
地上部分晒干后入药，药名“老鹳草”，能祛风湿、通经络、止泻利。

食用价值：
嫩茎叶可作野菜食用。

植物别名：
老鹳草、老鸦嘴、五瓣花、贯筋、老贯筋、老牛筋。

- 外观：多年生草本。
- 茎：茎棕红色或绿色，多分枝，长 50~120 厘米，具纵棱，被柔毛。
- 叶：叶对生，叶片卵形或椭圆状三角形，长 4~6 厘米，二回羽状深裂；小羽片线形，具 3~5 牙齿，两面被毛。
- 花：伞形花序腋生，具 2~5 朵花；花瓣倒卵形，淡紫色或紫蓝色，长约 8.5 毫米；花丝粉红色。
- 果：蒴果，宿存花柱形成长喙，喙长 2~4 厘米。
- 分布：分布于我国东北、华北、西北地区。

花萼片上有绒毛。

驴蹄草

科属：毛茛科驴蹄草属。 **花期**：5~7月。

因多生长在沼泽、湿地等潮湿泥泞的地方，所以拉丁文名是“沼泽”的意思。而在中国因为叶片像驴蹄而得名。

功效：

全草或花可清热利湿、解毒活血，用于挫伤、感冒、毒蛇咬伤等病症。

应用布置：

具观赏价值的水缘植物，可用于水景园、岩石园、地被。

- 外观：多年生草本，株高20~50厘米。
- 茎：根状茎短缩，有很多粗壮须根。茎直立或斜升，单一或上部有分枝，无毛。
- 叶：基生叶丛生，有长柄，柄有10~20厘米长；叶片肾形或卵状心形，边缘密生锯齿。
- 花：单歧聚伞花序生于枝顶端，常有花2；萼片5，黄色，倒卵形；雄蕊有很多，花丝呈线形；花径1.5~3厘米。
- 果：蓇葖果狭倒卵形，长约1厘米，无毛。
- 分布：分布于我国东北、华北、西北及西南各地区。

花蕊多而密集。

辐射对称花·5瓣

大火草

科属：毛茛科银莲花属。 **花期**：7~8 月。

花大，雍容华贵，让人一见倾心。

功效：

根状茎供药用，能治痢疾，也可作小儿驱虫药。

应用布置：

适应性较强，适于林缘、草坡、草坪上大面积种植，也可用于布置花境。

▸外观：多年生草本，株高 80~150 厘米。

▸叶：为三出复叶；贴地生长的叶具长柄，密被灰白色棉毛。

▸花：花梗有浓密的白色棉毛；顶端发出 3~5 支小花梗，每支顶端着生 1 朵粉红色的“花”；萼片外面密生棉毛，内面无毛，淡粉红色；花径 5~8 厘米。

▸分布：分布于我国中部及西北部地区。

花蕊黄色，醒目。

银莲花

科属: 毛茛科银莲花属。　　**花期:** 5~6 月。

纯洁灵秀，是以色列的国花。

花瓣白而透，格外灵秀。

5 瓣 辐射对称花。

▶ **外观:** 多年生草本，株高 30~60 厘米。

▶ **叶:** 有 4~8 片基生叶，叶柄有稀疏的长柔毛；叶片圆肾形，3 全裂。

▶ **花:** 花葶 17~40 厘米；无花瓣；花萼白色或带粉红色，稀总状花序，通常花瓣 5（有 6 瓣甚至 8 瓣）；雄蕊数量多；花径约 2.5 厘米。

▶ **果:** 瘦果长有长绵毛。

▶ **分布:** 分布于我国东北以及河北、山西。

天葵

花期: 3~4 月。

又称紫背天葵、雷丸草、夏无踪、小乌头、老鼠屎草、旱铜钱草。

三出复叶，呈圆形。

▶ **外观:** 多年生草本，株高 10~32 厘米，疏生短柔毛，有分枝。

▶ **叶:** 一回三出复叶；小叶扇状菱形或倒卵状菱形，3 深裂；叶柄长 3~12 厘米。

▶ **花:** 花序有 2 至数朵花；花萼 5，白色，常带淡紫色；花瓣匙形，基部囊状；花径 0.6~0.7 厘米。

▶ **果:** 蓇葖果长 0.6~0.7 厘米。

▶ **分布:** 广布于我国长江中下游各省，南达广东北部，北达陕西南部。

紫花耧斗菜

植物档案：

分布情况：分布于我国青海、山西、山东、河北、内蒙古、辽宁。

科属：毛茛科耧斗菜属。

花期：5~7 月。

生长环境：

生于山谷林中或沟边多石处。

形态特征：

- 茎：简单或有少数分枝，外皮黑褐色；茎高 15~50 厘米，常在上部分枝，除被柔毛外还密被腺毛。
- 叶：基生叶少数，二回三出复叶，叶片楔状倒卵形。
- 花：花倾斜或微下垂，萼片暗紫色或紫色。

山蚂蚱草

植物档案：

分布情况：分布于我国东北、华北地区。

科属：石竹科蝇子草属。

花期：7~8 月。

生长环境：

生于海拔 250~1000 米的草原、草坡、林缘或固定沙丘。

形态特征：

- 茎：茎丛生，直立或近直立，不分枝，无毛，基部常具不育茎。
- 叶：基生叶叶片狭倒披针形或披针状线形，基部渐狭成长柄状，顶端急尖或渐尖，边缘近基部具缘毛。
- 花：假轮伞状圆锥花序或总状花序；苞片卵形或披针形，基部微合生，顶端渐尖，边缘膜质，具缘毛。
- 果：蒴果卵形，长 6~7 毫米，比宿存萼短。

龙牙草

植物档案：

分布情况：全国各地均有分布。

科属：蔷薇科龙牙草属。

花期：7~8 月。

生长环境：

常生于溪边、路旁、草地、灌丛、林缘及疏林下，海拔 100~3800 米。

形态特征：

- 茎：地下茎横走，圆柱形，秋末从前端会生出一个圆锥形向上弯曲的白色嫩芽；地上茎直立。
- 叶：奇数羽状复叶互生，叶片大小不等，间隔排列。
- 花：总状花序；小花黄色，花瓣 5；花径 1 厘米。
- 果：瘦果倒圆锥形，萼裂片宿存。

朝天委陵菜

植物档案：

分布情况：在我国分布广泛。

科属：蔷薇科委陵菜属。

花期：3~10 月。

花瓣倒卵形，互相分离，像小皇冠。

生长环境：

喜温和干燥的气候，以排水良好的沙质壤土为佳。

形态特征：

- 茎：茎平展，上升或直立，叉状分枝，长 20~50 厘米。
- 叶：基生叶羽状复叶，有 2~5 对无柄小叶，最上面 1~2 对小叶基部下延与叶轴合生，边缘有锯齿；茎生叶与基生叶相似，向上小叶对数逐渐减少。
- 花：花茎上多叶，下部花自叶腋生，顶端呈伞房状聚伞花序；花瓣黄色，倒卵形，顶端微凹。
- 果：瘦果长圆形，先端尖，表面具脉纹。

鹅绒委陵菜

植物档案：

分布情况：全国大部分地区均有分布。

科属：蔷薇科委陵菜属。

花期：6~9 月。

叶背面密生白细绵毛，宛若鹅绒。

生长环境：

喜光而不耐炎热干旱，对土壤适应性较强。

形态特征：

- 茎：匍匐茎细长，茎节上生根。
- 叶：奇数羽状复叶，有小叶 9~19，边缘有深锯齿，上面无毛或稍有柔毛，下面密生白色绒毛。
- 花：花茎单生于叶丛或叶腋；倒卵形黄色花瓣 5，花径约 2 厘米。

匍枝委陵菜

植物档案：

分布情况：分布于我国东北及河北、山西、甘肃、山东地区。

科属：蔷薇科委陵菜属。

花期：5~9 月。

叶片先端二裂，闻起来像黄瓜。

生长环境：

多生长于海拔 300~2100 米的阴湿草地、水泉旁边及疏林下。

形态特征：

- 茎：匍匐枝长 8~60 厘米，被伏生短柔毛或疏柔毛。
- 叶：基生叶掌状 5 出复叶，叶柄被伏生柔毛或疏柔毛。
- 花：单花与叶对生，花梗长 1.5~4 厘米，被短柔毛；萼片卵状长圆形，顶端急尖，与萼片近等长稀稍短，外面被短柔毛及疏柔毛；花瓣黄色，顶端微凹或圆钝，比萼片稍长。
- 果：成熟瘦果长圆状卵形，表面呈泡状突起。

相似品种巧辨别

假酸浆

一年生草本；茎直立，有棱条；叶卵形，草质，边缘有粗齿或浅裂；花单生于枝腋，花梗比叶柄长，俯垂。

科属：茄科假酸浆属。
花期：夏秋季。

曼陀罗

草本或半灌木状；全体近于平滑；叶广卵形，边缘有不规则波状浅裂，裂片顶端急尖；花单生于枝叉间或叶腋。

科属：茄科曼陀罗属。
花期：6~10月。

飞廉

二年生或多年生草本植物；茎圆柱形；叶椭圆状披针形；花紫红色，冠毛刺状，黄白色，气味微弱。

科属：菊科飞廉属。
花期：6~8月。

花冠钟状，浅蓝色 **VS** 花冠辐状，白色

花冠漏斗状 **VS** 花冠钟状

总苞钟状或宽钟状 **VS** 总苞筒状

酸浆

多年生草本；茎基部略带木质，茎节膨大；叶全缘波状或者有粗牙齿；花5基数，单生于叶腋内，每株5~10朵。

科属：茄科酸浆属。
花期：5~9月。

天仙子

一年生或二年生草本；全身被黏性腺毛；自根茎发出莲座状叶丛，叶卵状披针形或长矩圆形，基部半抱根茎；花单生于叶腋。

科属：茄科天仙子属。
花期：6~8月。

风毛菊

二年生草本；茎直立，具纵棱，疏被细毛和腺毛；基生叶具长柄，叶片长椭圆形；头状花序密集成伞房状，花紫红色。

科属：菊科风毛菊属。
花期：6~8月。

大花杓兰

多年生草本；植株高 25~50 厘米；叶片椭圆形或椭圆状卵形；花序顶生，具 1 花，花瓣披针形，先端渐尖。

科属：兰科杓兰属。
花期：6~7 月。

风轮菜

多年生草本；叶卵圆形，边缘具锯齿；轮伞花序多花密生，半球状，花冠紫红色。

科属：唇形科风轮菜属。
花期：5~8 月。

蜻蜓兰

植株高 20~60 厘米；叶片倒卵形或椭圆形，直立伸展，先端钝，基部收狭成抱茎的鞘；总状花序，花小，黄绿色。

科属：兰科舌唇兰属。
花期：6~8 月。

花紫色、红色或粉红色
VS
花白色，具淡紫红色斑

叶上面短硬毛，下面疏柔毛
VS
叶两面均疏生小糙伏毛

花瓣斜椭圆状披针形
VS
花瓣狭披针形

紫点杓兰

植株高 15~25 厘米；叶片椭圆形、卵形或卵状披针形；花序顶生，花瓣常近匙形或提琴形，先端常略扩大并近浑圆。

科属：兰科杓兰属。
花期：5~7 月。

宝盖草

一年生或二年生草本；茎高 10~30 厘米；叶片均圆形或肾形；轮伞花序，花冠紫红或粉红色，花盘杯状，具圆齿。

科属：唇形科野芝麻属。
花期：3~5 月。

二叶舌唇兰

植株高 30~50 厘米；基部大叶片先端钝或急尖；总状花序具 12~32 朵花，花较大，绿白色或白色。

科属：兰科舌唇兰属。
花期：6~7 月。

瑞香狼毒

植物档案：

分布情况：分布于我国东北、华北、西北、西南等地区。

科属：瑞香科狼毒属。

花期：6~7 月。

生长环境：

能适应干旱寒冷气候，喜肥沃、土层深厚的土壤，喜散光，忌烈日。

形态特征：

- 根茎：圆锥状的根粗大，外皮棕褐色，可入药。直立茎丛生，没有分枝。
- 叶：互生，比较密集，椭圆状披针形，边缘稍反卷；叶柄极短，基部有关节。
- 花：头状花序顶生；粉红色花萼筒很长，有明显的纵脉纹，萼片有 5 裂，卵圆形，粉红色，有紫红色脉纹；没有花瓣。
- 果：小坚果卵形，包藏于宿存萼筒中。

鹅肠菜

植物档案：

分布情况：广布于全国各地。

科属：石竹科鹅肠菜属。

花期：2~4 月。

药用功效：

嫩茎叶可入药，具有清热解毒、活血消肿的功效，可辅助治疗肺炎、痢疾、高血压、月经不调等。

形态特征：

- 茎：多分枝，伏生于地面生长。
- 叶：呈卵形，上部的叶子几乎无叶柄。
- 花：白色的小花；花瓣 5；深裂至基部；花径 0.7~0.9 厘米。

叉歧繁缕

植物档案：

分布情况：我国东北、华北、西北等地区均有分布。

科属：石竹科繁缕属。

花期：6~7 月。

生长环境：

喜温和湿润的气候环境，能适应较轻霜冻。

形态特征：

- 茎：茎簇生，数回叉状分枝，被有腺毛或短柔毛。
- 叶：单叶对生，没有叶柄；叶长 2~2.5 厘米，下部叶子较大，上部叶子较小，两面有短柔毛。
- 花：聚伞花序顶生，有花多数，花梗很细，有柔毛；花瓣 5，白色；花径 0.4~0.6 厘米。

大花剪秋萝

植物档案：

分布情况：分布于我国东北、华北等地区。

科属：石竹科剪秋萝属。

花期：6~7 月。

生长环境：

适生于排水良好的沙质壤土，石灰质土壤也可。

形态特征：

- 叶：对生，呈卵状长圆形或卵状披针形，顶端逐渐变尖，叶两面均有毛。
- 花：顶生，常 2~3 朵或更多组成伞房状花序；花萼具脉 10，密被蛛丝状绵毛；花瓣深红色，前端有深裂；花径 2~3.5 厘米。
- 果：蒴果长椭圆状卵形；种子呈肾形。

麦瓶草

植物档案：

分布情况：分布于我国华北、华东、西北及西南地区。

科属：石竹科蝇子草属。

花期：6~7 月。

生长环境：

喜光亦较耐阴，适宜的生长温度为 15~28℃，不择土壤，但以疏松、排水良好的沙质壤土为宜。

形态特征：

- 叶：基生叶匙形，茎生叶长圆形或披针形，两面被腺毛。
- 花：聚伞花序顶生或腋生，有花 1~3；最具特色的是萼筒圆锥形，上端窄缩，下部膨大；花瓣三角状倒卵形，粉红色或淡紫红色。
- 果：蒴果卵形，中部以上变细，里面的种子嫩时形似小米，所以又名“米瓦罐”。

灯芯草蚤缀

植物档案：

分布情况：分布于我国东北以及西北地区。

科属：石竹科蚤缀属。

花期：7~9 月。

生长环境：

旱生，喜阳，对土壤无特殊要求。

形态特征：

- 茎：直立，丛生，基部包被黄褐色老叶残余物，中、下部无毛，上部被腺毛。
- 叶：基生叶丛生，狭条形；茎生叶与基生叶同形而较短。
- 花：花瓣 5，白色，矩圆状倒卵形，先端圆形；花径 0.4~0.5 厘米。
- 果：蒴果与萼片近等长，有 6 裂瓣；种子呈卵形，黑褐色，表面具小疣状突起。

沙引草

植物档案：

分布情况：分布于我国华北及山东、甘肃、陕西、吉林等地区。

科属：紫草科沙引草属。

花期：4~5月。

生长环境：

主要借根状茎的延伸进行无性繁殖，喜欢肥沃、深厚的土壤。

形态特征：

- 叶：叶无柄或近无柄，狭矩圆形至条形，长1~3.5厘米，宽0.2~2厘米。
- 花：聚伞花序伞房状；花萼在基部有5裂，裂片披针形；花冠白色，漏斗状，花冠也有5裂；花径约1厘米，有浓郁香味。
- 果：有4钝棱，椭圆状球形，先端平截或凹入。

勿忘草

植物档案：

分布情况：分布于我国华北、西北、东北及云南、四川、江苏。

科属：紫草科勿忘草属。

花期：3~4月。

生长环境：

喜光，喜干燥、凉爽的气候，忌湿热，耐旱，适合在疏松、肥沃、排水良好的微碱性土壤中生长。

形态特征：

- 茎：茎直立，单一或数条簇生，高20~45厘米，通常具分枝。
- 叶：基生叶和茎下部叶有柄，通常狭倒披针形，基部下延成翅，两面被糙伏毛，茎中部以上叶无柄，较短而狭。
- 花：花序在花期短，花后伸长；花萼有深裂；花冠蓝色，直径6~8毫米，裂片5，近圆形，喉部有黄色附属物。
- 果：小坚果卵形，周围具狭边。

异叶假繁缕

植物档案：

分布情况：分布于我国辽宁、内蒙古、河北、陕西、山东、江苏等地区。

科属：石竹科孩儿参属。

花期：4~7月。

生长环境：

喜温暖湿润气候，抗寒力较强，怕高温，忌强光，怕涝。具有低温发芽、发根和越冬的特性。

形态特征：

- 茎：茎直立，单生，被2列短毛。
- 叶：下部叶片倒披针形，顶端钝尖，基部渐狭呈长柄状，上部叶片宽卵形或菱状卵形，上面无毛，下面沿脉疏生柔毛。
- 花：开花受精花腋生或呈聚伞花序；花瓣5，白色，长圆形或倒卵形；闭花受精花具短梗；萼片疏生多细胞毛。
- 果：宽卵形，含少数种子，顶端不裂或3瓣裂。

红旱莲

植物档案：

分布情况：分布于我国东北、华北以及长江流域各地区。

科属：藤黄科金丝桃属。

花期：6~7 月。

生长环境：

喜光，不耐阴。对严寒气候有较强的适应性，其耐干旱能力也很强。以土壤深厚肥沃，微酸性至中性黏壤中生长最盛，忌水涝。

形态特征：

- 茎：直立生长，稍呈四棱形。
- 叶：呈卵状长圆至披针形，先端渐尖，基部抱茎。
- 花：聚伞花序顶生；花金黄色，为大型花，常数朵顶生形成二歧聚伞状花序，萼片、花瓣均为 5；花茎 3~8 厘米。
- 果：蒴果圆锥形。

野西瓜苗

植物档案：

分布情况：全国各地皆有分布。

科属：锦葵科木槿属。

花期：7~10 月。

生长环境：

生于平原、山野、丘陵或田梗。喜光照充足、排水良好的环境。

形态特征：

- 茎：茎柔软，被白色星状粗毛。
- 叶：叶二型，下部的叶圆形，不分裂，上部的叶掌状 3~5 深裂，中裂片较长，两侧裂片较短，裂片倒卵形至长圆形。
- 花：花单生于叶腋；花淡黄色，内面基部紫色，花瓣 5，倒卵形，外面疏被极细柔毛。
- 果：蒴果长圆状球形，被粗硬毛，果爿 5，果皮薄，黑色。

山丹百合

植物档案：

分布情况：分布于我国华北、东北、西北等地区。

科属：百合科百合属。

花期：7~8 月。

生长环境：

喜土层深厚、疏松、肥沃、湿润、排水良好的沙质壤土或腐殖土。

形态特征：

- 茎：细长纤弱。
- 叶：散生，多数集中在茎的中部，条形，中脉下面突出。
- 花：花数朵，排成总状花序；花被鲜红色，通常无斑点，长约 5 厘米，强烈反卷；花丝长约 2.5 厘米，黄色，花药近红色；花径约 5 厘米。

卷丹

植物档案：

分布情况：分布于我国华北、华东、华中、西南、华南等地区。

科属：百合科百合属。

花期：7~8 月。

生长环境：

忌干旱、忌酷暑，耐寒性稍差。最适宜在排水良好的微酸性土壤中生长。

形态特征：

- 根茎：地下具白色广卵状球形鳞茎，直径 1~8 厘米；呈褐色或带紫色，覆盖着白色绵毛。
- 叶：单叶互生，没有叶柄，狭披针形；上部叶腋着生黑色珠芽。
- 花：有 3~20 朵，下垂，红色；花被片反卷，内面有紫黑色斑点，雄蕊向四面开张，花药紫色；花径为 9~12 厘米。

浙贝母

植物档案：

分布情况：产自于江苏南部、浙江北部和湖南。

科属：百合科贝母属。

花期：3~4 月。

生长环境：

生于海拔较低的山丘荫蔽处或竹林下。

形态特征：

- 茎：茎直立没有分枝。
- 叶：没有叶柄；茎下部的叶对生，狭披针形至线形；中上部的叶常 3~5 片轮生，叶片较短，先端卷须状。
- 花：花单生，钟形，低垂，花被片 6；淡黄色或黄绿色，外部有平行细脉，内有方格状斑纹；花长 2.5~3.5 厘米，宽约 1 厘米。

川贝母

植物档案：

分布情况：分布于我国四川、西藏、云南、甘肃、青海等地区。

科属：百合科贝母属。

花期：6 月。

生长环境：

喜冷凉气候，具有耐寒、喜湿、怕高湿、喜荫蔽的特性。

形态特征：

- 茎：鳞茎圆锥形或近球形；茎直立，具细小灰色斑点。
- 叶：叶片着生在茎上部，通常下端对生，上端 3 叶轮生；叶片线形，长 5~12 厘米，先端卷曲呈卷须状。
- 花：花单生于茎顶，少有 2 朵，下垂，钟状；花被片 6，菱状椭圆形，长 2.5~3 厘米，黄绿色，具紫色方块纹及脉纹。
- 果：蒴果六角矩形；种子薄而扁平，半圆形，黄色。

青甘韭

植物档案：

分布情况：分布于我国云南、西藏、四川、青海和新疆等地区。

科属：百合科葱属。

花期：7~8 月。

花序紫红色，呈圆球形。

生长环境：

耐旱，耐盐，耐瘠，耐低温，适应性很强。

形态特征：

- 茎：具根状鳞茎，丛生，鳞茎外皮红棕色，呈明显的网状。
- 叶：呈半圆柱状至圆柱状，有纵棱，短于或略长于花葶。
- 花：花葶圆柱状，基部被叶鞘包裹；伞形花序球状或半球状，花数量多且着生得比较密集；花被片深紫红色，子房球状。

洼瓣花

植物档案：

分布情况：分布于我国西南、西北、华北、东北各地区。

科属：百合科洼瓣花属。

花期：6~8 月。

花柱柱头不明显 3 裂。

生长环境：

生长于海拔 2400~4000 米的山坡、灌丛中或草地上。

形态特征：

- 茎：鳞茎狭卵形，上端延伸，上部开裂。
- 叶：基生叶通常 2 枚，很少仅 1 枚，短于或有时高于花序；茎生叶狭披针形或近条形。
- 花：花 1~2 朵；内外花被片近相似，白色而有紫斑，先端钝圆，内面近基部常有一凹穴，较少例外。
- 果：蒴果近倒卵形，略有三钝棱，顶端有宿存花柱。

天蓝韭

植物档案：

分布情况：分布于我国华东、西南、华南等地区。

科属：百合科葱属。

花期：8~9 月。

花瓣椭圆形，花序呈圆形。

生长环境：

耐旱，耐盐，耐瘠，耐低温，可生于旱山坡、流石滩，适应性很强。

形态特征：

- 叶：呈半圆柱状，上面具沟槽，老时破裂成纤维状，常呈不明显的网状。
- 花：花葶纤细，圆柱状，高 10~20 厘米；伞形花序半球状，常弯垂；花被片 2 轮，内轮花被片稍长，花色天蓝或蓝紫色；花径为 1.5~2 厘米。

有斑百合

植物档案：

分布情况：分布于我国东北及河北、山东、山西、内蒙古等地区。

科属：百合科百合属。

花期：6~7月。

生长环境：

生长于低海拔的阳坡草地和林下湿地。生长期间喜光、喜肥、喜排水良好的微酸性土壤。

形态特征：

- 叶：叶散生，条形，脉3~7条，边缘有小乳头状突起，两面无毛。
- 花：总状花序；花直立，星状开展，深红色，无斑点，有光泽；花被片有斑点，矩圆状披针形。
- 果：蒴果矩圆形。

小顶冰花

植物档案：

分布情况：分布于我国东北及山西、陕西、甘肃、青海等地区。

科属：百合科顶冰花属。

花期：4~5月。

生长环境：

喜光，有一定的耐阴性，喜温暖湿润环境，稍耐旱，喜肥沃、排水良好的土壤。

形态特征：

- 茎：鳞茎卵形，基部常生有多数小珠芽。
- 叶：只有1枚基生叶，没有茎生叶。
- 花：花序基部有1~2枚叶状总苞片，总苞片狭披针形，约与花序一样长；花通常3~5，排列成伞形花序；花被6，黄绿色；花径为1.5~2厘米。

玉竹

植物档案：

分布情况：分布于我国东北、西北以及安徽、湖南等省区。

科属：百合科黄精属。

花期：5~6月。

生长环境：

耐寒、耐阴湿，忌强光直射与多风。适生于土层深厚，富含沙质和腐殖质的壤土。

形态特征：

- 茎：根状茎横走，肉质，黄白色，密生很多须根；茎有纵棱。
- 叶：叶互生，椭圆形或狭椭圆形，先端钝尖，下面带灰白色。
- 花：花序腋生，有1~3朵花或更多；花被黄绿色至白色，筒状，长1.5~2厘米，顶端有6裂；花径约1厘米。
- 果：浆果球形，成熟时黑色。

黄精

植物档案：

分布情况：分布于我国东北及华中、华北等地区。

科属：百合科黄精属。

花期：5~6 月。

花腋生，
聚在一起，
下垂。

生长环境：

喜阴耐寒，怕干旱，在土层较深厚、疏松肥沃、排水和保水性能较好的壤土中生长良好。

形态特征：

- 茎：根茎横走，圆柱形，结节膨大，节间一头粗，一头细；茎直立，有时呈攀援状。
- 叶：叶轮生，每轮 4~6，条状披针形，先端拳卷或弯曲成钩。
- 花：花腋生，下垂，2~4 朵集成伞形花丛；花被筒状，中部稍缢缩，白色至淡黄色，裂片 6。
- 果：浆果球形，成熟时黑色。

藜芦

植物档案：

分布情况：分布于我国华中、华东、西南等地区。

科属：百合科藜芦属。

花期：7~8 月。

小花不易辨认。

生长环境：

耐阴抗寒，抗风雪，喜排水良好的深厚土壤。

形态特征：

- 根茎：根多数，细长，带肉质。茎直立。
- 叶：叶互生，通常广卵形，长可达 30 厘米，宽约 10 厘米，基部渐狭而抱茎。
- 花：顶生大圆锥花序；雄花常生于花序轴下部，两性花多生于中部以上；花多数，花被 6，紫黑色，卵形。
- 果：蒴果卵状三角形，长 1.5~2 厘米，熟时 2 裂。

鹿药

植物档案：

分布情况：分布于我国东北、华中、华东、西南、西北等地区。

科属：毛茛科鹿药属。

花期：5~6 月。

白色小
花聚生
于顶端。

生长环境：

耐阴耐湿，以肥沃、湿润、排水良好的土壤为宜。

形态特征：

- 叶：叶 4~9，纸质，通常卵状椭圆形，长 6~15 厘米，宽 3~7 厘米，有短柄。
- 花：圆锥花序长 3~6 厘米，有花 10~20；花单生，白色；花瓣分离或仅基部稍合生。
- 果：浆果近球形，熟时红色，具 1~2 颗种子。

白头翁

植物档案：

分布情况：分布于我国东北、华东、华中、西南、华南等地区。

科属：毛茛科白头翁属。

花期：4~5 月。

果上有浓密细长的柔毛。

生长环境：

喜凉爽干燥气候，耐寒，耐旱，不耐高温，以土层深厚、排水良好的沙质壤土生长最好。

形态特征：

- 叶：基生叶 4~5，通常在开花时刚刚长出，有长柄；叶片宽卵形，3 全裂。
- 花：花葶 1~2，有柔毛；苞片 3，有深裂；萼片蓝紫色，无花瓣，萼片内部无毛，外面密被长伏毛。
- 果：瘦果纺锤形，很扁，有长柔毛，宿存花柱长 3.5~6.5 厘米，有向上斜展的长柔毛。

小黄花菜

植物档案：

分布情况：分布于我国东北、内蒙古、河北、山西、山东等地区。

科属：百合科萱草属。

花期：5~9 月。

花可食用。

生长环境：

生长在海拔 2300 米以下的草地、山坡或林下。耐阴、耐旱、耐瘠，对土壤要求不高，以湿润肥沃、排水良好的土壤生长为佳。

形态特征：

- 根：根较细，绳索状。
- 叶：叶基生，长 20~50 厘米。
- 花：花葶多个，长于叶或近等长，花序不分枝或稀为二枝状分枝，常具 1~2 花，少 3~4 花；花梗很短，苞片近披针形；花淡黄色。
- 果：蒴果椭圆形或矩圆形。

仙茅

植物档案：

分布情况：分布于我国华东及华南等地区。

科属：石蒜科仙茅属。

花期：6~8 月。

总状花序通常具花朵4~6。

生长环境：

喜温暖，耐荫蔽和干旱。生于海拔 1600 米以下的林中、草地或荒坡上。

形态特征：

- 茎：根茎延长，长可达 30 厘米，圆柱状，肉质；根粗壮肉质，地上茎不明显。
- 叶：叶片 3~6，根出，狭披针形，长 10~25 厘米，先端渐尖，基部下延成柄；叶脉明显。
- 花：花腋生；花梗藏在叶鞘内；花上部有 6 裂，内面黄色，外面白色，有长柔毛。
- 果：浆果椭圆形，稍肉质，长约 1.2 厘米，先端有喙，被长柔毛。

铃铃香青

植物档案：

分布情况：分布于我国西北、华中、华北等地区。

科属：菊科香青属。

花期：6~8 月。

花序在茎端密集，香气十足。

植物趣闻：

全株含芳香油，据说香气可保持数年不绝，在山西常用为枕垫的填充物。

形态特征：

- 茎：根状茎细长，稍木质；茎高 5~35 厘米，稍细，披覆茸毛，常有稍疏的叶。
- 叶：莲座状叶与茎下部叶通常呈匙状；中部及上部叶直立，常贴附于茎上，通常线形；全部叶薄质，两面有毛，有明显的离基三出脉。
- 花：头状花序 9~15；总苞片 4~5 层，稍开展；雌株头状花序有多层雌花，中央有雄花 1~6；雄株头状花序。

啤酒花

植物档案：

分布情况：分布于我国华东、华中、西南、华南等地区。

科属：桑科葎草属。

花期：7~9 月。

花可用于酿造啤酒。

生长环境：

对光照要求较高，一般生长于光照较好的山地林缘、灌丛或河流两岸的湿地，且是连片分布。

形态特征：

- 茎：茎枝及叶柄密生细毛，并有倒刺。
- 叶：对生，一般有 3~5 深裂，边缘有粗锯齿，上面密生小刺毛，下面有稀疏绒毛、黄色小油点。
- 花：雄花细小，排成圆锥花序，花被片和雄蕊各有 5；雌花每 2 朵生于一苞片腋部，苞片覆瓦状排列成近圆形的穗状花序；花径 3~5 厘米。
- 果：果穗呈球果状，宿存苞片增大，有黄色腺体，气味芳香。

北重楼

植物档案：

分布情况：分布于我国东北及内蒙古、河北、四川、安徽等地区。

科属：百合科重楼属。

花期：5~6 月。

外轮花被片纸质平展。

生长环境：

生长在海拔 1100~2300 米的山坡林下、草丛、阴湿地或沟边，喜排水良好、通风的环境。

形态特征：

- 茎：根状茎细长，茎绿白色，有时带紫色。
- 叶：叶 5~8 枚轮生，披针形、狭矩圆形、倒披针形或倒卵状披针形，先端渐尖，基部楔形，具短柄或近无柄。
- 花：花梗长 4.5~12 厘米；外轮花被片绿色，极少带紫色，叶状，通常 4~5 枚，先端渐尖，基部圆形或宽楔形；内轮花被片黄绿色，条形。
- 果：蒴果浆果状，不开裂。

老鸦瓣

植物档案：

分布情况：分布于我国东北至长江流域各地区。

科属：百合科郁金香属。

花期：3~6 月。

生长环境：

喜阳耐寒，喜湿润，适宜在腐殖质丰富、疏松肥沃、排水良好的土壤中生长。

形态特征：

- 叶：具有 1 对条形叶，叶脉为平行脉，两面平滑无毛，基部略带淡红色；从一对叶中抽出花葶。
- 花：花葶单一或有时分叉成 2 支，看起来很柔弱；花单生，花被片 6，白色，背面有很清晰的赤紫色脉纹；花径为 1.8~2.5 厘米。

金莲花

植物档案：

分布情况：分布于我国东北、西北及华中地区。

科属：毛茛科金莲花属。

花期：6~7 月。

生长环境：

喜凉耐寒，喜土壤湿润，适宜在富含有机质的沙壤土中生长。

形态特征：

- 叶：有基生叶 1~4，叶有长柄，为五角形，基部则呈心形，叶片 3 全裂；茎生叶互生，5 全裂，有锐锯齿。
- 花：通常单生，橙黄色；萼片花瓣状；花瓣多数，线形；花径 4~6 厘米。

华北耧斗菜

植物档案：

分布情况：分布于我国陕西、山西、山东和河北等地区。

科属：毛茛科耧斗菜属。

花期：5~7 月。

生长环境：

喜凉爽气候，忌高温暴晒，喜土壤湿润，适宜在富含腐殖质、湿润而排水良好的沙质壤土中生长。

形态特征：

- 叶：基生叶具有较长的叶柄；一至二回三出复叶，小叶 3 裂，边缘有圆形的齿。
- 花：聚伞花序顶生；萼片狭长圆形，花瓣状；花紫红色或粉红色，花朵下垂；花径 1.6~2.6 厘米。

瓣蕊唐松草

植物档案：

分布情况：分布于我国东北、华北、西南、华中、西北等地区。

科属：毛茛科唐松草属。

花期：6~7 月。

生长环境：

喜光喜暖，喜湿润环境，喜疏松排水良好的壤土。

形态特征：

- 茎：直立，上部有分枝。
- 叶：互生，为三至四回三出羽状复叶，小叶狭长圆形至近圆形，全缘。
- 花：伞房状聚伞花序；看上去像花瓣的其实是雄蕊的花丝，有 0.5~1.2 厘米长，倒披针形，中上部呈棍棒状，白色，比花药宽。
- 果：瘦果卵形，长 4~6 毫米，有 8 条纵肋，宿存花柱长约 1 毫米。

半钟铁线莲

植物档案：

分布情况：主要分布于我国山西北部、河北北部、吉林东部、黑龙江。

科属：毛茛科铁线莲属。

花期：5~6 月。

生长环境：

较喜光照，但不耐暑热强光；喜湿润，喜深厚肥沃、排水良好的碱性壤土及轻沙质壤土。

形态特征：

- 茎：茎圆柱形，光滑无毛，幼时浅黄绿色，老后淡棕色至紫红色。
- 叶：三出复叶至二回三出复叶；小叶片 3~9，窄卵状披针形至卵状椭圆形；小叶柄短。
- 花：花单生于当年生枝顶，钟状，淡蓝紫色，花瓣长椭圆形至狭倒卵形，退化雄蕊成匙状条形，长约为萼片一半或更短，顶端圆形。

长瓣铁线莲

植物档案：

分布情况：分布于我国青海、甘肃、陕西、宁夏、山西、河北等地区。

科属：毛茛科铁线莲属。

花期：7~8 月。

生长环境：

生于荒山坡、草坡岩石缝中及林下。耐寒，耐旱，但不耐暑热强光，喜深厚肥沃、排水良好的碱性壤土及轻沙质壤土，不耐水渍。

形态特征：

- 叶：二回三出复叶，小叶片 9 枚，纸质，卵状披针形或菱状椭圆形，顶端渐尖，基部楔形或近于圆形。
- 花：花萼钟状，萼片 4 枚，蓝色或淡紫色，狭卵形或卵状披针形，顶端渐尖，两面有短柔毛，边缘有密毛，网状脉纹。
- 果：瘦果倒卵形，被疏柔毛，宿存花柱向下弯曲，被灰白色长柔毛。

苍术

植物档案：

分布情况：分布于我国华东、华中、西南、华南等地区。

科属：菊科苍术属。

花期：8~10 月。

生长环境：

喜凉爽气候，忌积水，宜生于排水良好、疏松、富含腐殖质的沙质壤土中。

形态特征：

- 茎：茎多纵棱，不分枝或上部稍分枝。
- 叶：叶互生，革质；叶片通常卵状披针形，中央裂片较大，卵形，边缘针刺状或重刺齿。
- 花：头状花序，总苞片 5~8 层；花冠筒状，白色或稍带红色，先端 5 裂，裂片条形；有两性花和单性花两种，两性花有羽状分裂的冠毛。

大丁草

植物档案：

分布情况：分布于全国各地。

科属：菊科大丁草属。

花期：4~5 月，8~11 月。

生长环境：

喜光，喜温暖气候；喜湿润环境，耐旱；喜肥沃、湿润的壤土，也耐贫瘠。

形态特征：

- 叶：春型株叶广卵形或椭圆状广卵形；秋型株叶片倒披针状长椭圆形，边缘有不规则圆齿，基部常狭窄下延成柄。
- 花：春型花的头状花序由舌状雌花与管状两性花组成；秋型花的头状花序全为管状花。

狗娃花

植物档案：

分布情况：分布于我国北部、西北部及东北部等地区。

科属：菊科狗娃花属。

花期：7~9 月。

生长环境：

生长于海拔 2400 米的荒地、路旁、林缘及草地。喜阴，耐寒、耐旱，稍耐水湿，耐土壤贫瘠。

形态特征：

- 茎：茎高 30~50，有时可达 150 厘米，单生，有时数个丛生，有分枝。
- 叶：基部及下部叶倒卵形，中部叶矩圆状披针形或条形，上部叶小，条形；全部叶质薄，两面被疏毛或无毛，边缘有疏毛，中脉及侧脉明显。
- 花：花舌状，浅红色或白色，条状矩圆形。
- 果：瘦果倒卵形，扁，有细边肋，被密毛。

狗舌草

植物档案：

分布情况：广泛分布于我国华北、西北、华东等地区。

科属：菊科狗舌草属。

花期：8~9 月。

盛开的黄色小花和雏菊的外型非常相像。

生长环境：

喜阳光，喜温暖气候，喜肥沃、湿润的土壤，也耐贫瘠。

形态特征：

- 茎：单一，直立。
- 叶：基生叶呈莲座丛状，有短柄，叶形似狗舌，两面均有白色绒毛；茎生叶无柄，上部叶片披针形或条状披针形，基部抱茎。
- 花：头状花序，舌状花 13~15，舌片黄色，长圆形，顶端钝，具 3 细齿,4 脉；管状花多数，花冠黄色，檐部漏斗状；裂片卵状披针形，急尖。

红轮狗舌草

植物档案：

分布情况：分布于我国西北至东北地区。

科属：菊科狗舌草属。

花期：7 月。

花瓣似狗舌而得名。

生长环境：

喜阳光、喜温暖，耐寒耐旱，喜湿润，喜疏松肥沃的土壤。

形态特征：

- 茎：茎单生，直立，高可达 60 厘米，不分枝，身披白色蛛丝状柔毛及绒毛。
- 叶：基生叶数个，椭圆状长圆形，在花期凋落；茎生叶倒披针状长圆形，厚纸质，两面有毛。
- 花：头状花序 2~9 个排列于茎的顶端，舌状花 13~15，舌片深橙色或红橙色，线形；管状花多数，黄色或紫黄色。

南美蟛蜞菊

植物档案：

分布情况：分布于我国福建、广东、广西、海南等地区。

科属：菊科蟛蜞菊属。

花期：全年。

花心为管状花。

生长环境：

喜阳光，耐高温，耐旱耐湿，耐瘠，冬季生长稍弱。

形态特征：

- 叶：对生，椭圆形，叶上有三裂，因而也叫三裂叶蟛蜞菊。
- 花：黄色的头状花序从叶腋中生出，舌状花及管状花均为黄色；花径 4~5 厘米。
- 果：瘦果没有冠毛。

白花鬼针草

植物档案：

分布情况：主要分布于我国华东、华中、华南、西南各地区。

科属：菊科鬼针草属。

花期：全年。

生长环境：

喜长于温暖湿润气候，喜疏松肥沃、富含腐殖质的沙质壤土及黏壤土。

形态特征：

- 叶：通常有3枚卵形小叶，先端小叶较大，叶缘有锯齿。
- 花：白色舌状花包围着许多黄色管状小花组成一个头状花序；花径3~4厘米。
- 果：硬刺一样，因此得名鬼针草。

小红菊

植物档案：

分布情况：分布在我国东北及内蒙古、山东、山西等地区。

科属：菊科菊属。

花期：7~10月。

生长环境：

生于草原、山坡林缘、灌丛及河滩与沟边。喜光照，喜肥沃、排水良好的沙壤土。

形态特征：

- 茎：茎直立或基部弯曲，自基部或中部分枝。
- 叶：上部茎叶椭圆形或长椭圆形；中部茎叶肾形、半圆形、近圆形或宽卵形；根生叶及下部茎叶与茎中部叶同形，但较小。
- 花：花舌状，白色、粉红色或紫色，顶端2~3齿裂。
- 果：瘦果顶端斜截，下部收窄，4~6条脉棱。

翠菊

植物档案：

分布情况：分布于我国吉林、辽宁、河北、山西、山东、云南等地区。

科属：菊科翠菊属。

花期：5~10月。

生长环境：

在肥沃沙壤土中生长较佳；喜阳光、喜湿润、不耐涝；耐热性、耐寒性均较差。

形态特征：

- 茎：茎直立，单生，有纵棱，被白色糙毛，分枝斜升或不分枝。
- 叶：下部茎叶花期脱落或生存；中部茎叶卵形、菱状卵形或匙形或近圆形；上部茎叶渐小，菱状披针形，长椭圆形或倒披针形。
- 花：花舌状，有红色、淡红色、蓝色、黄色或淡蓝紫色，两性花花冠黄色。
- 果：瘦果长椭圆状倒披针形。

祁州漏芦

植物档案：

分布情况：分布于我国东北、华北以及陕西、甘肃、山东等地区。

科属： 菊科漏芦属。

花期： 4~5 月。

生长环境：

生于山地草原、草甸草原、石质山坡。喜温暖，较耐寒，耐贫瘠，喜光，喜肥沃、排水良好的沙壤土。

形态特征：

- 茎：单一茎直立，密生白色软毛。
- 叶：基生叶有长柄，长椭圆形，羽状深裂，边缘有齿；茎生叶较小。
- 花：头状花序单生于茎顶，有很多层总苞片；筒状花红紫色，先端有 5 裂，裂片呈线形；花径 4~6 厘米。
- 果：瘦果倒圆锥形，有 4 棱；冠毛粗羽毛状。

款冬

植物档案：

分布情况：分布于我国华北、西北及湖北、湖南、江西等地区。

科属： 菊科款冬属。

花期： 2~4 月。

药用功效：

又称为冬花，止咳要药，能润肺下气、化痰止咳。

形态特征：

- 叶：基生，呈心形或卵形，前端具钝角；叶基部和近基部叶片生有茸毛；叶脉掌状。比花生出得晚。
- 花：早春花葶先于基生叶抽出，长 5~10 厘米，有茸毛，其上有 10 余片鳞片状苞叶，互生；头状花序顶生；管状花在周围一轮，鲜黄色；花径 2~2.5 厘米。

牛蒡

植物档案：

分布情况：分布于我国东北、西北、华中、西南等地区。

科属： 菊科牛蒡属。

花期： 6~8 月。

生长环境：

喜温暖气候，既耐热又较耐寒。地上部分耐寒力弱，冬季地上枯死以直根越冬，翌春萌芽生长。

形态特征：

- 茎：直立，带紫色，上部的分枝多。
- 叶：基生叶丛生，比较大，有长柄；茎生叶广卵形或心形，基部呈心形，下面密被白色短柔毛。
- 花：头状花序多数，排成伞房状；总苞球形，总苞片前端有短钩；花紫红色，全为管状；花径 2~3 厘米。

毛连菜

科属：菊科毛连菜属。 **花期**：6~9月。

生长于海拔560~3400米的山坡草地、林下、沟边、田间、抬荒地或沙滩地。

黄色花呈舌状。

- 外观：二年生草本，高16~120厘米。
- 茎：茎直立，上部伞房状或伞房圆状分枝。
- 叶：下部茎叶长椭圆形或宽披针形，中部和上部茎叶披针形或线形。
- 花：花小，黄色，冠筒被白色短柔毛。
- 果：瘦果纺锤形，棕褐色，有纵肋，肋上有横皱纹。
- 分布：分布于我国山西、甘肃、青海、山东、湖南、云南等地区。

蒲儿根

科属：雨久花科梭鱼草属。 **花期**：全年。

生于林下湿地，山坡路旁，水沟边。分布广泛，是常见的野草。

花金黄色，整朵花近圆。

- 外观：二年生或多年生茎叶草本，株高40~80厘米。
- 叶：下部茎上的叶有柄，叶片卵状圆形，长3~5厘米，背面有白色蛛丝状毛；上部茎叶渐小。
- 花：多个头状花序排列成顶生复伞房状花序；舌状花黄色，顶端钝，有4条脉；管状花多数，花冠黄色，有浅裂；花径2.5~3.5厘米。
- 分布：广泛分布于我国长江流域。

辐射对称花·菊花形

额河千里光

科属：雨久花科梭鱼草属。　**花期**：7~8 月。

生于草坡、山地草甸、林缘，田边、沟畔及灌丛中。

- 外观：多年生草本，株高 50~150 厘米。
- 茎：地下茎歪斜而膨大，生多数红棕色细根；地上茎直立，上部有分枝。
- 叶：茎下部叶在花期枯萎；中部叶密集，无柄，叶片轮廓椭圆形，具羽状裂片 5~7 对。
- 花：头状花序多数，呈伞房状排列；总苞钟状，总苞片 1 层，约 13 个；舌状花黄色；花径 1.5~2 厘米。
- 果：瘦果圆柱形，冠毛污白色。
- 分布：广布于我国东北部、北部、西部、中部至东部地区。

千里光

科属：雨久花科梭鱼草属。　**花期**：10 月 ~ 翌年 3 月。

又名九里明、九里光、千里及、眼明划等。生于山坡、疏林下、林边、路旁、沟边草丛中。

- 外观：多年生攀援草本。
- 叶：长三角形的叶子很容易辨认，叶缘有不规则的浅锯齿。
- 花：数朵黄色的小花在枝头排列成聚伞花序；小花中间的管状花与周边的舌状花均为黄色，通常舌状花 8。
- 果：像蒲公英一样具有白色的冠毛。
- 分布：广泛分布于我国南方地区。

狭包橐吾

植物档案：

分布情况：分布于我国华北、东北及四川、贵州、湖北等地区。

科属：菊科橐吾属。

花期：7~10 月。

生长环境：

生于海拔 120~3400 米的水边、山坡、林缘、林下及高山草原。

形态特征：

- 茎：茎直立，上部被白色蛛丝状柔毛，下部光滑。
- 叶：叶片肾形或心形，先端钝或有尖头，边缘具整齐的有小尖头的三角状齿或小齿，叶脉掌状。
- 花：花黄色，舌片长圆形，先端钝；管状花 7~12，伸出总苞，基部稍粗，冠毛紫褐色，有时白色。
- 果：瘦果圆柱形。

掌叶橐吾

植物档案：

分布情况：分布于我国西北、西南等地区。

科属：菊科橐吾属。

花期：7~8 月。

生长环境：

喜光，耐寒、耐旱性强，喜肥沃疏松的土壤。

形态特征：

- 茎：茎直立，常带暗紫色。
- 叶：基生叶掌状深裂，裂片通常有 7 个，叶柄长 20~30 厘米；茎生叶数量少，叶柄较短，有鞘状抱茎。
- 花：头状花序多数，在茎顶排成总状花序；舌状花和管状花黄色；花径 2~3 厘米。
- 果：瘦果圆柱形，冠毛紫褐色。

箭叶橐吾

植物档案：

分布情况：分布于我国西北、西南、华北等地区。

科属：花期菊科橐吾属。

花期：7~8 月。

生长环境：

喜光，有一定的耐阴性；喜湿润环境，较耐旱；宜湿润透气的黏壤土。

形态特征：

- 茎：茎直立，基部被枯叶柄纤维包围着。
- 叶：叶片在基部丛生，叶片多箭形、戟形，上面光滑，下面有白色蛛丝状毛，叶柄鞘状抱茎。
- 花：总状花序长可达 40 厘米，头状花序多数，舌状花黄色，管状花多数。
- 果：瘦果长圆形。

旋覆花

植物档案：

分布情况：分布于我国东北、华北、西北等地区。

科属：菊科旋覆花属。

花期：7~10 月。

生长环境：

喜温暖气候，耐热耐寒，不耐旱；喜土层深厚、疏松肥沃、富含腐殖质的沙质壤土。

形态特征：

- 叶：基生叶及下部叶较小；中部叶多披针形，长 5~10 厘米，无柄或半抱茎，全缘。
- 花：多个头状花序排成伞房花序，总苞半球形，绿黄色；舌状花 1 层，黄色；管状花多数，密集；花径 2.5~3 厘米。

野茼蒿

植物档案：

分布情况：分布于我国西南及福建、湖南、湖北、海南等地区。

科属：菊科野茼蒿属。

花期：7~12 月。

生长环境：

喜温暖，喜光，耐阴；喜湿润，略耐旱；喜肥沃湿润土壤。

形态特征：

- 叶：互生，椭圆形，边缘有不规则的锯齿。
- 花：数个头状花序生于茎顶，稍微向下垂，每个头状花序由许多橙红色的管状花组成。
- 果：有白色的冠毛。

翅果菊

植物档案：

分布情况：分布于我国河北、陕西、山东、四川、云南等地区。

科属：菊科翅果菊属。

花期：4 月~11 月。

生长环境：

生长于山谷、山坡林缘及林下、灌丛中或水沟边、山坡草地或田间。适应性强，对土壤要求不高。喜温暖湿润气候。

形态特征：

- 茎：茎直立，单生，上部圆锥状或总状圆锥状分枝，全部茎枝无毛。
- 叶：线状长椭圆形、长椭圆形或倒披针状长椭圆形，顶端长渐急尖或渐尖，基部楔形渐狭，无柄，两面无毛。
- 花：头状花序果期卵球形，多数沿茎枝顶端排成圆锥花序或总状圆锥花序；花小，舌状，黄色。
- 果：瘦果椭圆形，黑色。

三褶脉紫菀

科属：菊科紫菀属。 **花期**：8~9 月。

生于海拔 400~2700 米处山坡草丛、沼泽地或沟边。

功效：

全草入药，可清热解毒、止咳祛痰、止血、利尿。

应用布置：

有一定的园艺价值，丛植时有很高的观赏性，可以用于点缀草地。

- 外观：多年生草本。
- 茎：茎直立，不分枝，被柔毛或粗毛。
- 叶：下部叶宽卵形，基部急狭成长柄，在花期枯落；中部叶椭圆形或长圆状披针形，先端渐尖，基部楔形，边缘有 3~7 对浅或深锯齿；上部叶渐小，有浅齿或全缘。
- 花：头状花序排列成伞房状或圆锥伞房状；总苞倒锥状或半球形，总苞片 3 层，线状长圆形，上部深色或紫褐色，下部干膜质；花舌状，舌片紫色、浅红色或白色；筒状花黄色。
- 分布：广泛分布于全国各地。

花期时会落叶。

紫菀

科属：雨久花科梭鱼草属。 **花期**：8~9 月。

别名青菀、紫倩、小辫等；生于海拔 400~2000 米的低山阴坡湿地、山顶和低山草地及沼泽地。

功效：
以根入药，润肺下气、祛痰止咳，用于气逆咳嗽、肺虚久咳、痰中带血等病症。

食用价值：
幼嫩苗及嫩茎叶可食。晒干的紫菀花可以泡水当茶饮。

应用布置：
丛植能形成不错的景观效果。

- 外观：多年生草本，株高 50~120 厘米。
- 茎：地上茎直立，通常不分枝，有纵棱沟及稀疏的毛，基部有纤维状枯叶残基和不定根。
- 叶：基生叶丛生；茎生叶互生，两面都有短小粗糙的毛，叶脉背面突起。
- 花：头状花序呈伞房状排列；总苞半球形，总苞片 3~4 层，覆瓦状排列；花序边缘为舌状花，紫色，管状花黄色。
- 果：瘦果扁平，冠毛白色。
- 分布：分布于我国东北、华北及陕西等地区。

边缘舌状花紫色。

菊苣

植物档案：

分布情况：分布于我国中部、东北等地区。

科属：菊科菊苣属。

花期：5~10 月。

舌状花尖
端有缺口。

生长环境：

耐寒，耐旱，喜生于阳光充足的滨海荒地、河边、水沟边或山坡等。

形态特征：

- 茎：茎直立，有棱，中空。
- 叶：基生叶有齿，先端裂片较大；茎生叶渐小，数量少，通常披针状卵形，全缘。
- 花：头状花序；总苞圆柱状，外层总苞片长短形状不一，有睫毛；花全部舌状，花冠蓝色。
- 果：瘦果先端截形，冠毛短，鳞片状。

甘野菊

植物档案：

分布情况：广泛分布于我国北部地区。

科属：菊科菊属。

花期：8~9 月。

花舌状，
先端 3 裂。

生长环境：

生于山坡、林缘及路旁。喜光，耐寒，适宜疏松土壤。

形态特征：

- 叶：茎下部叶花期枯萎；茎中部叶片质较薄，羽状深裂，基部微心形或偏楔形，无羽轴，长圆形，先端钝；茎上部叶向上渐小。
- 花：头状花序半球形，于枝端密集成复伞房花序；花舌状，黄色。
- 果：瘦果倒卵形或长圆状倒卵形，先端截形或斜截形，无冠毛。

高山蓍草

植物档案：

分布情况：分布于我国东北、内蒙古、河北、山西、宁夏等地区。

科属：菊科蓍属。

花期：7~9 月。

花瓣宽椭
圆形。

生长环境：

常见于山坡草地、灌丛间、林缘。

形态特征：

- 茎：茎直立，被疏或密的伏柔毛，中部以上叶腋常有不育枝，仅在花序或上半部有分枝。
- 叶：叶无柄，条状披针形，篦齿状羽状浅裂至深裂，基部裂片抱茎；下部叶花期凋落，上部叶渐小。
- 花：头状花序多数，集成伞房状；总苞宽矩圆形或近球形；边缘舌状花 6~8，舌片白色。
- 果：瘦果宽倒披针形，扁，有淡色边肋。

抱茎苦荬菜

植物档案：

分布情况：广泛分布于我国东北、华北、华东和华南等地区。

科属：菊科苦荬菜属。

花期：4~5 月。

生长环境：

生长在海拔 100~2700 米的山坡或平原路旁、林下、河滩地、岩石上或庭院中。喜欢温暖湿润气候，具有较强的抗寒性和耐旱性。

形态特征：

- 茎：茎高 30~60 厘米，上部多分枝，具白色乳汁。
- 叶：基生叶大，茎生叶较小，叶片基部常为耳形，成戟状抱茎裂。
- 花：头状花序组成伞房状圆锥花序；只有舌状花，黄色，花瓣边缘平截，有 5 齿。
- 果：果实长约 2 毫米，黑色；冠毛白色，1 层。

蒲公英

植物档案：

分布情况：广布于我国大部分地区。

科属：菊科蒲公英属。

花期：3~6 月。

生长环境：

广泛生于中、低海拔地区的山坡草地、路边、田野、河滩。

形态特征：

- 叶：叶基生，排成莲座状；叶形为狭倒披针形，大头羽裂，裂片三角形，基部渐狭成柄；叶含白色乳汁。
- 花：花茎结果时伸长；头状花序单一顶生；舌状花鲜黄色，先端比较平直，有 5 裂齿；花径 2.5~3 厘米。
- 果：种子上有白色冠毛，结成绒球。

五爪金龙

植物档案：

分布情况：广泛分布于我国华南地区。

科属：旋花科番薯属。

花期：6~8 月。

花冠漏斗状，似牵牛花。

生长环境：

充足的光照、肥沃的土壤、适宜的水分、可以缠绕攀爬的伴生植物等是其生长良好的必要条件。

形态特征：

- 根：有肥厚的块根。
- 叶：像鸟爪一样，深裂成 5 裂，中裂片较大，基部 1 对裂片通常再 2 裂。
- 花：聚伞花序腋生，具花 1~3；花朵漏斗状，跟牵牛花颇为相似，紫红色、紫色或淡红色，比牵牛花大。

田旋花

植物档案：

分布情况：分布于我国东北、华北、西北、西南等地区。

科属：旋花科旋花属。

花期：6~8 月。

筒状花，花筒较浅。

生长环境：

喜光，耐贫瘠，对土壤要求不高，喜肥沃、透气良好的土壤，对水分要求不高，喜温暖湿润环境。

形态特征：

- 茎：有纵纹及棱角，无毛或上部被稀疏的柔毛。
- 叶：单叶互生，叶片形状变化较大，先端微圆，有小尖头，全缘。
- 花：花序腋生，花 1~3，花梗细长；苞叶 2，条形，远离花萼；花冠宽漏斗形；花径 2~3 厘米。花有香味。
- 果：蒴果球形或圆锥形。

打碗花

植物档案：

分布情况：我国各地均有。

科属：旋花科打碗花属。

花期：7~9 月。

植株通常矮小，花腋生，1 朵。

生长环境：

喜冷凉湿润的环境，耐热、耐寒、耐瘠薄，适应性强，对土壤要求不严，喜排水良好、肥沃疏松的沙质壤土。

形态特征：

- 茎：细，平卧，有细棱。
- 叶：基部叶片长圆形，顶端圆，基部戟形，上部叶片 3 裂，中裂片长圆形或长圆状披针形，侧裂片近三角形，叶片基部心形或戟形。
- 花：花腋生，花梗长于叶柄，苞片宽卵形；萼片长圆形，顶端钝，具小短尖头，内萼片稍短；花冠淡紫色或淡红色，钟状，冠檐近截形或微裂。
- 果：蒴果球形。

圆叶牵牛

植物档案：

分布情况：我国大部分地区有分布。

科属：旋花科牵牛属。

花期：5~10 月。

萼片近等长，花冠漏斗状，雄蕊与花柱内藏。

生长环境：

生于平地至海拔 2800 米的田边、路边、宅旁或山谷林内，栽培或沦为野生。

形态特征：

- 叶：叶片圆心形或宽卵状心形，基部圆，心形，顶端锐尖、骤尖或渐尖，两面疏或密被刚伏毛。
- 花：花腋生，着生于花序梗顶端成伞形聚伞花序，花序梗比叶柄短或近等长；苞片线形，萼片渐尖；花冠漏斗状，紫红色、红色或白色；花冠管通常白色；花丝基部被柔毛；子房无毛，柱头头状；花盘环状。
- 果：蒴果近球形。

裂叶牵牛

植物档案：

分布情况：除西北和东北的一些省份外，我国大部分地区都有分布。

科属：旋花科牵牛属。

花期：6~9 月。

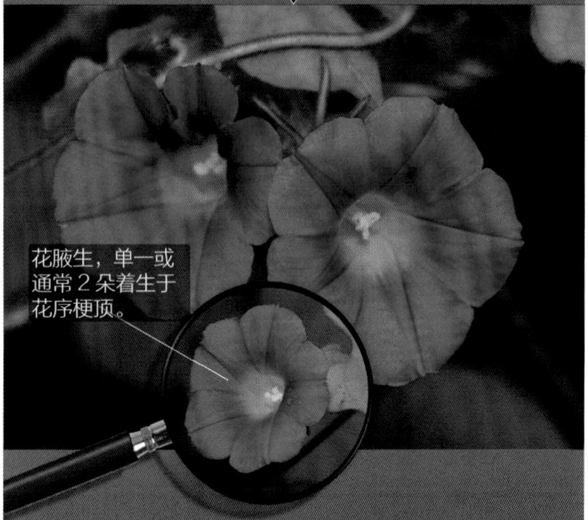

花腋生，单一或通常 2 朵着生于花序梗顶。

生长环境：

适应性较强，对气候、土壤要求不高，喜温和的气候和中等肥沃的砂质壤土。

形态特征：

- 茎：左旋，长 2 米以上，被倒向的短柔毛及杂有倒向或开展的长硬毛。
- 叶：叶互生，心形，3 裂至中部，中间裂片卵圆形，两侧裂片斜卵形，全缘。
- 花：花 2~3 朵腋生，花冠漏斗状，先端 5 浅裂，紫色或淡红色。
- 果：果实球形。

西南风铃草

科属：桔梗科风铃草属。　**花期**：5~9 月。

生于海拔 1000~4000 米的山坡草地和疏林下。

植物文化：

大自然在植物界为人类创造了众多如风铃般的花卉，其中在形神方面最贴切的是桔梗科风铃草属的植物。这个家族大多数的花朵都犹如风铃，并由此得名。

- 茎：单生，高可达 60 厘米，被开展硬毛。
- 叶：茎下部的叶有带翅的柄，上部的无柄，上面被贴伏刚毛，下面仅叶脉有硬毛。
- 花：花下垂，顶生于主茎及分枝上；花萼筒被粗刚毛；花冠紫色、蓝紫色或蓝色，管状钟形，长 8~15 毫米，分裂达 1/3~1/2。
- 果：蒴果倒圆锥状；种子矩圆状，稍扁。
- 分布：分布于我国西藏、四川、云南、贵州等地区。

花钟形，边缘 5 裂。

紫斑风铃草

科属：桔梗科风铃草属。 **花期**：6~9月。

生于山地林中、灌丛及草地中，在南方可至海拔2300米处。

功效：

以全草入药，有清热解毒、止痛之功效，可用于治疗咽喉炎、头痛等症。

- 茎：直立茎粗壮，通常在上部有分枝。
- 叶：基生叶心状卵形，有长柄；茎生叶三角状卵形至披针形，下部的有带翅的长柄，上部的无柄，叶缘有钝齿。
- 花：花顶生倒钟型，白色花冠有紫斑；花萼裂片长三角形，边缘有芒状长刺毛。
- 分布：广泛分布于我国北部、西部地区。

花冠白色，有紫斑。

党参

植物档案：

分布情况：分布于我国东北、华北及西北、西南等地区。

科属：桔梗科党参属。

花期：7~9 月。

花冠黄绿色，
似小钟。

生长环境：

喜温和凉爽气候，耐寒，根部能在土壤中露地越冬。幼苗喜潮湿、荫蔽、怕强光。大苗成株，喜阳光充足。

形态特征：

- 茎：茎秆内有白色乳汁，会散发一种奇怪的浓臭味。
- 叶：卵形，长 1~6.5 厘米，宽 0.5~5 厘米，两面被疏或密的伏毛。
- 花：单生于枝端；花冠阔钟状，黄绿色，内面有紫斑，先端 5 浅裂；花径约 2 厘米。
- 果：蒴果下部半球状，上部短圆锥状。

多岐沙参

植物档案：

分布情况：主要分布于我国华北地区。

科属：桔梗科沙参属。

花期：8~9 月。

花似紫色
铃铛。

生长环境：

耐贫瘠，喜富含腐殖质、排水良好的沙质壤土。耐阴性强，耐寒，喜凉，耐干旱。

形态特征：

- 根茎：根有时粗大，直径可达 7 厘米。茎通常单支，常被倒生短硬毛或糙毛，高可达 1 米左右。
- 叶：基生叶心形；茎生叶具柄，叶片通常卵形或卵状披针形。
- 花：大型圆锥花序，花序分枝长而多；花冠宽钟状，蓝紫色或淡紫色；花柱伸出花冠。

沙参

植物档案：

分布情况：分布于我国山西、陕西、甘肃、青海、四川等地区。

科属：桔梗科沙参属。

花期：7~9 月。

花瓣浅裂，
小花宽钟形。

生长环境：

多生于低山草丛中和岩石缝内。喜温暖或凉爽气候，耐寒。

形态特征：

- 根茎：根粗壮，肉质，圆柱形。茎直立，单一，不分枝，无毛。
- 叶：茎生叶互生，叶片多卵状椭圆形，边缘有粗锯齿，两面均有毛，无叶柄。
- 花：圆锥花序顶生；花梗短；花冠钟形，蓝紫色，无毛，5 浅裂，裂片卵状三角形尖。
- 果：蒴果椭圆形。

鸡矢藤

植物档案：

分布情况：广泛分布于我国黄河以南的大部分地区。

科属：茜草科鸡矢藤属。

花期：5~7 月。

生长环境：

喜温暖湿润的气候环境。土壤以肥沃、深厚、湿润的沙质壤土为好。多用种子和扦插繁殖。

形态特征：

- 叶：对生，狭卵形，有时也为宽卵形。叶子揉碎后会发出鸡屎的臭味。
- 花：数朵小花排列成聚伞花序，白色的花朵看上去像个长筒形的杯子；花冠顶部五裂，内部有细小的红褐色茸毛。
- 果：果实圆球型，成熟后黄褐色。

黄花角蒿

植物档案：

分布情况：分布于我国西北地区和四川西北部等地区。

科属：紫葳科角蒿属。

花期：6~7 月。

生长环境：

喜光，需水量少，耐旱性强，耐寒，喜温和凉爽环境，怕涝，抗病力强，对土壤要求不高。

形态特征：

- 叶：互生，卵状披针或三角形卵状，羽状全裂，小裂片狭披针形或线形，近无毛，叶片变化较大。
- 花：总状花序，具花 2~7；花萼钟状，花淡黄色，钟状漏斗形；花冠裂片圆形，长约 4 厘米，直径约 2.5 厘米。
- 果：蒴果淡绿色，细圆柱形。
- 种子：呈扁圆形，四周具透明的翅。

角蒿

植物档案：

分布情况：分布于我国东北、华北、西北等地区。

科属：紫葳科角蒿属。

花期：6~9 月。

生长环境：

喜湿润、耐寒、怕涝，抗病力强。

形态特征：

- 叶：叶互生，叶片二至三回羽状细裂，小叶不规则细裂。
- 花：总状花序顶生，疏散；花萼钟状，绿色带紫红色；花冠紫红色或粉红色，钟状漏斗形。

花小不易识别

猫眼草

科属：大戟科大戟属。 **花期**：4~6月。

别名泽漆、乳浆大戟、细叶猫眼草、烂疤眼、乳浆草，生于路旁、杂草丛、山坡、林下、河沟边、荒山、沙丘及草地。

功效：

具有镇咳、祛痰、散结、逐水、拔毒、杀虫之功效，主治痰饮咳喘、水肿、瘰疬、疥癣。

- 外观：多年生草本。
- 叶：叶互生，无柄，叶片狭长形，易脱落，往往皱缩，长2.5~5厘米，宽2~3毫米。茎上部的分枝处有的叶轮生。
- 花：花序顶生或生于上部叶腋，多歧聚伞花序，基部的叶状苞片呈半月形至三角状肾形。
- 果：蒴果三棱状球形，长与直径均5~6毫米，具3个纵沟。
- 分布：主要分布于我国北方部分地区。

叶线形至卵形。

花小不易识别

毛金腰

科属：虎耳草科金腰属。 **花期**：4~6 月。

生长于林下阴湿地。

观赏：
虽有一定的观赏价值，但在野外辨识度不高。

- 外观：多年生草本，株高 14~17 厘米。
- 茎：不育枝由花茎下部叶腋或基生叶腋生出，先端莲座状叶。
- 叶：莲座状叶近圆形，边缘有圆齿，基部广楔形。基生叶花期枯萎；茎生叶对生，1~3 对，近圆形或扇形，边缘有圆齿。
- 花：花茎疏生褐色柔毛；聚伞花序生于花茎分枝顶端，花盘淡黄绿色；苞叶近扇形。
- 分布：分布于我国东北、华北部分地区。

聚伞花序下的苞片近扇形。

蓝刺头

科属：菊科蓝刺头属。 **花期**：8~9 月。

是一种良好的夏花型宿根花卉，也是一种优良的蜜源植物，具有一定的药用价值。

复头状花序花径约 4 厘米。

- 外观：多年生草本，株高约 1 米，粗壮草本；茎和叶背披有白色绵毛。
- 叶：互生，常二回羽状齿裂或深裂，每个齿和裂片的顶端都有硬刺。
- 花：头状花序含有小花 1 朵，许多头状花序密生在一起聚合成一稠密、圆球状的复头状花序；每朵小花蓝紫色，花冠筒形，裂片 5 枚；复头状花序直径约 4 厘米。
- 果：瘦果长形，四棱形或圆柱形，常被长柔毛，顶端有短鳞片多枚。
- 分布：主要分布于我国新疆天山地区。

鼠麴草

科属：菊科鼠麴草属。 **花期**：1~4 月。

温性中生牧草，生于湿润的丘陵和山坡草地、河湖滩地、溪沟岸边、路旁、田埂、林缘、疏林下、无积水的水田中。

花小密集成头状花序。

- 外观：一年生草本，株高 10~40 厘米，茎直立。全株密被白色的茸毛，因此看上去是绿色带点银灰色的。
- 叶：互生，像细的匙柄，稍微有点肉质。
- 花：头状花序密生于枝顶，金黄色；花径 0.2~0.3 厘米。
- 果：瘦果有黄白色的冠毛。
- 分布：分布于我国华东、华南、华中、华北、西北、西南等地区。

头状穗莎草

科属：莎草科莎草属。　**花期：**6~10 月。

为草本植物，多生于水边沙土上或路旁阴湿的草丛中。

- 外观：一年生草本，具须根。
- 茎：秆散生，粗壮，钝三稜形，平滑，基部稍膨大。
- 叶：叶短于秆，宽 4~8 毫米，边缘不粗糙；叶鞘长，红棕色；叶状苞片 3~4 枚，较花序长，边缘粗糙；复出长侧枝聚伞花序具 3~8 个辐射枝，辐射枝长短不等，最长可达 12 厘米。
- 花：穗状花序，无总花梗，近于圆形、椭圆形或长圆形，具极多数小穗；小穗多列，排列极密，线状披针形或线形，稍扁平，具花朵 8~16。

藜

科属：藜科藜属。　**花期：**5~10 月。

生于农田、菜园、村舍附近或有轻度盐碱的土地上。幼苗可作蔬菜用，茎叶可喂家畜。

- 外观：一年生草本植物。
- 茎：茎直立，粗壮，具条棱及绿色或紫红色棱，多分枝。
- 叶：叶片灰绿色，有时有红色晕；叶两面常有一层粉粒状结构；叶片菱状卵形至宽披针形，边缘具不整齐锯齿。
- 花：花两性，花簇于枝上部排列成穗状或圆锥状花序；花被有 5 个裂片，花药伸出花被。
- 分布：我国各地区均产。

铁苋菜

植物档案：

分布情况：我国各地区几乎都有分布，长江流域尤多。

科属：大戟科铁苋菜属。

花期：4~12 月。

生长环境：

生于海拔 20~1900 米平原或山坡、较湿润耕地和空旷草地，有时生在石灰岩山的疏林下。

形态特征：

- 茎：茎直立，小枝细长。
- 叶：叶膜质，长卵形、近菱状卵形或阔披针形，边缘具圆锯齿。
- 花：雌雄花在同一花序上，花序腋生；雌花苞片卵状心形，苞腋具雌花 1~3，无花梗；雄花生于雌花序上部，排列成穗状或头状，雄花苞片卵形，苞腋具雄花 5~7，簇生；雄花花蕾时近球形。
- 果：蒴果直径约 4 毫米，具 3 个分果。

独行菜

植物档案：

分布情况：多分布于我国西北地区。

科属：十字花科独行菜属。

花期：5~6 月。

生长环境：

生在海拔 400~2000 米山坡、山沟、路旁及村庄附近。

形态特征：

- 茎：茎直立，上部多分枝。
- 叶：叶互生；茎下部叶狭长椭圆形，长 3~5 厘米，边缘有裂；茎上部叶线形，较小；叶基部均有耳。
- 花：长总状花序，顶生；花小，花瓣 4，呈退化状。
- 果：短角果，卵状椭圆形，扁平，长约 2.5 毫米，顶端微凹，果柄细，密生头状毛；中央开裂，假隔膜膜质白色；种子倒卵状椭圆形，淡红棕色。

北柴胡

植物档案：

分布情况：分布于我国东北、华北、西北、华东和华中各地区。

科属：茜芹亚科柴胡属。

花期：9 月。

生长环境：

喜温暖湿润气候，耐寒、耐旱、怕涝，喜土层深厚、肥沃的沙质壤土。

形态特征：

- 茎：表面有细纵槽纹，实心。
- 叶：基生叶倒披针形或狭椭圆形，顶端渐尖，基部收缩成柄，叶表面鲜绿色，背面淡绿色，常有白霜。
- 花：复伞形花序，花序梗细，水平伸出，形成疏松的圆锥状；总苞片甚小，狭披针形，花瓣鲜黄色，上部向内折，中肋隆起，花柱基深黄色。
- 果：广椭圆形，棕色。

黑柴胡

植物档案：

分布情况：分布于我国河北、山西、陕西、河南、青海、甘肃地区。

科属：芹亚科柴胡属。

花期：7~8 月。

生长环境：

生于海拔 1400~3400 米的山坡草地、山谷、山顶阴处。

形态特征：

- 根：黑褐色，质松，多分枝。
- 茎：数茎直立或斜升，粗壮，有显著的纵槽纹，上部有时有少数短分枝。
- 叶：叶多，质较厚，基部叶丛生，狭长圆形或长圆状披针形或倒披针形。
- 花：小伞花序直径 1~2 厘米，花柄长 1.5~2.5 毫米；花瓣黄色，有时背面带淡紫红色；花柱基干燥时紫褐色。
- 果：果棕色，卵形。

火炭母

植物档案：

分布情况：分布于我国浙江、福建、云南、广东、四川等地区。

科属：蓼科蓼属。

花期：7~9 月。

生长环境：

喜温暖湿润气候，喜疏松、肥沃的腐叶土。

形态特征：

- 茎：直立，高 70~100 厘米，通常无毛，具纵棱，多分枝，斜上。
- 叶：叶互生，多卷缩、破碎，叶片展平后呈卵状长圆形，先端短尖，基部截形或稍圆，全缘，上表面暗绿色，下表面色较浅。
- 花：头状花序，通常数个排成圆锥状，顶生或腋生，花序梗被腺毛；苞片宽卵形，每苞内具花 1~3。
- 果：瘦果宽卵形，具 3 棱，黑色。

升麻

植物档案：

分布情况：分布于我国东北、华北、西南等地区。

科属：毛茛科升麻属。

花期：7~9 月。

生长环境：

喜阳耐阴，喜温暖气候；喜湿润环境，喜肥沃、透气、排水良好的土壤。

形态特征：

- 茎：直立，高 1~2 米，上部有分枝。
- 叶：叶片羽状全裂；下部茎生叶有长柄，叶片三角形或菱形；上部茎生叶较小。
- 花：复总状花序；萼片 5，花瓣状，倒卵状椭圆形；花径约 0.5 厘米。
- 果：蓇葖果长圆形，被贴伏的柔毛，顶端有短喙。

类叶升麻

植物档案：

分布情况：分布于我国西藏东部、云南、四川、湖北、青海等地。

科属：毛茛科类叶升麻属。

花期：5~6 月。

生长环境：

喜温暖湿润气候，耐寒，喜微酸性或中性的腐殖质土，忌土壤干旱，怕涝。

形态特征：

- 根：根状茎横走，质坚实，外皮黑褐色，生多数细长的根。
- 茎：高 30~80 厘米，圆柱形，微具纵棱，下部无毛，中部以上被白色短柔毛，不分枝。
- 叶：顶生小叶卵形至宽卵状菱形，侧生小叶卵形至斜卵形。
- 花：总状花序，苞片线状披针形，萼片倒卵形，花瓣匙形。
- 果：果序长 5~17 厘米，果实紫黑色。

白芷

植物档案：

分布情况：分布于我国东北、华北等地区。

科属：伞形科当归属。

花期：7~8 月。

生长环境：

喜温暖气候及阳光充足的环境，耐寒、耐旱；喜湿润环境，喜肥沃富含腐殖质的壤土。

形态特征：

- 茎：茎直立，粗壮，紫红色，具纵沟纹。
- 叶：基生叶一回羽状分裂，有长柄；茎上部叶二至三回羽状分裂；叶缘有粗锯齿；花序下方的叶简化成无叶的、显著膨大的囊状叶鞘。
- 花：复伞形花序顶生或侧生；花白色，很小；花瓣倒卵形，顶端内曲成凹头状。
- 果：果实长圆形至卵圆形，黄棕色。

短毛独活

植物档案：

分布情况：分布于我国东北、华北、西北等地区。

科属：伞形科独活属。

花期：7~9 月。

复伞形花序大型。

生长环境：

耐阴，忌阳光直射；喜湿润环境；喜富含腐殖质多的沙质土壤。

形态特征：

- 根茎：能入药，主根圆锥形，枝根多，淡黄棕色或褐棕色，有芳香气味。茎直立，上部分枝较多。
- 叶：茎下部叶有长柄与叶鞘，为单数羽状复叶，叶缘有不规则齿；茎上部叶无叶柄，有宽叶鞘。
- 花：复伞形花序，花色为白色，每片花瓣有 2 裂，像兔耳朵。

大麻

植物档案：

分布情况：分布于我国全国各地。

科属：桑科大麻属。

花期：6~8 月。

叶掌状全裂。

生长环境：

短日照作物，喜光；喜蓄水保肥能力强、疏松透气的土壤。

形态特征：

- 茎：茎表面有纵沟，灰绿色，密生柔毛。
- 叶：掌状复叶互生或下部对生；小叶 3~11，边缘有粗锯齿，上面有粗毛，下面密生灰白色毡毛；叶柄细长。
- 花：雄花序长达 25 厘米；花黄绿色，花被 5，膜质，外面被细伏贴毛，雄蕊 5；小花柄长 2~4 毫米；雌花绿色。
- 果：瘦果扁卵形，外围有黄褐色苞片。

雉隐天冬

植物档案：

分布情况：分布于我国大部分地区。

科属：百合科天门冬属。

花期：5~6 月。

浆果熟时红色，由于果梗极短，故果实似紧贴枝条而生。

生长环境：

喜温、耐阴、不耐热、不耐霜、不耐涝，生长适宜温度为 18~25℃，比较湿润的气候。

形态特征：

- 茎：直立，高可达 1 米，多分枝。叶状枝（初看像叶）3~7 枚簇生，狭条形略弯成镰刀状。
- 叶：叶鳞片状白色，极小。
- 花：花小，2~4 朵腋生，黄绿色，花梗极短；雄花被片长仅约 2 毫米，雄蕊 6；雌花与雄花近等大。
- 果：浆果圆球形，初绿色，熟时红色，直径仅约 6 毫米，由于果梗极短，故果实似紧贴枝条而生。

独根草

植物档案：

分布情况：分布于我国河北、山西等地区。

科属：虎耳草科独根草属。

花期：5~9 月。

多歧聚伞花序长 5~16 厘米。

生长环境：

喜生于高山岩石缝中、耐寒、耐旱、耐盐碱。对土壤要求不高，喜透气性良好的粗沙壤土。

形态特征：

- 茎：根状茎粗壮，具芽，芽鳞棕褐色。
- 叶：叶均基生，叶片心形至卵形，边缘具不规则齿牙，叶柄被腺毛。
- 花：花葶不分枝，密被腺毛；多歧聚伞花序；多花；无苞片；萼片不等大，卵形至狭卵形。

黄水枝

植物档案：

分布情况：分布于我国陕西、甘肃、安徽、浙江、江西等地。

科属：虎耳草科黄水枝属。

花期：6~7 月。

花小，白色，每节 2~4 朵。

生长环境：

喜阴凉潮湿，要求土壤肥沃、湿润，适生于茂密多湿的林下和阴凉潮湿的坎壁上。

形态特征：

- 茎：有纵沟，绿色，被白色柔毛。
- 叶：基生叶心脏形至卵圆形，3~5 裂，先端钝，具不整齐的钝锯齿，齿端有刺，基部心脏形，上面绿色；茎生叶互生，2~3 枚，叶较小而柄短。
- 花：总状花序顶生，直立；苞片小，钻形；花小，白色，每节 2~4 朵；萼 5 裂，三角形；花瓣小，线形。
- 果：蒴果有 2 角。

黄花列当

植物档案：

分布情况：分布于我国东北、华北及陕西、河南、山东和安徽等地。

科属：列当科列当属。

花期：4~6 月。

花冠黄色，筒中部稍弯曲，在花丝着生处稍上方缢缩。

生长环境：

生于固定或半固定沙丘、向阳坡、山坡草地，常寄生在蒿属植物根上。

形态特征：

- 茎：茎直立，常不分枝，圆柱形，基部常膨大，黄褐色。
- 叶：卵状披针形或披针形，干后黄褐色。
- 花：花序穗状，圆柱形，长 8~20 厘米，顶端锥状，具多数花，花冠黄色，筒中部稍弯曲，在花丝着生处稍上方缩，向上稍增大，上唇 2 浅裂，下唇 3 裂。
- 果：蒴果，成熟后 2 裂。

半夏

植物档案：

分布情况：我国大部分地区均有分布。

科属：天南星科半夏属。

花期：6~7 月。

生长环境：

喜湿润肥沃、保水保肥力较强、质地疏松、排灌良好、呈中性反应的沙质壤土。

形态特征：

- 茎：块茎近球形。
- 叶：叶出自块茎顶端；一年生的叶为单叶，卵状心形；2~3 年后，叶为 3 小叶的复叶。
- 花：肉穗花序顶生；佛焰苞绿色，长 6~7 厘米；花单性，无花被；雄花着生在花序上部，白色，雌花着生于雄花的下部，绿色。
- 果：浆果卵状椭圆形，绿色。

东北天南星

植物档案：

分布情况：分布于我国东北、华北、西北、华中等地区。

科属：天南星科天南星属。

花期：5 月。

生长环境：

耐寒、怕旱、怕直射强光，喜阴凉、耐潮湿。

形态特征：

- 叶：叶柄下部 1/3 具鞘，紫色；叶片鸟足状分裂，倒卵形或卵状披针形，基部楔形。
- 花：花序柄短于叶柄，长 9~15 厘米；佛焰苞长约 10 厘米，管部漏斗状，白绿色，顶端檐部绿色或紫色具白色条纹；肉穗花序单性。
- 果：浆果红色，直径 5~9 毫米。

一把伞南星

植物档案：

分布情况：分布于我国湖北、四川、陕西、河北、河南等地区。

科属：天南星科天南星属。

花期：5~7 月。

生长环境：

喜湿润、疏松、肥沃、富含腐殖质的沙质壤土。

形态特征：

- 茎：有直径可达 6 厘米的扁球形块茎。
- 叶：1 枚叶片，叶柄长 40~80 厘米，叶片放射状分裂；裂片披针形，多达 20 枚，长 8~24 厘米。
- 花：花序柄短于叶柄，具绿色的佛焰苞，有清晰的白色或淡紫色条纹；内部肉穗花序的附属器棒状、圆柱形。
- 果：果序圆柱形，成熟浆果红色。

二叶兜被兰

植物档案：

分布情况：我国大部分地区有分布。

科属：兰亚科兜被兰属。

花期：8~9 月。

花瓣和唇瓣先端急尖。

生长环境：

性喜阴，忌阳光直射，喜湿润，忌干燥，15~30℃最宜生长。

形态特征：

- 茎：直立或近直立，其上具 2 枚近对生的叶。
- 叶：近平展或直立伸展，叶片卵形、卵状披针形或椭圆形，叶上面有时具少数或多而密的紫红色斑点。
- 花：总状花序具几朵至 10 余朵花，常偏向一侧；花紫红色或粉红色；花瓣披针状线形，先端急尖，与萼片贴生；唇瓣向前伸展，上面和边缘具细乳突，基部楔形。

竹叶兰

植物档案：

分布情况：分布于我国长江以南各地。

科属：兰科竹叶兰属。

花期：7~11 月。

花似展翅的鸟。

生长环境：

生于草坡、溪谷旁、灌丛下或林中，海拔 400~2800 米。

形态特征：

- 茎：直立，通常可达 80 厘米以上。
- 叶 2 列，长条形，长得与禾草十分相似。
- 花：总状花序或圆锥花序顶生；花较大，花瓣通常白色，也有粉红色或粉紫色的，下部的唇瓣紫红色。

绶草

植物档案：

分布情况：广泛分布于全国各地区。

科属：兰科绶草属。

花期：4~6 月。

小花螺旋排列。

生长环境：

生于海拔 10~3400 米的山坡林下、灌丛下、草地或河滩沼泽草甸、时令性湿地中。

形态特征：

- 根：有肉质的根，似人参。
- 叶：4~5 片叶子簇生于茎基部，呈披针形或条形，和普通野草很相似。
- 花：花非常特殊，白色或淡红色的小花呈螺旋状排列在花序轴上；花很小，下方唇瓣呈囊状，边缘如同蕾丝一般；花径 0.3~0.4 厘米。

线柱兰

植物档案：

分布情况：广布于我国华南各省。

科属：兰科线柱兰属。

花期：2~3 月。

生长环境：

喜散射光，忌积水，喜富含腐殖质的沙质壤土。

形态特征：

- 茎：根状茎短，匍匐；有多枚叶。
- 叶：线形的叶片淡褐色，线形，不是很明显。
- 花：总状花序有数朵至 20 余朵小花；花瓣白色；唇瓣黄色呈肥厚的肉质状，中间有凹槽，像舌头；花径 0.6~0.8 厘米。
- 果：蒴果椭圆形，浅褐色，长约 0.6 厘米。

广布红门兰

植物档案：

分布情况：我国大部分地区有分布。

科属：兰科红门兰属。

花期：6~8 月。

生长环境：

生于海拔 500~4500 米的山坡林下、灌丛下、高山灌丛草地或高山草甸中。

形态特征：

- 茎：直立，圆柱状。
- 叶：叶片长圆状披针形、披针形或线状披针形至线形，上面无紫色斑点。
- 花：花序具 1~20 余朵花，多偏向一侧；花紫红色或粉红色；花瓣直立，斜狭卵形、宽卵形或狭卵状长圆形。

线叶十字兰

植物档案：

分布情况：我国大部分地区均有分布。

科属：兰科玉凤花属。

花期：7~9 月。

生长环境：

生长于海拔 200~1500 米的山坡林下或沟谷草丛中。

形态特征：

- 茎：块茎肉质，卵形或球形。
- 叶：具多枚疏生的叶，向上渐小成苞片状。
- 花：总状花序具 8~20 余朵花，花序轴无毛；花苞片披针形至卵状披针形；花白色或绿白色，无毛；花瓣直立。

凹舌兰

植物档案：

分布情况：我国大部分地区均有分布。

科属：兰亚科凹舌兰属。

花期：6~8 月。

生长环境：

性喜阴，忌阳光直射，喜湿润，忌干燥，15~30℃最宜生长。喜富含腐殖质的砂质壤土。

形态特征：

- 茎：块茎肉质，前部呈掌状分裂。
- 叶：叶常 3~4 枚，叶片狭倒卵状长圆形、椭圆形或椭圆状披针形，直立伸展。
- 花：总状花序具多数花，花绿黄色或绿棕色，直立伸展；萼片基部常稍合生，几等长；花瓣直立，线状披针形，较中萼片稍短，与中萼片靠合呈兜状；唇瓣下垂，肉质，倒披针形，前部 3 裂。
- 果：蒴果直立，椭圆形，无毛。

西伯利亚远志

植物档案：

分布情况：分布于我国云南中部和西北部。

科属：远志科远志属。

花期：4~7 月。

生长环境：

生长于海拔 1100~4300 米的砂质土、石砾和石灰岩山地灌丛，林缘或草地。

形态特征：

- 茎：茎丛生，通常直立，被短柔毛。
- 叶：叶互生，叶片纸质至亚革质，下部叶小卵形，先端钝；上部者大，披针形或椭圆状披针形，先端钝，具骨质短尖头；基部楔形，全缘，略反卷，绿色，两面被短柔毛。
- 花：总状花序腋外生或假顶生，通常高出茎顶，被短柔毛，具少数花；花具 3 枚小苞片，钻状披针形；花瓣 3，蓝紫色，侧瓣倒卵形。

香港狭叶远志

植物档案：

分布情况：分布于我国江西、福建、广东、四川等地。

科属：远志科远志属。

花期：5~6 月。

是香港远志的变种，区别在于叶狭披针形，小。

生长环境：

生长于海拔 350~1150 米的沟谷林下、林缘或山坡草地。

形态特征：

- 茎：茎枝细，疏被至密被卷曲短柔毛。
- 叶：单叶互生，叶片纸质或膜质，茎下部叶小，卵形，先端具短尖头；上部叶披针形，先端渐尖，基部圆形，全缘；叶面绿色，背面淡绿色至苍白色。
- 花：总状花序顶生，具疏松排列的 7~18 花；花梗基部具 3 枚苞片，苞片钻形，花后脱落；花瓣 3，白色或紫色。
- 果：蒴果近圆形。

远志

植物档案：

分布情况：分布于我国东北、华北、西北和华中以及四川等地。

科属：远志科远志属。

花期：5~7 月。

生长环境：

生于草原、山坡草地、灌丛中以及杂木林下，海拔 200~2300 米。

形态特征：

- 茎：直立或斜生，丛生，上部多分枝。
- 叶：单叶互生，叶柄短或近于无柄；叶片线形，全缘。
- 花：总状花序顶生，花小，稀疏；萼片 5，其中 2 枚呈花瓣状，绿白色；花瓣 3，淡紫色，其中 1 枚较大，呈龙骨瓣状，先端着生流苏状附属物。
- 果：蒴果扁平，卵圆形，边缘狭翅状。

两侧对称花·兰花形或其他形状

半边莲

科属：桔梗科半边莲属。　**花期**：5~10 月。

最旁边的两片花瓣与中间三片距离较远，像是两只高高展开的翅膀。

功效：
全草入药，具有清热解毒、利尿消肿的功效，可用于毒蛇咬伤、肝硬化腹水、阑尾炎等病症。

食用价值：
嫩茎叶可作野菜食用。

应用布置：
常与麦冬搭配做地被，或做成缀花草地。

- 外观：多年生草本，茎细弱，常匍匐在地面生长。
- 叶：互生，椭圆状条形，全缘或顶部有锯齿。
- 花：通常 1 朵，生于茎上部的叶腋；花冠粉红色或白色，5 片花瓣排列成半圆形，其中最两边的较长，中间三片较短；花径 1~1.5 厘米。
- 分布：分布于我国长江中下游以南地区。

5 片花瓣排列成半圆形。

板蓝

科属：爵床科板蓝属。 **花期：**11 月 ~ 翌年 1 月。

因根茎粗壮，断面呈蓝色而得名。是古代制染青原料之一。

功效：
根、叶能清热解毒、凉血消肿，可预防流感，治中暑、急性肠炎、扁桃体炎、咽喉炎等病症。

应用布置：
在园林造景中常作地被植物使用。

- 外观：多年生草本，直立，高可达 1 米。
- 叶：对生，较大，椭圆形，叶边缘有稍粗的锯齿，通常有 5~8 条叶脉。
- 花：穗状花序；花冠紫红色，圆筒形，先端裂成 5 瓣，花冠筒的喉部弯曲，与花序轴呈 90°；花径 2~3 厘米。
- 分布：分布于我国广东、广西、海南、云南、四川、贵州、福建、浙江等地区。

花冠在喉部弯曲。

相似品种巧辨别

糙苏

多年生直立草本；叶对生，近卵圆形；唇形花，4~8 朵组成轮伞花序，苞片线状钻形，比较坚硬，一般是紫红色的。

科属：唇形科糙苏属。

花期：7 月。

韩信草

多年生草本；叶呈卵圆形，密被柔毛，边缘有圆齿；蓝紫色的花都朝着同一方向开放。

科属：唇形科黄芩属。

花期：2~6 月。

藿香

多年生草本；叶向上渐小，边缘具粗齿，纸质；花顶生成密集的圆筒形穗状花序，花冠淡紫蓝色，边缘波状。

科属：唇形科藿香属。

花期：6~9 月。

筋骨草

多年生草本；叶对生，具短柄；花密集，成顶生穗状花序，花萼漏斗状钟形，花冠紫色，具蓝色条纹。

科属：唇形科筋骨草属。

花期：4~8 月。

凉粉草

一年生草本；叶边缘有明显的锯齿；花序梗直立，顶端排列着众多轮伞花序，每个轮伞花序由数朵白色的唇形花组成。

科属：唇形科凉粉草属。

花期：7~10 月。

血见愁

多年生草本；叶边缘有锯齿，叶脉明显；花序生于枝顶或上部叶腋处，小花白色，没有上唇，花蕊暴露在外，下唇紫红色。

科属：唇形科香科科属。

花期：6~9 月。

珠果黄堇

多年生野生草本花卉；株高 40~60 厘米；叶狭长圆形，二回羽状全裂；总状花序紧密具多花，近平展或稍俯垂。

科属：罂粟科紫堇属。

花期：5~7 月。

灰绿黄堇

多年生草本；株高 18~50 厘米；基生叶稍肉质；花瓣 4，排成 2 轮；总状花序顶生或腋生，疏生花 10 余朵，花冠黄色。

科属：罂粟科紫堇属。

花期：6~7 月。

夏至草

科属：唇形科夏至草属。 **花期：**3~4 月。

杂草，生于路旁、旷地上，可生长在海拔高达 2600 米以上的西北、西南各省区。

功效：

全草可入药，有小毒，有活血调经之功效。

▶ 外观：多年生草本，披散于地面或上升，具圆锥形的主根。

▶ 茎：茎高 15~35 厘米，四棱形，带紫红色，密被柔毛。

▶ 叶：叶轮廓通常为圆形，长宽 1.5~2 厘米，通常基部越冬叶比较宽大；叶柄长，基生叶长 2~3 厘米。

▶ 花：轮伞花序疏花，径约 1 厘米；花冠白色，稀粉红色；冠筒二唇形，上唇直伸，比下唇长。

▶ 果：小坚果长卵形，长约 1.5 毫米，褐色，有鳞粃。

▶ 分布：在我国各地均有分布。

白色小花二唇形。

益母草

科属：唇形科益母草属。 **花期：**6~9月。

多生于野荒地、路旁、田埂、山坡草地、河边，以向阳处为多。

药用：
有活血祛淤、调经、消水之功效，可用于治疗妇女月经不调、产后血晕、瘀血腹痛、崩中漏下，是历代医家用来治疗妇科病的要药。

- 外观：一年生或二年生草本，有密生须根的主根。
- 茎：茎直立，通常高30~120厘米。
- 叶：下部的叶子常分裂成掌状三裂，裂片上又分裂；上部的叶子则常为条形。
- 花：花生于叶腋，排列成轮伞花序，每个花序有十几朵花，花朵红色，二唇形。
- 分布：广泛分布于我国各地。

花小，轮生。

香薷

科属：唇形科香薷属。 **花期**：8~9月。

别名香茹、香草，花朵有宜人的香气。一般生于山野。

功效：
以全草入药，能发汗解表、和中化湿、利水消肿，用于外感风寒、暑湿、恶寒发热、头痛无汗等症。

食用价值：
可用作烹饪调料，也可泡水饮用。

应用布置：
可以做林下地被，也是做缀花草地的良好材料。

- 外观：一年生草本，高 20~35 厘米。
- 茎：茎直立，多自基部分枝，钝四棱形，具槽，沿槽被短柔毛。
- 叶：叶卵形、卵状椭圆形或卵状披针形，边缘具锯齿，两面有毛；叶柄腹凹背凸。
- 花：穗状花序生于分枝顶端，花偏向一侧；花萼钟形；花冠粉红色，二唇形，上唇直立，先端微凹，下唇 3 裂，中裂片半圆形；雄蕊 4，前对较长，伸出。
- 果：小坚果长圆形，光滑。
- 分布：除青海、新疆外，几乎全国各地均有分布。

叶边缘有细锯齿。

野芝麻

科属：唇形科野芝麻属。 **花期**：4~6 月。

别名山麦胡、野藿香、山芝麻、山苏子等，生于路边、溪旁、田埂及荒坡上。

功效：
可入药，
花用于治子宫及泌尿系统疾患，
全草用于治跌打损伤、小儿疳积。

食用价值：
嫩苗、嫩茎叶及种子可以食用。

应用布置：
可以做地被，
叶子有一定的观赏性，
成片种植有较好的景观效果。

- 外观：多年生植物，地下匍匐枝很长。
- 茎：茎高达 1 米，单生，直立，四棱形，中空，几无毛。
- 叶：茎下部的叶卵圆形或心脏形，茎上部叶长而狭，边缘有微内弯的牙齿状锯齿及小突尖，两面均被短硬毛；叶柄长达 7 厘米，茎上部的叶渐变短。
- 花：轮伞花序着生于茎端，较稀疏；花冠白色或浅黄色，长约 2 厘米，二唇形，上唇直立，下唇有 3 裂。
- 果：小坚果倒卵圆形，长约 3 毫米，像芝麻。
- 分布：分布于我国东北、华北、华东、华中、西南等地区。

上唇花瓣翘起。

铜锤玉带草

科属：桔梗科铜锤玉带属。　**花期**：3~10 月。

别名地钮子、地茄子、地浮萍，生于田边、路旁以及丘陵、低山草坡或疏林中的潮湿地。

功效：
全草入药，能祛风利湿、活血、化痰止咳。

食用价值：
嫩茎叶可炒食，成熟的果能制作果脯。

应用布置：
可以做林下地被，观花、观叶、观果实。

- 外观：匍匐草本，紧贴着地表生长，茎节处可生根。
- 叶：互生，叶圆形或心形，边缘有齿，两面均有柔毛。
- 花：长长的花梗从叶腋间抽出；花冠白里透粉，二唇形，上唇 2，下唇 3。
- 果：浆果长椭圆形，熟时紫红色。
- 分布：分布于我国华东、西南、华南以及湖北、湖南等地区。

下面 3 片花瓣大，花似裙子。

宽叶十万错

科属：爵床科十万错属。 **花期：**11 月～翌年 2 月。

中国特有的植物，目前尚未由人工引种栽培。有一定的观赏性。

功效：

全草入药，能续筋接骨、解毒止痛、凉血止血，为伤科要药。用于跌打骨折、痈肿疮毒、毒蛇咬伤、创伤出血等症。

应用布置：

可以栽种于墙角、路旁等做成矮篱，或者配合其他植物形成不同的景观层次。

- 外观：多年生草本。
- 叶：呈椭圆形或卵状心形，通常交互对生。
- 花：总状花序从枝顶生出，花序轴长，每次只有 1~2 朵花同时开放；白色的花朵，略呈二唇形，上唇 2 裂，下唇 3 裂，其中下唇的中裂片较大，上面有紫色斑纹；花径 1.5~2 厘米。
- 果：蒴果长筒形，形状似笔。
- 分布：分布于我国云南、广东、香港等地区，现已成为广泛生长在热带的杂草。

下唇花瓣有紫色斑纹。

翠雀

科属：毛茛科翠雀属。 **花期**：5~10 月。

别名飞燕草、鸽子花，生于山坡、草地或固定沙丘，有很高的观赏价值。

功效：

全草或根煎汤外用，有泻火止痛，杀虫的作用。含漱可治风热牙痛；外洗可治疗疥癣，不可内服。

应用布置：

广泛用于庭院绿化及盆栽观赏。

- 外观：多年生草本植物。
- 茎：高 35~65 厘米，被反曲而贴伏的短柔毛，上部有时变无毛，等距地生叶，分枝。
- 叶：叶片圆五角形，3 全裂，裂片细裂，小裂片条形。
- 花：总状花序有花 3~15，花左右对称；小苞片条形或钻形；萼片 5，花瓣状，紫蓝色。
- 果：蓇葖果 3 个聚生。
- 分布：分布于我国云南、山西、河北、宁夏、四川等地区。

下部苞片叶状，其他苞片线形。

含羞草决明

科属：豆科决明属。 **花期：**8~10月。

山坡地或空旷地的灌木丛或草丛中，是良好的覆盖植物和改土植物。

功效：

全草入药，具有清热解毒、健脾利湿、通便的功效。用于辅助治疗黄疸、暑热吐泻、水肿、小便不利、习惯性便秘、毒蛇咬伤等病症。

食用价值：

嫩叶可代茶冲泡饮用。

应用价值：

可作林下地被植物使用。

- 外观：一年生草本或亚灌木，株高30~60厘米，茎纤细。
- 叶：叶子线形，像镰刀一样弯曲，小叶20~50对，排列成偶数羽状复叶。
- 花：1~3朵黄色的花朵生于叶腋，花朵有花瓣5，雄蕊10,5长5短。
- 果：荚果像扁豆。
- 分布：分布于我国广东、广西、台湾、云南、海南、贵州、江西、福建等地区。

花瓣先端钝圆。

透骨草

植物档案：

分布情况：分布于我国大部分地区。

科属：透骨草科透骨草属。

花期：6~10 月。

生长环境：

喜温暖湿润气候，不择土壤，尤喜疏松肥沃的沙质壤土，喜光喜肥，怕积水。

形态特征：

- 叶：叶对生；叶片多卵状长圆形，草质，大小变化很大，中部、下部叶基部常下延，边缘有锯齿，两面有毛。
- 花：穗状花序；花疏离；花冠漏斗状筒形，长 6.5~7.5 毫米，蓝紫色、淡红色至白色；二唇形，上唇直立，下唇平伸，3 浅裂，中央裂片较大。
- 果：瘦果狭椭圆形，包于棒状宿存花萼内。

地黄

植物档案：

分布情况：分布于我国华北、东北、西北、华中等地区。

科属：玄参科地黄属。

花期：5~6 月。

生长环境：

喜光植物，喜温和气候及阳光充足之地，怕旱也怕积水，怕涝和怕病虫害。

形态特征：

- 茎：根茎肉质，鲜时黄色。
- 叶：全部贴地生长呈莲座状，叶片卵形至长椭圆形，边缘具不规则的齿。
- 花：花冠筒状，口部有 5 裂，二唇形；花冠外面红色，内面紫红色，两面均被长柔毛；花冠长 3~4.5 厘米。

毛麝香

植物档案：

分布情况：分布于我国江西南部、福建、广东、广西及云南等地区。

科属：玄参科毛麝香属。

花期：6~10 月。

生长环境：

生于山野草丛中或者海拔 300~2000 米的荒山坡、疏林下湿润处。

形态特征：

- 叶：叶对生，宽卵形，叶缘有钝齿，揉碎后有芬芳香气。
- 花：紫色的喇叭状小花生于叶腋，花冠二唇形，上唇卵圆形，下唇 3 裂；花径 2~2.5 厘米。
- 果：蒴果矩圆形，长约 8 毫米。

柳穿鱼

植物档案：

分布情况：分布于我国甘肃、陕西、新疆、河南等地区。

科属：玄参科柳穿鱼属。

花期：6~7 月。

生长环境：

不耐酷热，耐寒，喜阳光和冷凉气候，在排水良好而又适当润湿的沙质壤土中生长最为茂盛。

形态特征：

- 叶：对生，线状披针形，全缘；茎下部的叶轮生。
- 花：总状花序顶生；唇形花冠，花冠基部延伸为距，花冠黄色；花径 1~1.5 厘米。
- 果：蒴果卵圆形，长 0.6~0.8 厘米，先端 6 瓣裂；种子呈暗褐色，多粒。

山萝花

植物档案：

分布情况：分布于我国河北、山西、陕西、湖北、湖南等地区。

科属：玄参科山萝花属。

花期：6~9 月。

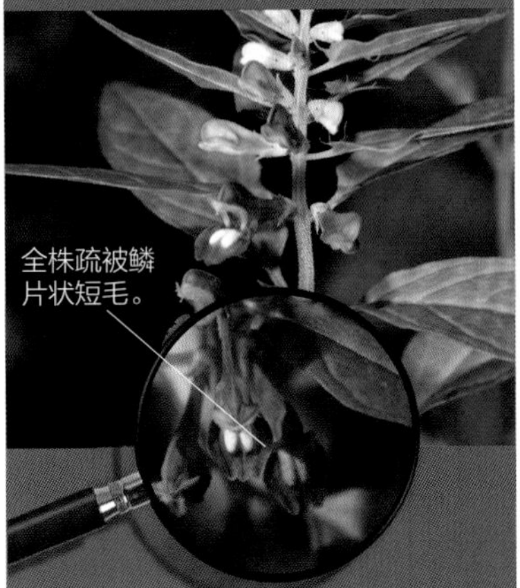

生长环境：

生于山坡、疏林、灌丛和高草丛中。

形态特征：

- 叶：叶对生，叶柄长约 5 毫米，叶片披针形至卵状披针形。
- 花：总状花序顶生，苞片绿色，仅基部具尖齿至整个边缘具刺毛状长齿，先端急尖至长渐尖；花萼钟状，常被糙毛，萼齿具短睫毛；花冠红色或紫红色，筒部长为檐部的 2 倍，上唇风帽状，边缘密生须毛，下唇 3 齿裂；药室长而尾尖。
- 果：蒴果卵状渐尖，直或先端稍向前偏，被鳞片状毛。

蒙古芯芭

植物档案：

分布情况：分布于我国西北、华中等地区。

科属：玄参科芯芭属。

花期：4~6 月。

药用功效：

入药有祛风除湿、清热利尿、凉血止血的功效，主治风湿热痹，血热妄行之吐血、衄血、咳血等。

形态特征：

- 叶：叶没有叶柄，大多数对生。
- 花：花不多，生于叶腋中，每茎 1~4；花冠黄色，二唇形，上唇略作盔状，裂片向前向外侧反卷；下唇 3 裂，开展；花径 1.5~3 厘米。
- 种子：种子长卵形，扁平。

齿瓣延胡索

科属：罂粟科紫堇属。 **花期：**4~5 月。

别名蓝雀花、蓝花菜、元胡。花色独特艳丽，生长于林缘和林间空地。

功效：
经过炮制，
可以辅助治疗心腹腰膝诸痛、
月经不调、产后血晕、
跌打损伤等病症。

应用布置：
适宜用作林下地被植物，
或花坛造景使用。

- 外观：多年生草本，株高 10~25 厘米。
- 茎：块茎球形。茎单一，很少有分枝。
- 叶：茎基部具有一片鳞片叶，茎生叶 2~3，叶片轮廓宽卵形，先端 2~3 深裂，稀有全缘。
- 花：总状花序，花蓝色、白色或紫蓝色。外花瓣宽展，上花瓣长 2~2.5 厘米；距长 1~1.4 厘米。
- 分布：分布于我国东北以及内蒙古、河北等地区。

花瓣线形，弯曲似小鸟。

地丁草

科属：堇菜科堇菜属。 **花期：**4~5 月。

喜温暖湿润气候，多生长在石坡地或河水泛滥地段，如山沟、溪流及平原、丘陵草地或疏林下。

功效：
全草入药，有清热解毒之效。

应用布置：
可作地被植物大面积栽培。

- 外观：二年或多年草本，株高 10~40 厘米。
- 茎：1~8 条，长 2~40 厘米，通常分枝。
- 叶：基生叶和茎下部叶长 3.5~10 厘米，有长柄，三至四回羽状全裂；小裂片狭卵形至披针状条形。
- 花：总状花序；花瓣淡紫色，内面花瓣顶端深紫色；花径约 0.8 厘米。
- 果：蒴果狭椭圆形，长约 1.6 厘米。
- 分布：分布于我国甘肃中部、陕西北部、山西、山东、河北和辽宁南部。

中间一瓣花尖端紫红色。

甘草

植物档案：

分布情况：分布于我国东北、华北、西北及山东等地区。

科属：豆科甘草属。

花期：6~7 月。

生长环境：

在土层深厚、土质疏松、排水良好的沙质壤土中生长较好。

形态特征：

- 根：粗壮，深深扎入沙地吸取水分。
- 叶：羽状复叶，小叶 3~8。
- 花：总状花序腋生；花密集，蝶形花紫色，稍带白色；花径 1~1.2 厘米。
- 果：荚果镰形或环形弯曲，密被刺毛或腺毛，在果序轴上排列紧凑。

苦参

植物档案：

分布情况：分布于我国南北各地区。

科属：豆科槐属。

花期：6~8 月。

生长环境：

对水分要求不高，对光线要求也不严格，但生长于湿润、肥沃深厚或自然肥力强的土壤中的植株高大粗壮。

形态特征：

- 茎：茎具纹棱，幼时疏被柔毛，后无毛。
- 叶：小叶互生或近对生，纸质，形状多变，椭圆形、卵形、披针形至披针状线形。
- 花：总状花序顶生；花多数，白色或淡黄白色；旗瓣倒卵状匙形，翼瓣单侧生，强烈皱褶几达瓣片的顶部，龙骨瓣与翼瓣相似。
- 果：荚果长 5~10 厘米，呈不明显串珠状。

苦豆子

植物档案：

分布情况：分布于我国内蒙古、宁夏、甘肃等荒漠、半荒漠地区。

科属：豆科槐属。

花期：5~6 月。

生长环境：

生于沙质壤土中，耐沙埋、抗风蚀，需水量不大，耐旱，耐贫瘠，具有良好的沙生特点。

形态特征：

- 根茎：根系发达，根幅长达 2~3 米。茎直立，上部多分枝。
- 叶：奇数羽状复叶互生。
- 花：总状花序顶生，蝶形花密生，呈黄色或黄白色；花径约 1 厘米。
- 果：荚果为念珠状，灰褐色或灰黑色，种子呈卵圆形。

糙叶黄芪

植物档案：

分布情况：分布于我国陕西、甘肃、河南、山东及华北等地区。

科属：豆科黄芪属。

花期：5~8 月。

花瓣倒卵状椭圆形。

生长环境：

生长在山坡、路旁或滩地上，耐旱，耐土壤瘠薄，为广幅旱生植物。适宜在沙质、沙砾质和砾石质性的栗钙土上生长。

形态特征：

- 叶：羽状复叶有 7~15 片小叶，叶柄与叶轴等长或稍长，托叶下部与叶柄贴生。
- 花：总状花序生花 3 ~5，排列紧密或稍稀疏，苞片披针形，花萼管状，被细伏贴毛，萼齿线状披针形，与萼筒等长或稍短；花冠淡黄色或白色。
- 果：荚果披针状长圆形，微弯，具短喙，背缝线凹人，革质，密被白色伏贴毛，假 2 室。

紫云英

植物档案：

分布情况：我国各地均有栽培，是优质饲草。

科属：豆科黄耆属。

花期：2~6 月。

花序多球形。

生长环境：

喜温暖湿润条件，有一定耐寒能力，对土壤要求不高，以沙质和黏质壤土较为适宜。

形态特征：

- 叶：奇数羽状复叶，具 7~13 片小叶；小叶倒卵形或椭圆形，长 10~15 毫米。
- 花：总状花序生 5~10 花，呈伞形；花冠紫红色或橙黄色，旗瓣倒卵形，长 10~11 毫米，翼瓣较旗瓣短，龙骨瓣与旗瓣近等长。
- 果：荚果线状长圆形，长 12~20 毫米，黑色，具隆起的网纹。

苦马豆

植物档案：

分布情况：分布于我国北方各地区。

科属：豆科苦马豆属。

花期：5~6 月。

荚果膨大成囊状。

生长环境：

需水量小，耐旱性强，对土壤要求不严，耐盐碱，耐寒，以养分丰富的沙壤土最合适。

形态特征：

- 茎：直立，分枝很多，全株被灰白色短伏毛。
- 叶：奇数羽状复叶，两面均被短柔毛，小叶 13~19，倒卵状长圆形或椭圆形。
- 花：总状花序腋生，花冠蝶形，红色；花径约 1.5 厘米。
- 果：荚果宽卵形或矩圆形，膜质，膨大成膀胱状。
- 种子：肾形，褐色。

牧马豆

科属：豆科野决明属。 **花期**：6~7月。

别名黄花苦豆子、野决明、苦豆。生于海拔3500~4700米的山坡草地、河边及沙砾地。

功效：
全草入药，可祛痰止咳、润肠通便，缓解咳嗽痰喘、大便干结。

▶外观：多年生草本，株高20~100米，全株被密生白色长柔毛。

▶茎：直立，稍有分枝。

▶叶：小叶常为3，互生；叶片长圆状倒卵形至倒披针形；先端急尖，基部楔形，背面密生紧贴的短柔毛，全缘。

▶花：总状花序顶生，苞片3个轮生，基部连合；花轮生，萼筒状，密生平伏短柔毛；花冠蝶形，黄色。

▶果：荚果扁，条形，浅棕色，先端有长喙，密生短柔毛。

▶分布：分布于我国东北、内蒙古、河北、山西、陕西、宁夏、甘肃等地区。

总状花序顶生，苞片3个基部连合。

达呼里黄芪

科属：豆科苜蓿属。　**花期**：6~7月。

别名达乌尔神紫云英、驴干粮。抗旱，抗寒性很强，是长白山区常见的优质牧草。

▶外观：多年生豆科植物，株高50~100厘米，分枝很多。

▶叶：奇数羽状复叶，小叶11~21片，长圆形。

▶花：花序短总状，紫红色，有花7~18朵。

▶果：荚果形如镰刀，竖立于果序之上，每一荚果顶端生有尖喙。

▶分布：分布于东北。

花苜蓿

科属：雨久花科梭鱼草属。　**花期**：6~9月。

别名尔克、扁豆子、苜蓿草、野苜蓿。苜蓿有许多有益的营养成分，是其他牧草所不能代替的奶牛的优质饲料。

▶外观：多年生草本，高20~100厘米。

▶茎：茎直立或上升，四棱形，基部分枝，丛生。

▶叶：羽状三出复叶；托叶披针形，锥尖，脉纹清晰；叶柄比小叶短，被柔毛；小叶形状变化很大，长圆状倒披针形、楔形、线形以至卵状长圆形。

▶花：花序伞形；花冠黄褐色，中央深红色至紫色条纹。

▶果：荚果长圆形或卵状长圆形，扁平。

▶分布：分布于我国东北、华北各地及甘肃、山东、四川。

黄香草木犀

科属：豆科草木犀属。 **花期：**5~9月。

生长在山坡、河岸、路旁、砂质草地及林缘。

花型较小，腋生。

- 外观：二年生草本，高40~100厘米，茎直立，粗壮，多分枝，具纵棱，微被柔毛。
- 叶：羽状三出复叶，托叶镰状线形，中央有1条脉纹，全缘或基部有1尖齿，叶柄细长。
- 花：总状花序腋生，具花；苞片刺毛状；萼钟形，萼齿三角状披针形，花冠黄色。
- 果：荚果卵形，先端具宿存花柱，表面具凹凸不平的横向细网纹，棕黑色。
- 分布：分布于我国东北、华南、西南各地区。

大花野豌豆

科属：豆科野豌豆属。 **花期：**5~7月。

生于田边、路旁、草地、沙地、山溪旁、湿地或荒地等处。

总状花序上一般有两朵花对生。

- 外观：一年生草本，高15~30厘米，茎有棱，多分枝，无毛或稍被细柔毛。
- 叶：偶数羽状复叶，具3~5对小叶，叶轴末端为单一或分歧的卷须；托叶半箭头形，有1至数个锯齿。
- 花：总状花序腋生，具花2~3；花红紫色；花梗比萼短，有毛；萼钟形，被细毛，萼齿三角形至披针形。
- 果：荚果长圆形，稍膨胀或扁。
- 分布：分布于我国华北、西北、华东、华中、西南地区。

米口袋

科属：豆科米口袋属。 **花期**：4 月。

一般生于海拔 1300 米以下的山坡、路旁、田边等。

- 外观：多年生草本，高 4~20 厘米，主根圆锥状，分茎极缩短，叶及总花梗于分茎上丛生。
- 叶：早生叶被长柔毛，后生叶毛稀疏，甚几至无毛；叶柄具沟；小叶 7~21 片，椭圆形、卵形、披针形；顶端小叶有时为倒卵形。
- 花：伞形花序有 2~6 朵花；总花梗具沟，被长柔毛，苞片三角状线形；花萼钟状；花冠紫堇色，倒卵形。
- 果：荚果圆筒状，被长柔毛。
- 分布：产于东北、华北、华东、陕西中南部、甘肃东部等地区。

猪屎豆

科属：豆科猪屎豆属。 **花期**：9~12 月。

栽培或野生于山坡、路旁。种子及幼嫩叶有毒，可通过皮肤吸收，从而损伤肝脏。

- 外观：多年生草本。
- 叶：每个叶柄上有三片长椭圆形的叶子，叶先端钝圆。
- 花：总状花序，长达 25 厘米的花序轴上有几十朵黄色的小花；每一朵花是由上部的旗瓣、两边的翼瓣和中间的龙骨瓣组成；花径 1~1.2 厘米。
- 果：呈长圆形，像豆荚一样。
- 分布：分布于我国福建、广东、广西、四川、云南、山东、浙江、湖南等地区。

水金凤

植物档案：

分布情况：分布于我国东北、华北、华中、华东等地区。

科属：凤仙花科凤仙花属。

花期：7~9 月。

生长环境：

生于海拔 900~2400 米的山坡林下、林缘草地或沟边。

形态特征：

- 茎：茎较粗壮，肉质，上部多分枝，无毛，下部节常膨大。
- 叶：叶互生；叶片卵形，边缘有粗圆状齿，齿端具小尖，两面无毛；叶柄纤细。
- 花：2~4 朵花排列成总状花序；花黄色；旗瓣背面中肋具绿色鸡冠状突起；翼瓣 2 裂，唇瓣喉部散生橙红色斑点，基部渐狭成长 10~15 毫米内弯的距。
- 果：蒴果线状圆柱形。

长萼堇菜

植物档案：

分布情况：分布于我国华东、华中、华南、西南等地区。

科属：堇菜科堇菜属。

花期：2~4 月。

生长环境：

较耐寒，喜凉爽，喜阳光，忌高温和积水，耐寒抗霜，喜肥沃、排水良好、富含有机质的中性壤土。

形态特征：

- 叶：通常为三角形或戟形。
- 花：长长的花梗从叶基部抽出；紫色的小花在花梗顶端绽放，像蝴蝶一般；花径 1~1.5 厘米。
- 果：蒴果长圆形，三瓣裂，里面放满种子，果瓣弯曲会把种子弹向远方。

斑叶堇菜

植物档案：

分布情况：分布于我国东北、华中、华东等地区。

科属：堇菜科堇菜属。

花期：4~8 月。

生长环境：

喜凉爽，喜阳光，喜富含有机质的中性壤土，耐贫瘠，生命力顽强，较耐旱，较耐寒。

形态特征：

- 叶：叶均基生，呈莲座状；叶片圆形或卵圆形，边缘有平而圆的钝齿；沿叶脉有明显的白色斑纹，是区别其他堇菜科植物的典型特征。
- 花：花单生，红紫色或暗紫色，有距。

裂叶堇菜

植物档案：

分布情况：分布于我国东北、华北及山西等地区。

科属：堇菜科堇菜属。

花期：6~8月。

花瓣反卷，
有深色脉纹。

生长环境：

喜阳光，喜湿润，忌积水，保持土壤湿润。

形态特征：

- 叶：具长柄的叶簇生；叶片掌状，具有3~5全裂，裂片再羽状深裂。
- 花：5瓣，较大，淡紫色至紫堇色，花瓣大小不同，花梗与叶等长或稍超出叶；萼片5，先端稍尖；花径1.2~1.8厘米。
- 果：蒴果成熟后裂成3瓣。

鸡腿堇菜

植物档案：

分布情况：分布于我国黑龙江、内蒙古、河北、山西、陕西等地区。

科属：堇菜科堇菜属。

花期：5~9月。

花瓣有褐色
腺点，上瓣
向上反曲。

生长环境：

生于杂木林林下、林缘、灌丛、山坡草地或溪谷湿地等处，喜排水良好的土壤。

形态特征：

- 叶：叶片心形、卵状心形或卵形，先端锐尖、短渐尖至长渐尖，叶柄下部长达，上部较短；托叶草质，叶状，通常羽状深裂呈流苏状，或浅裂呈齿牙状。
- 花：花淡紫色或近白色，具长梗；花梗细，被细柔毛，萼片线状披针形。
- 果：蒴果椭圆形，通常有黄褐色腺点，先端渐尖。

七星莲

植物档案：

分布情况：分布于我国浙江、台湾、四川、云南、西藏。

科属：堇菜科堇菜属。

花期：3~5月。

花小，同
一个花瓣
上的颜色
有渐变。

生长环境：

生于山地林下、林缘、草坡、溪谷旁、岩石缝隙中。

形态特征：

- 叶：基生叶多数，丛生呈莲座状，或于匍匐枝上互生；叶片卵形或卵状长圆形，先端钝或稍尖，边缘具钝齿及缘毛，托叶基部与叶柄合生。
- 花：花较小，淡紫色或浅黄色，具长梗，生于基生叶或匍匐枝叶丛的叶腋间；萼片披针形，侧方花瓣倒卵形或长圆状倒卵形。
- 果：蒴果长圆形，无毛，顶端常具宿存的花柱。

短尾铁线莲

科属：毛茛科铁线莲属。 **花期：**8~9 月。

分布于干旱的沙丘、荒漠地区。

功效：
全草入药可清热、止泻、止痛，能辅助治疗浮肿、小便不利、尿血等病症。

▶叶：对生，二回羽状复叶或三出复叶；小叶薄纸质，卵形至披针形，基部圆形，边缘具缺刻状齿。

▶花：圆锥状聚伞花序；花多，白色或带淡黄色；花径 1.5~2 厘米。

▶果：瘦果宽卵形，被短柔毛，宿存羽毛状花柱长可达 2.8 厘米。

▶分布：分布于我国东北、华北、华东、西北、西南等地区。

线性花瓣状的其实是萼片。

甘青铁线莲

科属：毛茛科铁线莲属。 **花期：**6~9 月。

品种繁多，花色丰富，有重瓣和单瓣之分，多作为高档盆花栽培。

功效：

有毒，但茎、叶可入药，具有消积导滞、排脓利水的功效。

- 叶：对生，一回羽状复叶，叶片边缘有不整齐的缺刻状锯齿，上面无毛，下面有稀疏的长毛。
- 花：单生，通常下垂；萼片 4，通常狭卵形，黄色外面带紫色，组成了“花冠”的模样；实际上，它没有花瓣，却有多数雄蕊；花径 3.5~5 厘米。
- 果：瘦果倒卵形，有长柔毛。
- 分布：分布在我国西藏、青海、四川等地区。

果实上宿存花柱，羽毛状。

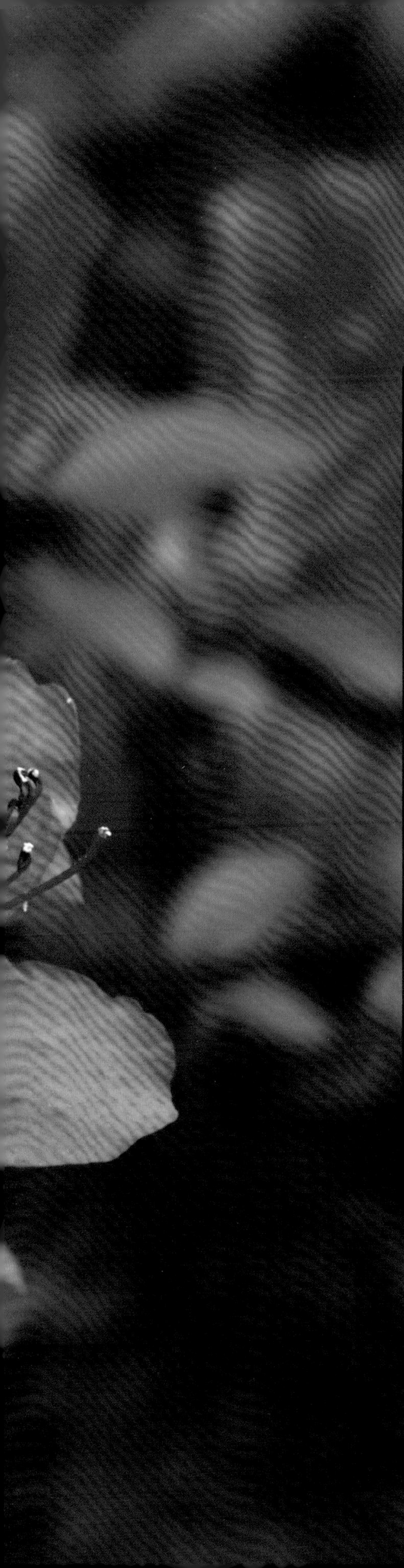

第七章 野外常见花草树木

灌木植物

城市公园绿地中观赏性很强的花灌木很多都来自于野外，相比于城市公园中的花灌木，野外生长的往往花开得更加绚丽，它们有的性格张扬，集中盛开，形成漫山遍野的壮观美景；有的则在山谷中如隐士般默默地盛开，低调地展示着它们独特的美感。但无论是纷繁或是简约，它们都有着共同的特点，那就是不屈与倔强。它们宁可生长在环境严酷的山野荒林，也绝不屈身在人工的花圃中。因此，如果想要欣赏这些大自然中的“山之娇子”，就只有深入山野，怀着一颗崇敬的心去问候它们吧！

河朔荛花

植物档案：

分布情况：分布于河北、河南、山西、陕西、甘肃、江苏等地区。

科属：瑞香科荛花属。

花期：6~8 月。

生长环境：

生长于海拔 500~1900 米的山坡及路旁。

形态特征：

- 叶：叶对生，无毛，近革质，披针形，先端尖，基部楔形，上面绿色，干后稍皱缩，下面灰绿色，光滑，侧脉每边 7~8 条，不明显；叶柄极短，近于无。
- 花：花黄色，花序穗状或由穗状花序组成的圆锥花序，顶生或腋生，密被灰色短柔毛；花萼外面被灰色绢状短柔毛，裂片 4,2 大 2 小，卵形至长圆形。
- 果：卵形，干燥。

狗骨柴

植物档案：

分布情况：产于我国华东、华南、西南、华中等地区。

科属：茜草科狗骨柴属。

花期：4~8 月。

药用功效：

根有清热解毒、消肿散结的功效，用于治疗瘰疬痈疽、疮疖肿毒。

形态特征：

- 叶：叶革质，通常卵状长圆形，长 4~19.5 厘米，宽 1.5~8 厘米，两面无毛，干时常呈黄绿色而稍有光泽；叶柄长 4~15 毫米。
- 花：花腋生密集成束；花冠白色或黄色，花冠裂片长圆形，约与冠管等长，向外反卷。
- 果：浆果近球形，成熟时红色；种子 4~8 颗，近卵形，暗红色。

茜树

植物档案：

分布情况：分布于我国华东、华中、华南、西南等地区。

科属：茜草科茜树属。

花期：3~6 月。

生长环境：

一般生于海拔 50~2400 米处的丘陵、山坡、山谷溪边的灌丛或林中。

形态特征：

- 叶：叶革质或纸质，对生，通常椭圆状长圆形，长 6~21.5 厘米，两面无毛；侧脉 5~10 对，很明显；叶柄长 5~18 毫米。
- 花：聚伞花序，多花；花冠黄色或白色，有时红色，喉部密被淡黄色长柔毛，冠管长 3~4 毫米，花冠裂片通常 4 片，开放时反折。
- 果：浆果球形，直径 5~6 毫米，紫黑色。

六道木

植物档案：

分布情况：分布于我国黄河以北的辽宁、河北、山西等地区。

科属：忍冬科六道木属。

花期：早春开花。

生长环境：

生长在海拔 1000~2000 米的山坡灌丛、林下及沟边。喜光，耐旱，适应性强，抗寒性强。

形态特征：

- 叶：叶矩圆形至矩圆状披针形，全缘或中部以上羽状浅裂而具 1~4 对粗齿，脉上密被长柔毛，边缘有睫毛；叶柄很短。
- 花：花单生于小枝上叶腋；小苞片三齿状，花后不落；花冠白色、淡黄色或带浅红色，狭漏斗形或高脚碟形，4 裂，筒为裂片长的 3 倍，内密生硬毛。
- 果：果实具硬毛，冠以 4 枚宿存而略增大的萼裂片。

山茱萸

植物档案：

分布情况：分布于我国华中、华东等地区。

科属：山茱萸科梾木属。

花期：5~6 月。

生长环境：

喜排水良好，富含有机质、肥沃的沙质壤土。

形态特征：

- 茎：枝皮灰棕色，小枝无毛。
- 叶：单叶对生；叶片多椭圆形，长 5~7 厘米，全缘，侧脉 5~7 对，弧形平行排列；叶柄长 1 厘米左右。
- 花：花先叶开放，成伞形花序，簇生于小枝顶端；花小；花瓣 4，黄色。
- 果：核果长椭圆形，长 1.2~1.5 厘米，成熟后红色。

芹叶铁线莲

科属：毛茛科铁线莲属。 **花期：**7~8 月。

生于山坡及水沟边。6~7 月采集全草入药，能健胃、消食。

花呈钟状下垂状态。

- 外观：多年生草质藤本，幼时直立，以后匍伏。根细长，棕黑色。
- 茎：茎纤细，有纵沟纹，微被柔毛或无毛。
- 叶：二至三回羽状复叶或羽状细裂，顶端渐尖或钝圆，具一条中脉，在表面下陷，在背面隆起，小叶微被绒毛或无毛。
- 花：聚伞花序腋生，常 1~3 花；苞片羽状细裂；花钟状下垂；萼片 4 枚，淡黄色，长方椭圆形或狭卵形，内面有三条直的中脉能见。
- 果：瘦果扁平，宽卵形或圆形，成熟后棕红色，被短柔毛。
- 分布：分布于我国青海东部、甘肃、宁夏、陕西、山西等地区。

黄花铁线莲

科属：毛茛科铁线莲属。 **花期：**5~6 月。

生于海拔 200~1000 米间的山坡杂草丛中及灌丛中。根药用有祛瘀、利尿、解毒之功效。

花朵多是 4 片花瓣，狭长形状。

- 外观：多年生草质藤本。
- 茎：茎纤细，多分枝，有细棱，近无毛或有疏短毛。
- 叶：一至二回羽状复叶；小叶有柄，2~3 全裂或深裂，浅裂，中间裂片线状披针形、披针形或狭卵形，顶端渐尖，基部楔形，全缘或有少数牙齿，两侧裂片较短，下部常 2~3 浅裂。
- 花：聚伞花序腋生，通常为 3 花，有时单花；花序梗较粗；苞片叶状，较大，全缘或 2~3 浅裂至全裂；萼片 4，黄色。
- 果：瘦果卵形至椭圆状卵形，扁，边缘增厚，被柔毛。
- 分布：分布于我国山东东部、辽宁东部等地区。

流苏树

科属：木犀科流苏树属。 **花期：**6~7月。

生于海拔3000米以下的稀疏混交林中或灌丛中，或山坡、河边。

食用价值：
花和嫩叶能泡茶；
果实含油丰富，可榨油。

应用布置：
适宜植于建筑物四周，
或公园中池畔和行道旁；
可盆栽，制作桩景。

- 外观：落叶灌木或乔木，高可达20米。
- 枝：小枝灰褐色或黑灰色，圆柱形，无毛，幼枝淡黄色或褐色，疏被或密被短柔毛。
- 叶：叶片革质或薄革质，长圆形、椭圆形或圆形，有时卵形或倒卵形至倒卵状披针形。
- 花：聚伞状圆锥花序，顶生于枝端，近无毛；单性而雌雄异株或为两性花；花萼4深裂；花冠白色。
- 果：椭圆形，被白粉，呈蓝黑色或黑色。
- 分布：分布于我国甘肃、陕西、山西、河北、云南等地区。

裂片尖三角形或披针形。

照山白

植物档案：

分布情况：广布于我国东北、华北、西北、华中等地区。

科属：杜鹃花科杜鹃花属。

花期：5~6 月。

花朵密集生长呈球形。

生长环境：

喜阴，耐寒耐旱，喜酸性土壤，耐瘠薄。

形态特征：

- 茎：呈灰棕褐色，幼枝被鳞片及细柔毛。
- 叶：近革质，通常倒披针形；上面深绿色，有光泽，常被疏鳞片，下面黄绿色。
- 花：总状花序顶生，花朵密集生长；白色花冠钟状，外面被鳞片，内面无毛；花柱很长，长过花冠；花径 0.6~1 厘米。

映山红

植物档案：

分布情况：分布于我国华东、华南、华中、西南等地区。

科属：杜鹃花科杜鹃花属。

花期：3~5 月。

雄蕊长长伸出，花瓣内面有斑点。

生长环境：

喜凉爽、半阴环境，忌烈日暴晒；喜湿润，忌严寒；宜酸性土壤。

形态特征：

- 叶：卵形的叶子通常集生在枝顶，革质，边缘有细齿。
- 花：数朵鲜红色的花朵簇生在枝端；花冠漏斗形，花瓣有 5 片，其中上部的花瓣有深红色的斑点；雄蕊 10；花径 4~5 厘米。
- 果：蒴果球形。

迎红杜鹃

植物档案：

分布情况：分布于我国内蒙古、辽宁、河北、山东、江苏北部。

科属：杜鹃花科杜鹃花属。

花期：4~6 月。

花瓣漏斗状，先开花再长叶。

生长环境：

喜湿润和凉爽的环境，宜酸性土壤。

形态特征：

- 叶：叶片质薄，椭圆形或椭圆状披针形，顶端锐尖、渐尖或钝，边缘全缘或有细圆齿，基部楔形或钝，上面疏生鳞片，下面鳞片大小不等，褐色。
- 花：花序腋生枝顶或假顶生，花 1~3，先叶开放，伞形着生；花芽鳞宿存；花萼被鳞片，无毛或疏生刚毛；花冠漏斗状，淡红紫色，外面被短柔毛，无鳞片。
- 果：蒴果长圆形，先端 5 瓣开裂。

常山

植物档案：

分布情况：分布于我国华东、华中、华南、西南等地区。

科属：虎耳草科常山属。

花期：6~8 月。

蓝紫色的果实挂满枝头。

生长环境：

喜阴凉湿润的气候，忌高温；喜肥沃疏松、排水良好、腐殖质多的沙质壤土。

形态特征：

- 叶：叶片较大，长椭圆形，叶缘有明显的锯齿。
- 花：数十朵蓝紫色的小花排列成伞房状圆锥花序，花蕾圆形，花瓣肉质，花药紫黑色；花径 0.8~1 厘米。
- 果：浆果蓝紫色，果期为冬季或初春。

大花溲疏

植物档案：

分布情况：广泛分布于我国华北、西北、西南等地区。

科属：虎耳草科溲疏属。

花期：4~5 月。

花上有星状毛。

生长环境：

喜光，稍耐阴；耐寒耐旱；对土壤选择要求不高，忌低洼积水。

形态特征：

- 茎：小枝褐色，光滑；老枝则呈灰色，表皮片状脱落。
- 叶：对生，近卵形，叶缘有细锯齿；叶两面都有条放射状星状毛；叶子摸起来手感粗糙。
- 花：聚伞花序，1~3 朵花生于枝顶，花较大，为白色的 5 瓣花，花瓣上有很多星状毛；花径 2~2.5 厘米。
- 果：蒴果半球形，具宿存花柱。

小花溲疏

植物档案：

分布情况：分布于我国华北、东北、华中等地区。

科属：虎耳草科溲疏属。

花期：5~6 月。

花瓣先端圆，两面均被毛。

生长环境：

喜光，稍耐阴；耐旱，忌积水；以深厚肥沃的沙质壤土为宜。

形态特征：

- 茎：老枝灰褐色或灰色，表皮片状脱落。
- 叶：叶纸质，通常卵形、椭圆状卵形，长 3~10 厘米，边缘具细锯齿，两面有毛；叶柄短。
- 花：伞房花序，小花数量多；花瓣白色，长 3~7 毫米，花蕾时花瓣覆瓦状排列；外轮雄蕊比内轮雄蕊长。
- 果：蒴果球形，直径 2~3 毫米。

柳叶白前

植物档案：

分布情况：分布于我国华东、华中、华南、西南等地区。

科属：萝藦科鹅绒藤属。

花期：5~8 月。

生长环境：

喜阳，稍耐阴，耐湿，对土壤要求不高。

形态特征：

- 叶：叶对生，纸质，狭披针形，叶脉在叶背显著；叶柄短。
- 花：伞形聚伞花序腋生，花序梗长可达 1 厘米；花冠紫红色，辐状，内面具长柔毛；副花冠裂片盾状，隆肿。
- 果：蓇葖单生，长披针形，长可达 9 厘米，直径约 6 毫米；果期 9~10 月。

孩儿拳头

植物档案：

分布情况：分布于我国华东、华中、华南、西南等地区。

科属：椴树科扁担杆属。

花期：5~7 月。

生长环境：

喜光，稍耐阴；耐旱能力较强，可在干旱裸露的山顶存活；适生于疏松、肥沃、排水良好的土壤，也耐瘠薄。

形态特征：

- 叶：叶薄革质，椭圆形或倒卵状椭圆形，长 4~9 厘米，两面有稀疏星状粗毛，基出脉 3 条，边缘有细锯齿；叶柄长 4~8 毫米，被粗毛。
- 花：聚伞花序腋生，多花，花序柄长不到 1 厘米；花瓣长 1~1.5 毫米。
- 果：核果红色，簇生呈球状，像小孩的拳头；可宿存枝头达数月之久。

薄皮木

植物档案：

分布情况：分布于我国河北、山西、陕西、湖北、四川等地区。

科属：茜草科野丁香属。

花期：6~8 月。

生长环境：

喜温暖湿润气候，亦较耐寒、耐旱，多生于阴坡或半阴坡。

形态特征：

- 叶：叶纸质，披针形或长圆形，有时椭圆形或近卵形；顶端渐尖或短渐尖，稍钝头，基部渐狭或有时短尖，上面粗糙，下面被短柔毛或近无毛，侧脉每边约 3 条。
- 花：花无梗，常 3~7 朵簇生枝顶，很少在小枝上部腋生；小苞片透明，卵形，外面被柔毛；花冠淡紫红色，漏斗状。
- 果：蒴果长 5~6 毫米。

金露梅

植物档案：

分布情况：分布于我国华北、西北以及辽宁、四川、云南等地区。

科属：蔷薇科委陵菜属。

花期：5~7 月。

生长环境：

喜光，在遮阴处多生长不良；耐寒耐旱，喜湿忌涝；在沙质壤土、素沙土中都可正常生长，喜肥而较耐瘠薄。

形态特征：

- 茎：分枝很多；树皮纵向条状剥落，幼枝有长柔毛。
- 叶：小叶片长椭圆形，全缘无锯齿，一般情况下 5 片形成奇数羽状复叶。
- 花：花瓣 5，黄色，单生或数朵排成伞房状，在绿叶衬托下显得神采奕奕；花径 1.5~2.5 厘米。

银露梅

植物档案：

分布情况：分布于我国华东、华中、华南、西南等地区。

科属：蔷薇科委陵菜属。

花期：6~11 月。

生长环境：

喜光，喜湿润环境，对土壤要求不高。

形态特征：

- 叶：叶为羽状复叶，通常有小叶 5，上面一对小叶基部下延与轴汇合；小叶片通常椭圆形，全缘，两面绿色；托叶薄膜质。
- 花：顶生单花或数朵，花梗细长；花直径 1.5~2.5 厘米，花瓣 5，白色，倒卵形。
- 果：瘦果表面被毛。

美蔷薇

植物档案：

分布情况：主要分布于我国华北及吉林、河南等地区。

科属：蔷薇科蔷薇属。

花期：5~7 月。

生长环境：

喜温暖湿润和阳光充足的环境，也耐半阴、耐寒冷、耐干旱、耐瘠薄。

形态特征：

- 茎：小枝圆柱形，细弱，散生直立的基部稍膨大的皮刺，老枝常密被针刺。
- 叶：小叶 7~9，连叶柄长 4~11 厘米；小叶片多椭圆形，边缘有单锯齿；托叶宽平，多贴生于叶柄。
- 花：花单生或 2~3 朵集生；萼片卵状披针形，先端延长成带状；花瓣粉红色，宽倒卵形，先端微凹。
- 果：果像个红色的小油瓶。

石斑木

植物档案：

分布情况：分布于我国华东、华中、华南、西南等地区。

科属：蔷薇科石斑木属。

花期：3~5 月。

生长环境：

生性强健，喜光，耐水湿，耐盐碱土，耐热，抗风，耐寒。

形态特征：

- 叶：卵形的叶子集生于枝顶，边缘有细齿。
- 花：圆锥花序，白色花朵生于枝顶；花萼红色，远看是一片白里透红的景象；花径 1~1.5 厘米。
- 果：成熟后紫黑色，可食用。

三裂绣线菊

植物档案：

分布情况：分布于我国东北、华东、华中、华南、西南等地区。

科属：蔷薇科绣线菊属。

花期：5~6 月。

生长环境：

喜光，稍耐阴，耐寒，耐旱，耐盐碱，不耐涝，耐瘠薄，对土壤要求不高，但在土壤深厚的腐殖质土中生长良好。

形态特征：

- 茎：小枝细瘦，开展，稍呈“之”字形弯曲，嫩时褐黄色，无毛，老时暗灰褐色。
- 叶：叶片近圆形，长 1.7~3 厘米，宽 1.5~3 厘米，常 3 裂，边缘自中部以上有少数圆钝锯齿，基部具显著脉 3~5。
- 花：伞形花序有花 15~30；花直径 6~8 毫米；花瓣宽倒卵形，先端常微凹。
- 果：蓇葖果开张，花柱顶生稍倾斜，具直立萼片。

蓬蘽

植物档案：

分布情况：分布于我国华东、华中、华南、西南等地区。

科属：蔷薇科悬钩子属。

花期：4 月。

生长环境：

具有较为广泛的适应性和较强的抗逆性，耐旱、耐瘠薄、耐粗放管理，能够适应较为恶劣的自然环境。

形态特征：

- 茎：枝红褐色或褐色，被柔毛和腺毛，疏生皮刺。
- 叶：小叶 3~5，卵形或宽卵形；叶缘具不整齐尖锐重锯齿；叶柄长 2~3 厘米，顶生小叶柄长约 1 厘米；叶有柔毛和腺毛，并疏生皮刺。
- 花：花常单生于侧枝顶端，也有腋生；花大，直径 3~4 厘米；萼片花后反折；花瓣倒卵形或近圆形，白色，基部具爪。
- 果：果实近球形，无毛。

覆盆子

植物档案：

分布情况：分布于我国吉林、辽宁、河北、山西等地区。

科属：蔷薇科悬钩子属。

花期：5~6 月。

生长环境：

喜温暖湿润，要求光照良好的散射光，不耐干旱。

形态特征：

- 叶：小叶 3~7，长卵形或椭圆形，顶生小叶常卵形，长 3~8 厘米，边缘有不规则粗锯齿或重锯齿。
- 花：花生于侧枝顶端成短总状花序，总花梗和花梗均密被柔毛和针刺；花瓣匙形，白色，基部有宽爪。
- 果：果实近球形，多汁液，红色或橙黄色。

山楂叶悬钩子

植物档案：

分布情况：分布于我国东北、华东、华中、华南、西南等地区。

科属：蔷薇科悬钩子属。

花期：5~6 月。

生长环境：

喜阳，稍耐阴，不耐干旱。以土壤肥沃、保水保肥力强及排水良好的土壤较好。

形态特征：

- 茎：枝具沟棱，幼时被细柔毛，老时无毛，有微弯皮刺。
- 叶：单叶，卵形至长卵形，长 5~12 厘米，宽可达 8 厘米，边缘 3~5 掌状分裂，基部具掌状 5 脉；叶柄长 2~5 厘米。
- 花：花数朵簇生，常顶生；花直径 1~1.5 厘米；花瓣椭圆形或长圆形，5 瓣，白色；雄蕊直立，数量多。
- 果：果实近球形，暗红色，无毛，有光泽；核具皱纹。

粉叶羊蹄甲

植物档案：

分布情况：分布于我国华南、西南等地区。

科属：苏木科羊蹄甲属。

花期：4~6 月。

花瓣离生，
花蕊伸出。

生长环境：

喜阳，稍耐阴；喜湿，不耐寒；以湿润、肥沃、排水良好的土壤为宜。

形态特征：

- 叶：圆形，在先端有 2 裂，类似羊蹄的形状。
- 花：总状花序顶生或与叶对生，具密集的花；花瓣白色，倒卵形，各瓣近相等，具长柄，边缘皱波状，能育雄蕊 3，花丝无毛，远较花瓣长。
- 果：荚果带状，薄且不开裂，长 15~20 厘米，荚缝稍厚；种子 10~20 颗，在荚果中央排成一纵列，极扁平。

华南云实

植物档案：

分布情况：分布于我国华中、华南、西南等地区。

科属：苏木科云实属。

花期：4~5 月。

总状花
序大型。

生长环境：

喜阳耐旱，稍耐阴，耐瘠薄。

形态特征：

- 茎：枝上有少数倒钩刺。
- 叶：二回羽状复叶，由 2~3 对羽片组成，每个羽片由 3~5 对椭圆形的小叶组成。
- 花：数个总状花序生于枝头，每个总状花序由许多小黄花组成；花瓣 5，其中最上面的一片有红色的斑纹；花径 1.5~2.5 厘米。

桃金娘

植物档案：

分布情况：分布于我国福建、广东、广西、海南、贵州等地区。

科属：桃金娘科桃金娘属。

花期：5~10 月。

花美色艳，
边开花边
结果。

生长环境：

喜半阴及高温高湿环境，耐贫瘠，抗逆性强。

形态特征：

- 叶：叶对生，革质，椭圆形，叶面有 3 条明显的主脉。
- 花：紫红色的大花通常单生于叶腋，花瓣 5，中间有许多紫红色的细长雄蕊；花径 3~4 厘米。
- 果：浆果像个小水壶，成熟后紫黑色。

白鹃梅

植物档案：

分布情况：分布于我国河南、江西、江苏、浙江等地区。

科属：蔷薇科白鹃梅属。

花期：5月。

花朵洁白如雪，观赏性强，可以家养。

生长环境：

喜光，也耐半阴，适应性强，耐干旱、瘠薄土壤，有一定耐寒性。

形态特征：

- 叶：叶片椭圆形，长椭圆形至长圆倒卵形，先端圆钝或急尖稀有突尖，基部楔形或宽楔形，叶柄短。
- 花：顶生总状花序，有花6~10朵，无毛；苞片小，宽披针形；萼筒浅钟状，无毛；萼片宽三角形，先端急尖或钝，边缘有尖锐细锯齿，无毛，黄绿色；花瓣5，倒卵形，先端钝，基部有短爪，白色。
- 果：蒴果具5棱脊。

蒙古扁桃

植物档案：

分布情况：分布在我国内蒙古、甘肃和宁夏等地区。

科属：蔷薇科桃属。

花期：5月。

花朵簇生于枝上。

生长环境：

喜光，耐旱，耐寒，耐瘠薄，生长于海拔1000~2400米的荒漠区和荒漠草原区的低山丘陵坡麓、石质坡地及干河床。

形态特征：

- 叶：叶片宽椭圆形、近圆形或倒卵形，先端圆钝，有时具小尖头，基部楔形，两面无毛；叶边有浅钝锯齿，侧脉约4对，下面中脉明显突起。
- 花：花单生稀数朵簇生于短枝上；萼筒钟形，无毛；萼片长圆形，顶端有小尖头，无毛；花瓣倒卵形，粉红色。
- 果：果实宽卵球形，顶端具急尖头，外面密被柔毛。

文冠果

植物档案：

分布情况：分布于我国北部地区。

科属：无患子科文冠果属。

花期：4~5月。

花心褐色，花瓣有清晰的脉纹。

生长环境：

喜阳，耐半阴；耐旱，不耐涝；耐瘠薄、耐盐碱。

形态特征：

- 叶：褐红色小叶有4~8，膜质或纸质，披针形或近卵形，顶生小叶通常3深裂。
- 花：花序先于叶抽出或与叶同时抽出，两性花的花序顶生，雄花序腋生；花瓣白色，基部紫红色或黄色，有清晰的脉纹；花径1.5~2.2厘米。
- 果：蒴果长可达6厘米；种子长可达1.8厘米，黑色而有光泽。

野牡丹

植物档案：

分布情况：分布于我国云南、广西、广东、福建等地区。

科属：野牡丹科野牡丹属。

花期：4~8 月。

生长环境：

阳性植物，须给予充足的光照；适宜在酸性土壤中生长，也耐瘠薄。

形态特征：

- 叶：叶片宽卵形，坚纸质，两面被白色的茸毛，基出脉 7。
- 花：3~5 朵花组成伞房花序生于枝顶，花瓣 5，粉红色或紫红色；雄蕊 10,5 长 5 短，长的雄蕊像镰刀般弯曲；花径 6~8 厘米。
- 果：果实为蒴果，成熟后开裂，果肉紫红色。

蜡烛果

植物档案：

分布情况：分布于我国广西、广东、福建、海南等地区。

科属：紫金牛科蜡烛果属。

花期：1~4 月。

生长环境：

喜阳，喜温暖湿润，以污泥滩土壤为最佳。

形态特征：

- 叶：互生，革质，倒卵形，有泌盐现象，叶柄红色。
- 花：10 余朵白色的小花组成伞形花序生于枝顶；花径 0.8~1.2 厘米。
- 果：长而弯曲，新月形，与辣椒形状颇为相似。

刺五加

植物档案：

分布情况：分布于我国东北、河北和山西等地区。

科属：五加科五加属。

花期：6~7 月。

生长环境：

喜阳，耐微荫蔽；喜温暖湿润气候，耐寒；宜选向阳、腐殖质层深厚、土壤微酸性的沙质壤土。

形态特征：

- 茎：一年生或二年生的枝条通常密生细刺；刺直而细长，脱落后遗留圆形刺痕。
- 叶：5 片小叶组成掌状复叶；小叶片纸质，椭圆状倒卵形或长圆形，边缘有锐利重锯齿。
- 花：球状花序单个顶生（或 2~6 个组成稀疏的圆锥花序），有花多数；花紫黄色，花瓣 5。
- 果：果实球形或卵球形，有 5 棱，黑色，直径 7~8 毫米。

木榄

植物档案：

分布情况：分布于我国广东、海南、广西、福建等地区。

科属：红树科木榄属。

花期：7~10 月。

花萼有十几条细长裂片。

生长环境：

喜阳光充足，稍耐旱，喜生于稍干旱、空气流通、伸向内陆的盐滩。

形态特征：

- 叶：呈长椭圆形，革质，具有光泽；叶全缘。
- 花：单生于叶腋，外面包有一层鲜红色且光滑的花萼；花径 1.5~2 厘米，萼筒长 4~5 厘米。
- 果：花后从花萼内逐渐长出长长的绿色果实，是红树植物特有的繁殖器官。

槭叶铁线莲

植物档案：

分布情况：特产北京。

科属：毛茛科铁线莲属。

花期：3~4 月。

花朵大而美，是早春极为珍稀的观赏植物。

生长环境：

生于低山陡壁或土坡上。

形态特征：

- 外观：多年生直立小灌木。
- 叶：叶为单叶，与花簇生；叶片五角形，基部浅心形，通常为不等的掌状 5 浅裂，中裂片近卵形，侧裂片近三角形，边缘疏生缺刻状粗牙齿；叶柄长 2~5 厘米。
- 花：花 2~4 朵簇生，花梗长达 10 厘米。多花直径3.5~5厘米；萼片5~8，开展，白色或带粉红色，狭倒卵形至椭圆形。

刺旋花

科属：旋花科旋花属。　**花期：**5月。

又叫木旋花，主要生长在半荒漠区的干燥山坡、山麓、山前丘陵和山间盆地，有时可伸入荒漠腹地地区，其分布与土壤质地的强砾石化密切相关。

功效：
无药用功效，
主要用于防风固沙。

食用价值：
花蜜丰富，可食其蜜。

应用布置：
可观花，
也对水土保持
和固沙有一定作用。

- 外观：半灌木，全株被有银灰色绢毛。
- 茎：分枝很多并且密集丛生；老枝宿留成黄色刺，颇似鹰爪状。
- 叶：互生，没有叶柄，叶片狭倒披针状条形，长 0.5~2 厘米，宽 0.5~1.5 厘米。
- 花：花单生或 2~3 朵生于花枝上部；花冠漏斗状，粉红色，形如喇叭花，花筒稍浅，花大，花径 4~5 厘米。
- 分布：分布于我国陕西北部、甘肃、宁夏、内蒙古、青海、四川西北部等地区。

花瓣似喇叭。

吊钟花

科属：杜鹃花科吊钟花属。 **花期：**2~4 月。

又称灯笼花、吊钟海棠、倒挂金钟。原产墨西哥，广泛栽培于全世界，在中国也广为栽培，尤在北方或西北、西南高原温室种植。

▶外观：大灌木或小乔木，株高 1~7 米。

▶叶：叶子通常密生于枝顶，互生，革质，长圆形；叶晚于花长出，新叶红色。

▶花：花梗长而下垂；数朵红色的钟形小花生于枝顶，组成伞房花序；花瓣自上而下由粉红色渐变为白色，下部的花瓣通常反卷；花径 1~1.5 厘米。

▶分布：分布于我国云南、贵州、四川、广西、广东、湖南、湖北、江西、福建等地区。

功效：

花具有美容养颜、平肝明目的功效，对肾亏、肾虚引起的腰腿酸痛、四肢痉挛、尿频尿浊有一定的治疗作用。

食用价值：

花可以与绿茶在一起冲泡。

应用布置：

花形奇特，极为雅致。盆栽用于装饰阳台、窗台、书房等，也可吊挂于防盗网、廊架等处观赏。

花瓣先端的裂片反卷。

水团花

科属：雨久花科梭鱼草属。　**花期**：6~8 月。

别名水杨梅、穿鱼柳、假杨梅、水黄凿、青龙珠。

头状花序看起来像杨梅。

- 茎：树枝对生，株型对称美观。
- 叶：对生，卵状长椭圆形，枝顶的对生叶常交叉成“十”字形。
- 花：小花黄白色，长漏斗形，数十朵排列成小型的头状花序；单生于叶腋；花丝伸出于花冠，有芳香；花径 1~1.5 厘米。
- 分布：分布于我国福建、湖南、浙江、广东、海南等地区。

细叶小檗

科属：小檗科小檗属。　**花期**：5~6 月。

落叶灌木。生于山地灌丛、砾质地、草原化荒漠、山沟河岸或林下。

叶上面深绿色，背面淡绿色。

- 叶：叶纸质，倒披针形至狭倒披针形，偶披针状匙形；先端渐尖或急尖，具小尖头，基部渐狭，两面无毛，叶缘平展，全缘。
- 花：穗状总状花序；花黄色；花瓣倒卵形或椭圆形，先端锐裂，基部微部缩。
- 果：浆果长圆形，红色，顶端无宿存花柱，不被白粉。
- 分布：分布于我国吉林、辽宁、内蒙古、青海、陕西、山西、河北等地区。

蚂蚱腿子

科属：菊科蚂蚱腿子属。 **花期：**5月。

落叶小灌木，生长在海拔约400米的山坡或林缘路旁。

- 茎：枝多而细直，呈帚状，具纵纹，被短柔毛。
- 叶：叶片纸质，生于短枝上的椭圆形或近长圆形，生于长枝上的阔披针形或卵状披针形，顶端短尖至渐尖，基部圆或长楔尖，全缘。
- 花：头状花序；花雌性和两性异株；雌花花冠紫红色，舌状；两性花花冠白色。
- 果：瘦果纺锤形，密被毛。
- 分布：分布于我国吉林、辽宁、内蒙古、青海、陕西、山西、河北。

雀儿舌头

科属：大戟科雀舌木属。 **花期：**2~8月。

直立灌木，生于海拔500~1000米的山地灌丛、林缘、路旁、岩崖或石缝中。

- 茎：茎上部和小枝条具棱；除枝条、叶片、叶柄和萼片均在幼时被疏短柔毛外，其余无毛。
- 叶：叶片膜质至薄纸质，卵形、近圆形、椭圆形或披针形，顶端钝或急尖，基部圆或宽楔形，叶面深绿色，叶背浅绿色。
- 花：花单生或2~4朵簇生于叶腋；雄花花梗丝状，萼片卵形或宽卵形，花瓣白色，匙形；雌花花瓣倒卵形。
- 果：蒴果圆球形或扁球形，基部有宿存的萼片；果梗长2~3厘米。
- 分布：广泛分布于全国各地。

老鼠簕

植物档案：

分布情况：分布于我国海南、广东、福建等地区的滨海地带。

科属：爵床科老鼠簕属。

花期：4~6 月。

生长环境：

忌强光照射，耐潮湿，对土壤选择无特殊要求。

形态特征：

- 叶：呈长圆形，革质；叶子边缘有锯齿般的裂片，裂片顶端有硬刺。
- 花：穗状花序顶生；花很奇特，只有半边，花瓣蓝紫色；是二唇形的，但其中一瓣退化；花径 3~4 厘米。

黄瑞香

植物档案：

分布情况：分布于我国东北、西北、西南等地区。

科属：瑞香科瑞香属。

花期：6 月。

生长环境：

耐半阴、日晒，不耐寒；忌水湿；以肥沃、排水良好的土壤为宜。

形态特征：

- 茎：枝圆柱形，无毛，幼时橙黄色，老时灰褐色，叶迹明显，近圆形，稍隆起。
- 叶：叶互生，常密生于小枝上部，膜质，倒披针形，边缘全缘；叶柄极短或无。
- 花：花黄色，常 3~8 朵组成顶生的头状花序；花瓣 4，卵状三角形，覆瓦状排列，相对的 2 片较大或另一对较小。
- 果：果实卵形或近圆形，成熟时红色，长 5~6 毫米。

草海桐

植物档案：

分布情况：分布于我国福建、广东、广西等地区。

科属：草海桐科草海桐属。

花期：6~10 月。

花瓣圆排列，底部紫色。

生长环境：

喜高温、阳光充足的环境，耐阴性稍差；喜潮湿，耐旱；耐盐性佳，以排水良好的沙质壤土为宜。

形态特征：

- 茎：丛生，中空，无毛。
- 叶：大部分集中于分枝顶端，倒卵形或匙形，螺旋状排列，先端圆钝；叶腋里密生一簇白须毛。
- 花：通常几朵生长在叶腋，5 片白色的花瓣像扇子一样排列，花瓣长 1~1.5 厘米。
- 果：核果卵球状，白色，有两条沟槽。

百里香

植物档案：

分布情况：分布于我国华北及陕西、甘肃、青海等地区。

科属：唇形科百里香属。

花期：7~8 月。

花瓣 4，上唇只有 1 个花瓣。

生长环境：

喜温暖、光照充足及干燥的环境；耐寒、耐旱；在排水良好的石灰质土壤中生长良好。

形态特征：

- 茎：茎部窄细，多分枝，匍匐或向上生长。
- 叶：小而多，长 0.4~1 厘米，卵圆形，全缘，对生，有浓郁的香味。
- 花：花冠紫红色、粉红色，簇生于茎顶端，二唇形，上唇直伸，下唇有 3 裂；花径 0.6~0.8 厘米。

单叶蔓荆

植物档案：

分布于我国华东及辽宁、河北、广东、海南、江西等地区。

科属：马鞭草科牡荆属。

花期：7~9 月。

生长环境：

喜光，耐寒耐旱，耐瘠薄，抗盐碱。

形态特征：

- 茎：通常紧贴着地表生长，茎节处常生有不定根，以便于它们固定在沙滩上吸收更多水分。
- 叶：单叶对生，叶片椭圆形，上面绿色，背面有灰白色的茸毛。
- 花：圆锥花序生于枝顶，花冠淡紫色，呈二唇形，下唇中间裂片较大，喉部有茸毛；雄蕊4，伸出花冠外。
- 果：核果近圆形，成熟时黑色。

蒙古莸

植物档案：

分布情况：产于我国内蒙古、甘肃、宁夏等地区。

科属：马鞭草科莸属。

花期：7~8 月。

生长环境：

喜光，耐高温，极耐旱，在疏松、渗透性良好的沙质壤土中生长最佳。

形态特征：

- 茎：茎直立，老枝灰褐色，有纵裂纹，幼枝常为紫褐色。
- 叶：单叶对生，披针形或狭披针形，全缘，上面浅绿色，下面灰色。
- 花：聚伞花序，花冠蓝紫色，花瓣 5，其中 1 枚较大且开展，顶端撕裂，有流苏；2 强雄蕊，伸出花冠外；花径 1~1.5 厘米。

荆条

植物档案：

分布情况：分布于我国东北、华东、华中、华南、西南等地区。

科属：马鞭草科牡荆草属。

花期：6~10 月。

生长环境：

喜光，耐荫蔽，抗旱耐寒，对土壤选择要求不高。

形态特征：

- 叶：叶对生，掌状复叶，5 小叶；小叶片边缘有缺刻状锯齿，浅裂以至深裂，背面密被灰白色绒毛。
- 花：圆锥花序生于枝顶，长10~27 厘米，其上有许多淡紫色的小花，顶端 5 裂，二唇形；雄蕊伸出花冠管外；花径0.3~0.5 厘米。
- 果：果实近球形，黑色。

牡荆

植物档案：

分布情况：分布于我国华东、华中、华南、西南等地区。

科属：马鞭草科牡荆草属。

花期：6~10 月。

生长环境：

喜光耐阴，耐寒，稍耐旱，且适应性强，对土壤要求不高。

形态特征：

- 叶：叶对生，通常由 3 或 5 片小叶组成，掌状复叶；小叶片椭圆状披针形，边缘有粗锯齿。
- 花：圆锥花序生于枝顶，其上有许多淡紫色的小花；花冠上部白色，下部的唇瓣紫色，内面有黄色的斑纹；花径 0.3~0.5 厘米。
- 果：果实近球形，黑色。

木本香薷

植物档案：

分布情况：分布于我国河北、山西、河南、陕西、甘肃等地区。

科属：唇形科香薷属。

花期：7~10 月。

生长环境：

适度光照，不耐旱，对土壤要求不高。

形态特征：

- 茎：上部多分枝，上部枝条钝呈四棱形，具槽及细条纹，带紫红色。
- 叶：呈披针形至椭圆状披针形，揉碎后有强烈的薄荷香。
- 花：穗状花序偏向于一侧生长，像一个个小牙刷；花冠紫红色，二唇形，上唇直立，下唇开展，有 3 裂；4 枚雄蕊很长，有一对伸出花序外。
- 果：小坚果椭圆形，光滑。

三花莸

植物档案：

分布情况：分布于我国华东、华中、华南、西南等地区。

科属：马鞭草科莸属。

花期：4 月。

生长环境：

喜光耐阴，耐湿，对土壤要求不高。

形态特征：

- 茎：直立，方形，其上密生有灰白色向下弯曲的柔毛。
- 叶：纸质；卵圆形至长卵形，顶端尖，叶缘有规则锯齿。
- 花：聚伞花序腋生，花序梗有 1~3 厘米长，通常有 3 分叉；二唇形花冠紫红色或淡红色，顶端 5 裂，下唇中裂片较大；雄蕊 4，与花柱均伸出花冠管外，花柱长过雄蕊；花径 1.1~1.8 厘米。

河北木蓝

植物档案：

分布情况：主要分布于我国辽宁、内蒙古、河北、山西等地区。

科属：豆科木蓝属。

花期：5~6 月。

生长环境：

光照需良好，耐湿，对土壤要求不高，但以肥沃、排水良好的土壤为最好。

形态特征：

- 茎：茎褐色，有皮孔，小枝银灰色，被灰白色丁字毛。
- 叶：羽状复叶长 2.5~5 厘米；叶柄长可达 1 厘米；小叶 2~4 对，对生；两面均有毛。
- 花：总状花序腋生；花冠多紫红色，旗瓣阔倒卵形，长可达 5 毫米，翼瓣与龙骨瓣等长，龙骨瓣有距。
- 果：荚果褐色，长不超过 2.5 厘米；种子间有横隔，内果皮有紫红色斑点。

猫尾草

植物档案：

分布情况：分布于我国华东、华中、华南、西南等地区。

科属：豆科狸尾豆属。

花期：5~8 月。

生长环境：

喜凉爽湿润的气候条件，适宜生长在气候温和、不干不湿的地方。

形态特征：

- 叶：椭圆形的叶子排成奇数羽状复叶，下面的叶子通常 3 片，上面 5 片，叶柄细长。
- 花：蝶形的小花淡紫色，几十至上百朵组成直立的总状花序，高 30 厘米或更长。
- 果：果实椭圆形。

红花岩黄芪

植物档案：

分布情况：分布于我国西北及山西、河南、湖北、西藏等地区。

科属：豆科岩黄芪属。

花期：6~7 月。

生长环境：

适生于荒漠区河岸或沙砾质地。喜阳光充足，耐寒，耐干旱，对土壤要求不高。

形态特征：

- 茎：分枝多，有白色柔毛。
- 叶：羽状复叶，小叶有 11~35，上面无毛，下面有白色短柔毛，膜质托叶呈三角形。
- 花：总状花序着生于叶腋，花不密集，稀疏开放；花冠是蝶形的，红色或紫红色；花径 1~1.5 厘米。
- 果：荚果扁平，有荚节 2~3 个，表面有肋纹、小刺以及白色柔毛。

猫头刺

植物档案：

分布情况：分布于我国华东、华南、西南等地区。

科属：豆科棘豆属。

花期：5~6 月。

生长环境：

喜干旱，不耐水淹和盐渍化，喜沙砾质淡灰钙土、淡栗钙土、棕钙土区及漠钙土区的边缘地区。

形态特征：

- 叶：偶数羽状复叶，有小叶 4~6，条形，呈硬刺状，两面披覆着银白色平伏柔毛，边缘常内卷。
- 花：总状花序腋生，有花 1~3 朵；花冠蝶形，蓝紫色、红紫色以至白色；花径 1~1.5 厘米。
- 果：荚果长圆形，革质，有 1~1.5 厘米长，外被平伏柔毛，背缝线深陷，隔膜发达。

罗布麻

植物档案：

分布情况：分布于我国新疆、青海、甘肃、河北、江苏、山东等地区。

科属：夹竹桃科罗布麻属。

花期：4~9 月。

生长环境：

主要野生在盐碱荒地和沙漠边缘及河流两岸、冲积平原、河泊周围及戈壁荒滩上。抗逆性较强，对土壤的要求不高。

形态特征：

- 茎：枝条对生或互生，圆筒形，光滑无毛。
- 叶：叶对生，仅在分枝处为近对生，叶片椭圆状披针形至卵圆状长圆形，顶端急尖至钝，叶缘具细牙齿。
- 花：圆锥状聚伞花序一至多歧，通常顶生，有时腋生；花冠圆筒状钟形，紫红色或粉红色。
- 果：蓇葖 2，平行或叉生，箸状圆筒形，外果皮棕色。

芫子梢

科属：豆科芫子梢属。 **花期**：6~9 月。

多生于山坡及向阳地的灌丛中，在石质山地、干燥地以及溪边、沟旁、林边与林间等处均有生长。

蝶形花松散，豆荚扁平。

- 叶：3 小叶组成一个羽状复叶；叶表面无毛，脉纹明显，背面有淡黄色柔毛。
- 花：总状花序腋生；花梗细，长可达 1 厘米；花萼阔钟状，有柔毛；花冠紫色；花径 0.9~1.2 厘米。
- 果：荚果斜椭圆形，长约 1.2 厘米。
- 分布：广泛分布于我国东北、华北、西北、华东等地区。

胡枝子

科属：豆科胡枝子属。 **花期**：7~9 月。

由于枝叶茂盛和根系发达，可有效地保持水土，减少地表径流和改善地壤结构。

蝶形小花较单薄。

- 茎：多分枝，小枝黄色或暗褐色，有条棱，被疏短毛。
- 叶：小叶质薄，卵形、倒卵形或卵状长圆形，长 1.5~6 厘米，全缘，上面绿色，无毛。
- 花：总状花序腋生，比叶长，常构成大型、较疏松的圆锥花序；花冠红紫色，长约 10 毫米。
- 果：荚果斜倒卵形，稍扁，表面具网纹，密被短柔毛。
- 分布：分布于我国河北、内蒙古及湖北、浙江、福建等地区。

红花锦鸡儿

科属：豆科锦鸡儿属。 **花期**：4~6月。

枝繁叶茂，花冠蝶形，黄色带红，形似金雀。

药用功效：

根可入药，有健脾强胃、活血催乳、利尿通经之功效。

应用布置：

花、叶、枝可供观赏，园林中可丛植于草地或配植于坡地、山石旁，或作地被植物。

- 茎：树皮绿褐色或灰褐色，小枝细长，具条棱，托叶在长枝者成细针刺。
- 叶：叶假掌状；楔状倒卵形，先端具刺尖，近革质。
- 花：花冠黄色，花萼常紫红色或全部淡红色，凋时变为红色，旗瓣长圆状倒卵形，先端凹入，基部渐狭成宽瓣柄，翼瓣长圆状线形。
- 果：荚果圆筒形，长3~6厘米，具渐尖头。
- 分布：分布于我国东北、华北、华东及河南、甘肃南部地区。

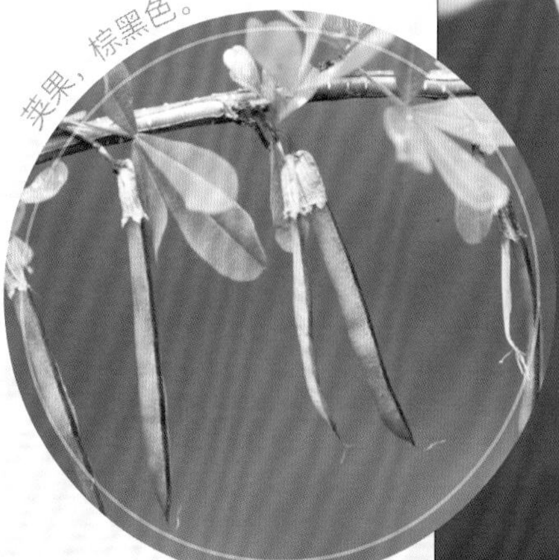

荚果，棕黑色。

第八章 野外常见花草树木

乔木

在野外，一眼望去漫山遍野的都是树，这些树木深深扎根于泥土里，保持了水土，避免泥石流、山崩等危害的发生。这些保护着野外环境的树木，你认识多少呢？跟着本章一起来看看吧。

华北落叶松

植物档案：

分布情况：为我国东北林区的主要森林树种。

科属：松科落叶松属。

花期：5~6 月。

种鳞张开，
种子成熟。

生长环境：

强阳性树种。耐湿、耐旱，喜深厚肥沃、湿润而排水良好的酸性或中性土壤，略耐盐碱。

形态特征：

- 茎：一年生长枝较细，淡黄褐色或淡褐黄色，二年生或三年生枝褐色、灰褐色或灰色。
- 叶：叶倒披针状条形，下面沿中脉两侧各有 2~3 条气孔线。
- 果：球果幼时紫红色，成熟前卵圆形或椭圆形。

铁坚油杉

植物档案：

分布情况：分布于我国甘肃、陕西、四川、湖北、湖南、贵州等地区。

科属：松科油杉属。

花期：4 月。

叶较长，先端
有刺状尖头。

生长环境：

散生于山地的半阴坡，喜温凉湿润的环境，不耐干旱，喜肥沃、排水良好的中性或酸性沙质壤土。

形态特征：

- 茎：一年生枝有毛或无毛，淡黄灰色、淡黄色或淡灰色；二年生或三年生枝呈灰色或淡褐色，常有裂纹或裂成薄片。
- 叶：叶条形，在侧枝上排列成两列，先端圆钝或微凹，基部渐一窄成短柄，上面光绿色，下面淡绿色。
- 果：球果圆柱形。

黑皮油松

植物档案：

分布情况：为我国特有树种，分布于我国华北、西南等地区。

科属：松科松属。

花期：4~5 月。

我国特有种，
大枝平展。

生长环境：

喜光，耐干燥，耐干旱、瘠薄土壤。

形态特征：

- 茎：小枝较粗，褐黄色，无毛。
- 叶：针叶 2 针 1 束，深绿色，粗硬，两面具气孔线；横切面半圆形，树脂道 5~8 个或更多。
- 花：雄球花圆柱形，在新枝下部聚生成穗状。
- 果：球果卵形或圆卵形，向下弯垂，成熟前绿色，熟时淡黄色或淡褐黄色。

樟子松

植物档案：

分布情况：主要分布于我国东北地区。

科属： 松科松属。

花期： 5~6 月。

生长环境：

喜光，耐干旱，喜土壤肥沃、质地疏松、排水良好、地下水位低的中性或微酸性沙质壤土。

形态特征：

- 茎：树干下部不规则的鳞状块片脱落；幼树树冠尖塔形，老则呈圆顶或平顶，树冠稀疏。
- 叶：初生叶条形，上面有凹槽；针叶 2 针 1 束，硬直，常扭曲，两面均有气孔线。
- 花：雄球花圆柱状卵圆形，聚生新枝下部；雌球花有短梗，淡紫褐色。
- 果：球果卵圆形或长卵圆形，成熟前绿色，熟时淡褐灰色，熟后开始脱落。

八角枫

植物档案：

分布情况：分布于我国华东、华中、华南、西南等地区。

科属： 八角枫科八角枫属。

花期： 5~7 月和 9~10 月。

生长环境：

阳性树，稍耐阴，适应性强，喜肥沃疏松、湿润的土壤。

形态特征：

- 茎：小枝略呈“之”字形，幼枝紫绿色；冬芽锥形，生于叶柄的基部。
- 叶：叶纸质，通常近圆形，基部两侧常不对称；基出脉 3~7，成掌状。
- 花：聚伞花序腋生；花冠圆筒形，线形，上部开花后反卷，初为白色，后变黄色；雄蕊和花瓣同数且近等长。
- 果：核果卵圆形，幼时绿色，成熟后黑色。

山桐子

植物档案：

分布情况：分布于我国西南、中南、华东、华南等地区。

科属： 大风子科山桐子属。

花期： 4~5 月。

生长环境：

中性偏阴树种，喜光，幼树较耐半阴；喜温和湿润的气候，也较耐寒，耐旱；在土层深厚、肥沃湿润的沙质壤土中生长良好。

形态特征：

- 茎：小枝圆柱形，细而脆，黄棕色，有皮孔；冬日呈侧枝长于顶枝状态，枝条平展。
- 叶：叶薄革质或厚纸质，通常卵形或心状卵形，边缘有粗的齿，齿尖有腺体。
- 花：花单性，雌雄异株或杂性，黄绿色，有芳香，排列成顶生下垂的圆锥花序；雄花比雌花稍大；无花瓣。
- 果：浆果成熟期紫红色，扁圆形，宽过于长。

单叶

海漆

科属：大戟科海漆属。 **花期：**1~9月。

生于滨海潮湿处，属于湿地植物。

功效：
有毒植株，民间用来做毒箭。

注意事项：
过度接触会引致皮肤生疮或瘙痒。乳汁更不能接触眼睛。

应用布置：
可做花坛和花境；
矮生类型可布置岩石园；
可做盆栽和切花观赏，
具有纯朴、典雅风采。

- 外观：常绿乔木，高2~3米；枝无毛，具多数皮孔。
- 叶：叶互生，厚，近革质，叶片椭圆形或阔椭圆形，两面均无毛；中脉粗壮，在腹面凹入；叶柄粗壮。
- 花：花单性，雌雄异株，总状花序，雄花序长3~4.5厘米，雌花序较短，黄绿色。
- 果：蒴果球形，具3沟槽，长7~8毫米；分果爿尖卵形，顶端具喙；种子球形，直径约4毫米。
- 分布：分布于我国广西、广东等地区。

花序聚生于枝间。

山乌桕

科属：大戟科乌桕属。 **花期：**4~6 月。

别名红乌桕、红叶乌桕、山柳乌桕，生于山谷或山坡混交林中。

功效：

根皮、树皮可用于治疗肾炎水肿，肝硬化腹水，大、小便不通；叶外用能缓解跌打肿痛。

食用价值：

种子榨油食用；花蜜可食。

应用布置：

在园林绿化中可栽作护堤树、庭荫树及行道树。秋色叶树种，可观叶。

- 外观：落叶乔木。
- 叶：叶子互生，长椭圆形，有细长的叶柄。秋季变为红叶。
- 花：许多小花密密麻麻地生在长长的花序上，排列成顶生的总状花序；通常上部为雄花，下部为雌花。
- 果：果实黑色，球形。
- 分布：分布于我国云南、四川、贵州、湖南、广西、广东、江西、安徽、浙江、福建等地区。

上部为雄花，下部为雌花。

单叶

乌桕

科属：大戟科乌桕属。 **花期：**4~8月。

生于旷野、塘边或疏林中，为中国特有的经济树种，已有1400多年的栽培历史。

功效：

根皮治毒蛇咬伤。白色之蜡质层（假种皮）溶解后可制肥皂、蜡烛。

应用布置：

可孤植、丛植于草坪和湖畔、池边，在园林绿化中可栽作护堤树、庭荫树及行道树。

- 外观：乔木，各部均无毛而具乳状汁液。
- 茎：树皮暗灰色，有纵裂纹；枝广展，具皮孔。
- 叶：叶互生，纸质，叶片多菱形，顶端骤然紧缩具长短不等的尖头，全缘；网状脉明显；叶柄纤细。
- 花：花单性，雌雄同株，聚集成顶生且长6~12厘米的总状花序，雌花通常生于花序轴最下部，雄花通常生于花序轴上部。
- 果：蒴果梨状球形。
- 分布：主要分布于黄河以南地区。

同山乌桕，上部为雄花，下部为雌花。

单叶

油桐

科属：大戟科油桐属。 **花期**：3~4月。

油桐已有悠久历史，人们自古就有喜爱油桐花的情结。通常栽培于海拔1000米以下丘陵山地。

功效：
全株有毒，种子毒性较大，树皮及树叶次之大。

食用价值：
种子可榨油。

应用布置：
木材富含松脂，耐腐，适作建筑、家具、枕木、矿柱、电杆、人造纤维等用材。

- 外观：落叶乔木，高可达10米；树皮灰色，近光滑。
- 茎：枝条粗壮，无毛，具明显皮孔。
- 叶：叶卵圆形，长8~18厘米，全缘；掌状脉；叶柄与叶片近等长，几无毛。
- 花：花雌雄同株，先叶或与叶同时开放；雌雄花同形，花瓣白色，有淡红色脉纹，倒卵形，长2~3厘米。
- 果：核果近球状，直径4~8厘米，果皮光滑；种子3~8颗，种皮木质。
- 分布：分布于我国华东、华中及陕西、广东、海南、广西、四川、贵州、云南等地区。

花心有红色条纹。

铁冬青

植物档案：

分布情况：分布于我国华东、华中、华南、西南等地区。

科属：冬青科冬青属。

花期：4 月。

树叶厚而密；红色果穗在枝头。

生长环境：

耐阴，耐旱，耐霜冻，耐瘠，宜疏松肥沃、排水良好的酸性土壤。

形态特征：

- 茎：小枝圆柱形，挺直；老枝具纵裂缝，叶痕倒卵形或三角形。
- 叶：叶片薄革质或纸质，全缘，稍反卷，两面无毛。
- 花：聚伞花序或伞形状花序生于叶腋；雄花白色，花瓣 4，开放时反折；雄蕊长于花瓣。
- 果：果直径 4~6 毫米，成熟时红色，内果皮近木质。

花楸树

植物档案：

分布情况：分布于我国东北及内蒙古、河北、山西、甘肃等地区。

科属：蔷薇科花楸属。

花期：5~6 月。

花叶美丽，可做庭园风景树。

生长环境：

常生于海拔 900~2500 米的山坡或山谷杂木林内。

形态特征：

- 叶：奇数羽状复叶；基部和顶部的叶片稍小，卵状披针形或椭圆披针形，先端急尖或短渐尖，基部偏斜圆形；中部以下近于全缘，上面具稀疏绒毛或近于无毛。
- 花：复伞房花序具多数密集花朵，花瓣宽卵形或近圆形，白色，内面微具短柔毛。
- 果：果实近球形，红色或桔红色，具宿存闭合萼片。

枹栎

植物档案：

分布情况：分布于我国山西、陕西、山东、安徽、湖南、广东等地区。

科属：壳斗科栎属。

花期：3~4 月。

果实在四川被称作“橡子”，可用来做橡子凉粉。

生长环境：

生于海拔 200~2000 米的山地或沟谷林中。

形态特征：

- 叶：叶片薄革质，倒卵形或倒卵状椭圆形，顶端渐尖或急尖，基部楔形或近圆形，叶缘有腺状锯齿。
- 花：雄花序长 8~12 厘米，花序轴密被白毛，雄蕊 8；雌花序长 1.5~3 厘米；小苞片长三角形，贴生，边缘具柔毛。
- 果：坚果卵形至卵圆形，果脐平坦。

鹅耳枥

植物档案：

分布情况：分布于我国辽宁、山西、河北、河南、山东、陕西、甘肃。

科属：桦木科鹅耳枥属。

花期：4~5 月。

叶脉明显，
比较粗糙。

生长环境：

耐干旱、瘠薄，稍耐阴，宜肥沃湿润的土壤。

形态特征：

- 茎：枝细瘦，灰棕色，无毛；小枝被短柔毛。
- 叶：叶通常卵形、宽卵形，边缘具重锯齿，侧脉 8~12 对；叶柄长 4~10 毫米。
- 果序：果穗奇特，果序长 3~5 厘米；序梗长 1~1.5 厘米；果苞变异较大，通常半宽卵形、半卵形。
- 果：小坚果宽卵形，长约 3 毫米，无毛。

白桦

植物档案：

分布情况：分布于我国东北、华北、华东、华南、西南等地区。

科属：桦木科桦木属。

花期：5~6 月。

果序穗状，
下垂。

生长环境：

喜光不耐阴，喜湿不耐旱，宜酸性土壤。

形态特征：

- 茎：枝条暗灰色或暗褐色，无毛。
- 叶：叶厚纸质，通常三角状卵形，长 3~9 厘米，边缘具重锯齿，侧脉 5~8 对；叶柄细瘦，长 1~2.5 厘米。
- 果：果序单生，圆柱形或矩圆状圆柱形，通常下垂，长 2~5 厘米；小坚果狭矩圆形、矩圆形或卵形，长 1.5~3 毫米。

红花荷

植物档案：

分布情况：分布于我国广西、广东中西部等地区。

科属：金缕梅科红花荷属。

花期：1~3 月。

花重瓣，花
药为黑色。

生长环境：

适宜种植于近水、阳光充足而有遮蔽的地方。

形态特征：

- 外观：常绿乔木，树干高而挺直，分枝较多。
- 叶：单叶互生，卵圆形，最长可达 15 厘米；叶质坚硬，叶背有蓝白色的蜡粉。
- 花：花玫红色，通常下垂；常 4~5 朵簇生于枝条末端或叶腋位置，组成头状花序；有 4~5 轮锈色的苞片；花径 4~5 厘米。
- 果：木质蒴果，内有 20~30 枚形状不规则的灰褐色种子。

单叶

槲栎

科属：壳斗科栎属。 **花期：**3~5 月。

别名大叶栎树、白栎树、虎朴、细皮青冈、大叶青冈、青冈、菠萝树、槲树、橡树。

生于向阳山坡，常与其他树种组成混交林或成小片纯林。

食用价值：

种子富含淀粉，可酿酒，也可制凉皮、粉条，做豆腐及酱油。

应用布置：

叶形奇特，是美丽的观叶树种，适宜浅山风景区造景之用。

- 外观：落叶乔木；树皮暗灰色，深纵裂。
- 茎：小枝灰褐色，近无毛，具圆形淡褐色皮孔；芽卵形，芽鳞具缘毛。
- 叶：叶片通常长椭圆状倒卵形，叶缘具波状钝齿，叶背被灰棕色细绒毛。
- 花：雄花序长 4~8 厘米，雄花单生或数朵簇生于花序轴，花被 6 裂；雌花序生于新枝叶腋，单生或 2~3 朵簇生。
- 果：壳斗杯形，包着坚果约 1/2。
- 分布：分布于我国华中及陕西、山东、江苏、安徽、浙江、江西、广东、广西、四川、贵州、云南等地区。

叶边缘有波状齿。

单叶

蒙古栎

科属：壳斗科栎属。　**花期**：4~5月。

是我国国家二级珍贵树种，也是我国东北林区中主要的次生林树种，常在阳坡、半阳坡形成小片纯林或与桦树等组成混交林。

功效：
树皮入药有收敛止泻及治痢疾之效。

食用价值：
种子不能食用，但可酿酒。

应用布置：
孤植、丛植或与其他树木混交成林均适宜，可植作园景树或行道树。

- 外观：落叶乔木，高达30米，树皮灰褐色，纵裂。
- 茎：幼枝紫褐色，有棱，无毛。顶芽长卵形，微有棱，芽鳞紫褐色。
- 叶：叶片倒卵形至长倒卵形，长7~19厘米，宽3~11厘米，叶缘7~10对钝齿或粗齿；叶柄长2~8毫米，无毛。
- 花：雄花序生于新枝下部，花被6~8；雌花序生于新枝上端叶腋，有花4~5，通常只1~2朵发育，花被6。
- 果：壳斗杯形，包着坚果1/3~1/2；坚果卵形至长卵形。
- 分布：分布于我国东北及内蒙古、河北、山东等地区。

果壳斗杯型，较短。

单叶

栓皮栎

科属：壳斗科栎属。 **花期**：3~4 月。

别称软木栎、粗皮青冈、白麻栎，在华北地区通常生于海拔 800 米以下的阳坡，在西南地区可生于海拔 2000~3000 米的地方。

食用价值：
种子不可食用，
但含大量淀粉，可酿酒。

应用布置：
是良好的绿化观赏树种，
也是营造防风林、水源涵养林
及防护林的优良树种，
是中国生产软木的主要原料。

- 外观：落叶乔木，高达 30 米；树皮黑褐色，深纵裂，木栓层发达。
- 叶：叶片通常卵状披针形，叶缘具刺芒状锯齿，叶背密被灰白色星状绒毛。
- 花：雄花序长达 14 厘米，花序轴密被褐色绒毛，花被 4~6 裂；雌花序生于新枝上端叶腋。
- 果：壳斗杯形，包着坚果 2/3，连小苞片直径 2.5~4 厘米，高约 1.5 厘米；坚果近球形或宽卵形，顶端圆。
- 分布：分布于我国华北、华东、华中及辽宁、陕西、甘肃、广东、广西、四川、贵州、云南等地区。

叶脉明显，波纹状。

野含笑

科属：木兰科含笑属。 **花期**：5~6 月。

一般是常绿阔叶林中第二、三层树种，别称悦色含笑、垂花含笑、灰毛含笑，生长于山坡中部以下的沟谷地带，溪旁较多。

应用布置：

花淡黄色，清香，可作庭园绿化树种。

- 外观：乔木，高可达 15 米，树皮灰白色，平滑；芽、嫩枝、叶柄、叶背中脉及花梗均密被褐色长柔毛。
- 叶：叶革质，通常狭倒卵状椭圆形，有光泽。
- 花：花腋生，淡黄色，芳香；花被片 6，倒卵形，长 1.6~2 厘米；心皮与雌蕊密被褐色毛。
- 果：聚合果长 4~7 厘米，具细长的总梗；蓇葖果黑色，球形或长圆体形，长 1~1.5 厘米。
- 分布：产于我国浙江、江西、福建、湖南、广东、广西等地区。

单叶

凹叶厚朴

植物档案：

分布情况：分布于我国华东、华中、华南、西南等地区。

科属：木兰科木兰属。

花期：4~5 月。

叶先端有凹口，叶脉明显。

生长环境：

中性偏阴，畏酷暑和干热，喜凉爽湿润，以肥沃排水良好的酸性土壤为宜。

形态特征：

- 茎：树皮厚，褐色，不开裂；小枝粗壮，淡黄色或灰黄色。
- 叶：叶大，近革质，7~9 片聚生于枝端，长 22~45 厘米，叶先端凹缺，成 2 钝圆的浅裂片；叶柄粗壮。
- 花：花白色，径 10~15 厘米，芳香；花被片 9~12，厚肉质，外轮 3 片淡绿色，盛开时常向外反卷，内两轮白色，倒卵状匙形。
- 果：聚合果长圆状卵圆形，长 9~15 厘米。

厚朴

植物档案：

分布情况：分布于我国华中及陕西、甘肃、河南、四川等地区。

科属：木兰科木兰属。

花期：5~6 月。

聚合果红色。

生长环境：

喜光，喜凉爽湿润，宜微酸性或中性土壤。

形态特征：

- 叶：叶大，近革质，7~9 片聚生于枝端，长 22~45 厘米，叶先端具短急尖或圆钝，下面被灰色柔毛，有白粉；叶柄粗壮，长 2.5~4 厘米。
- 花：花白色，径 10~15 厘米，芳香；花被片 9~12，厚肉质，外轮 3 片淡绿色，盛开时常向外反卷，内两轮白色，倒卵状匙形。
- 果：聚合果长圆状卵圆形，长 9~15 厘米。

青榨槭

植物档案：

分布情况：分布于我国华北、华东、中南、西南各地区。

科属：槭树科槭属。

花期：4 月。

有明显的羽状叶脉。

生长环境：

喜阳耐阴，耐寒耐湿，对土壤选择要求不高。

形态特征：

- 茎：树皮黑褐色或灰褐色，常纵裂成蛇皮状。
- 叶：叶纸质，通常长圆卵形，边缘具不整齐的钝圆齿；叶柄长 2~8 厘米。秋季叶片变红。
- 花：花黄绿色，雄花与两性花同株，成下垂的总状花序，顶生；花与叶大约同时长出；雄花的花梗长 3~5 毫米；两性花的花梗长 1~1.5 厘米；花瓣 5，倒卵形。
- 果：翅果成熟后黄褐色。

单叶

黄连木

植物档案：

分布情况：广泛分布于全国各地区。

科属：漆树科黄连木属。

花期：3~4 月。

生长环境：

喜光，幼时稍耐阴；喜温暖，畏严寒；耐干旱，耐瘠薄，对土壤要求不高。

形态特征：

- 叶：奇数羽状复叶互生；披针形或卵状披针形或线状披针形，先端渐尖或长渐尖，基部偏斜，全缘。
- 花：花小，单性异株，先花后叶，圆锥花序腋生，雄花序排列紧密，雌花序排列疏松。
- 果：核果倒卵状球形，成熟时紫红色，先端细尖。

稠李

植物档案：

分布情况：分布于我国东北、华北及河南、山东等地区。

科属：蔷薇科稠李属。

花期：4~5 月。

生长环境：

喜光耐阴，不耐旱，略忌涝，不耐瘠薄。

形态特征：

- 茎：老枝紫褐色或灰褐色，有浅色皮孔；小枝红褐色或带黄褐色。
- 叶：叶片通常椭圆形，长 4~10 厘米，边缘有不规则锯齿。
- 花：总状花序具有多花，长 7~10 厘米，基部通常有 2~3 朵，通常较小；白色，雄蕊多数，花丝长短不等；有特殊味道。
- 果：核果卵球形，顶端有尖头。

血皮槭

植物档案：

分布情况：分布于我国河南、陕西、甘肃、湖北、四川等地区。

科属：槭树科槭属。

花期：4 月。

生长环境：

集中分布在 1000~1800 米之间，几乎全部分布在半阳坡、半阴坡、阴坡以及沟谷环境中。

形态特征：

- 茎：小枝圆柱形，当年生枝淡紫色，密被淡黄色长柔毛，多年生枝深紫色或深褐色。
- 叶：复叶；小叶纸质，卵形，椭圆形或长圆椭圆形，先端钝尖，边缘有钝形大锯齿。
- 花：聚伞花序；花淡黄色，杂性，雄花与两性花异株；花瓣 5，长圆倒卵形。
- 果：小坚果黄褐色，凸起，近于卵圆形或球形，密被黄色绒毛。

单叶

柘树

科属：桑科柘属。 **花期：**5~6月。

别名黄桑，生于海拔200~1500米的阳光充足的荒坡、山地、林缘及溪旁。

功效：

柘树的木材能化瘀止血、清肝明目、截疟，缓解崩漏、飞丝入目、疟疾。

食用价值：

果可生食或酿酒。

应用布置：

可栽种作为绿篱。

- 外观：小乔木或落叶灌木，高1~7米。
- 茎：树皮灰褐色，小枝无毛，略具棱，有棘刺。
- 叶：叶卵形或菱状卵形，长5~14厘米，先端渐尖，基部楔形至圆形；叶柄长1~2厘米。
- 花：雌雄异株，雌雄花序均为球形头状花序；雄花序直径0.5厘米，花被片4，肉质，先端肥厚，内卷；雌花序直径1~1.5厘米，花被片4，花被片先端盾形，内卷。
- 果：聚花果近球形，直径约2.5厘米，肉质，成熟时橘红色。
- 分布：分布于我国华北、华东、中南、西南各地区。

叶有卵形，也有三裂成鸡爪状。

单叶

大头茶

科属：山茶科大头茶属。 **花期：**10~12月。

又名大山皮和楠木树，常生于海拔500~3000米的山谷、溪边、林缘。

功效：

茎皮入药，能活络止痛，主治风湿腰痛、跌打损伤；花可治吐血、鼻出血；叶可治痈疮、痢疾、胃痛、关节炎。

应用布置：

可供作庭园树、行道树、公园树、造林等用途。花大而洁白，花期正值冬季少花季节，可于园林中丛植观赏。

▶ 外观：常绿乔木。

▶ 叶：革质，倒披针形，像个长勺子，上部有钝锯齿，下部则全缘，这是它一个很好的辨识特征。

▶ 花：白色的花冠大，簇生在枝条末端，花心有无数颜色鲜艳的黄色花蕊；花径8~10厘米。

▶ 果：蒴果木质，开裂后许多有翅的种子便会随风飘散。

▶ 分布：分布于我国广东、海南、广西、云南、福建等地区。

花蕊黄色，花瓣薄纸质。

单叶

木荷

科属：山茶科木荷属。　**花期：**5~8 月。

别称荷木、木艾树、何树、柯树、木和、回树、木荷柴、横柴，常生于山地杂木林中，有大毒。

功效：

根皮入药，清热解毒，外用可除无名肿毒。

应用布置：

既是优良的绿化、用材树种，又是较好的耐火、抗火、难燃树种。木荷树林带，能防火防风，阻拦风浪。

- 外观：乔木，株高可达 25 米。
- 叶：叶椭圆形，薄革质，表面有光泽，边缘有钝齿。
- 花：花生于枝顶叶腋，常多朵排成总状花序，大而洁白，并且有浓郁芳香。
- 分布：分布于我国中部和南部的山林中。

雄蕊数量多，花生于叶腋。

单叶

油茶

科属：山茶科木荷属。 **花期**：10~12月。

是世界四大木本油料之一，生长在中国南方亚热带地区的高山及丘陵地带，是中国特有的一种纯天然高级油料。

功效：
种子油即茶油入药，能清热化湿、杀虫解毒，可用于治疗痧气腹痛、疥癣等病症。

食用价值：
春天的茶苞可以食用；种子榨油，可食。

应用布置：
园林花坛造景使用，可孤植、丛植。

- 外观：大灌木或小乔木，株高2~5米。
- 叶：单叶互生，呈椭圆形，革质，表面光亮，边缘有细锯齿。
- 花：大而洁白的花朵生在枝顶，花瓣5~7，前端凹入或有2裂，雄蕊及花药均为黄色；花径6~8厘米。
- 果：呈球形，初期有毛，后脱落。
- 种子：深褐色或黑色，三角状，有光泽。
- 分布：我国长江流域至华南各地广泛栽培。

花瓣上有纵向细条纹。

单叶

毛梾木

科属：山茱萸科梾木属。　**花期：**5月。

又名车梁木，生于山谷杂木林中，生长极其缓慢，数十年不见其增高。木质坚硬如铁。

功效：

毛梾油有助于降低人体高血脂、高血压，能缓解痿症、肺结核等症。

食用价值：

是木本油料植物，毛梾油可以食用，油渣可作饲料和肥料。

应用布置：

可园林绿化使用，栽植于花坛、花境。

- 外观：落叶乔木，高6~15米；树皮厚，黑褐色。
- 茎：幼枝对生，绿色，略有棱角，密被贴生灰白色短柔毛，老后黄绿色，无毛。
- 叶：叶对生，纸质，椭圆形、长圆椭圆形或阔卵形，两面均贴生短柔毛。
- 花：伞房状聚伞花序顶生，花密，宽7~9厘米；瓣花4，白色，有香味，雄蕊4，伸出花冠。
- 果：核果球形，成熟时黑色。
- 分布：分布于我国华东、华中、华南、西南以及辽宁、河北、山西南部各地区。

花小，雄蕊远远伸出。

单叶

野鸦椿

科属：省沽油科野鸦椿属。　**花期**：5~6 月。

别名酒药花、鸡肾果、鸡眼睛、小山辣子、山海椒、芽子木、红椋，多生长于山脚和山谷，常与一些小灌木混生，散生，很少有成片的纯林。

功效：

根及干果入药，用于祛风除湿。

食用价值：

嫩茎叶可作野菜食用。

应用布置：

具有观花、观叶和赏果的效果，观赏价值高，可群植、丛植于草坪，也可用于庭园、公园等地布景。

- 外观：落叶小乔木或灌木，高 2~8 米。
- 茎：树皮灰褐色，有纵条纹；小枝及芽红紫色。
- 叶：叶对生，奇数羽状复叶；小叶厚纸质，长卵形或椭圆形；主脉在上面明显，在背面突出；枝叶揉碎后发出恶臭气味。
- 花：圆锥花序顶生，花多，较密集，黄白色，萼片与花瓣均 5，椭圆形。
- 果：蓇葖果果皮软革质，紫红色；果成熟后果荚开裂，果皮反卷，露出鲜红色的内果皮，黑色的种子粘挂在内果皮上。
- 分布：除我国西北各省外，全国均产。

花小，黄白色，在枝顶密集。

单叶

君迁子

科属：柿科柿属。 **花期：**5~6月。

别称黑枣、软枣、牛奶枣、野柿子、丁香枣。生于海拔500~2300米的山地、山坡、山谷的灌丛中或林缘。

功效：

果实入药，可止消渴，去烦热。

食用价值：

成熟果实可供食用，亦可制成柿饼，又可供制糖、酿酒、制醋。

应用布置：

广泛栽植作庭园树或行道树。

- 外观：落叶乔木；树冠近球形或扁球形。
- 茎：树皮多灰黑色，有厚块状剥落；小枝有纵裂的皮孔；冬芽先端尖。
- 叶：叶近膜质，椭圆形至长椭圆形；侧脉每边7~10。
- 花：花壶型，4裂，近无梗；雄花1~3朵腋生，簇生，带红色或淡黄色；雌花单生，淡绿色或带红色。
- 果：果几无柄，近球形或椭圆形，初熟时为淡黄色，后则变为蓝黑色。
- 分布：分布于我国华北、华东、华中及辽宁、陕西、甘肃、贵州、四川、云南、西藏等地区。

果熟期为8~9月。

单叶

酸枣

科属：鼠李科枣属。 **花期：**6~7 月。

作为中药应用已有 2000 多年的历史，中医典籍《神农本草经》中很早就有记载，其可以“安五脏，轻身延年”。

功效：
种子酸枣仁入药，有镇定安神之功效。

食用价值：
为华北地区的重要蜜源植物之一。果实肉薄，含有丰富的维生素 C，可生食或制作果酱。

应用布置：
可园林绿化使用，栽植于花坛、花境。

- 外观：落叶灌木。
- 茎：有长枝，短枝和新枝呈“之”字形曲折，具 2 个托叶刺，长刺可达 3 厘米，粗直；短枝短粗，矩状；当年生小枝绿色，下垂。
- 叶：叶卵形至卵状长椭圆形；边缘有圆齿状锯齿，基生三出脉。
- 花：聚伞花序枝条上腋生，花小，黄绿色，有 5 瓣。
- 果：核果卵形至长圆形，直径 0.7~1.2 厘米，具薄的中果皮，味酸；核两端钝。
- 分布：分布于我国华北、西北及辽宁、山东、河南、江苏、安徽等地区。

果实脆、酸甜可口。

单叶

蒲桃

植物档案：

分布情况：主要分布于我国华南、西南等地区。

科属：桃金娘科蒲桃属。

花期：3~4 月。

生长环境：

喜光照充足，耐水湿，耐旱瘠，对土壤选择要求不严。

形态特征：

- 叶：叶片革质，披针形或长圆形，长 12~25 厘米，宽 3~4.5 厘米，叶面多透明细小腺点，侧脉在下面明显突起，网脉明显；叶柄长 6~8 毫米。
- 花：聚伞花序顶生，有花数朵，花白色；花瓣分离，阔卵形，长约 14 毫米。
- 果：果实球形，果皮肉质，直径 3~5 厘米，成熟时黄色；种子 1~2 颗。

滨木患

植物档案：

分布情况：分布于我国云南、广西、广东、海南等地区。

科属：无患子科滨木患属。

花期：夏初。

生长环境：

喜光，稍耐阴，耐湿，对土壤选择无特殊要求。

形态特征：

- 茎：小枝圆柱状，有直纹，皮孔多而密，黄白色。
- 叶：叶连柄长 15~35 厘米；小叶 2 或 3 对，近对生；薄革质，通常长圆状披针形，长 8~18 厘米。
- 花：花序常紧密多花，比叶短；花芳香；花瓣 5，与萼近等长，鳞片被长柔毛。
- 果：蒴果的发育果爿椭圆形，长 1~1.5 厘米，红色或橙黄色；种子枣红色，假种皮透明。

刺楸

植物档案：

分布情况：分布于我国大部分地区。

科属：五加科刺楸属。

花期：7~10 月。

生长环境：

喜阳光充足，稍耐阴，喜湿润，宜在中性或微酸性土壤中生长。

形态特征：

- 茎：小枝淡黄棕色或灰棕色，散生粗刺；刺基部宽阔扁平。
- 叶：叶片纸质，直径 9~25 厘米；掌状 5~7 浅裂，边缘有细锯齿，放射状主脉 5~7，两面均明显；叶柄细长，长 8~50 厘米。
- 花：圆锥花序大；伞形花序，有花多数；花白色或淡绿黄色，花瓣 5，三角状卵形。
- 果：果实球形，直径约 5 毫米，蓝黑色。

中国黄花柳

植物档案：

分布情况：分布于我国华北、西北和内蒙古等地区。

科属：杨柳科柳属。

花期：4 月下旬。

生长环境：

喜阳、喜湿，对土壤无特殊要求。

形态特征：

- 叶：叶形多变化，一般为椭圆形、椭圆状披针形或卵形，长 3.5~6 厘米，宽 1.5~2.5 厘米，多全缘，在萌枝或小枝上部的叶较大。
- 花：花先叶开放，黄绿色；雄花序宽椭圆形至近球形，粗 1.8~2 厘米，开花顺序自上往下；雌花序短圆柱形；雌雄花序密被白色长毛。
- 果：蒴果线状圆锥形，长达 6 毫米。

杨梅

植物档案：

分布情况：主要分布于我国华东、华南、华中等地区。

科属：杨梅科杨梅属。

花期：4 月。

生长环境：

耐阴果树，喜酸性土壤，生长于海拔 125~1500 米的山坡或山谷林。

形态特征：

- 叶：叶革质，无毛，生存至 2 年脱落，常密集于小枝上端部分；生于萌发条上的叶片长 16 厘米以上。
- 花：花雌雄异株；雄花序单独或数条丛生于叶腋，通常单穗状；雌花序常单生于叶腋。
- 果：核果球状，外果皮肉质，成熟时深红色或紫红色；内果皮极硬，木质。

大果榆

植物档案：

分布情况：分布于我国华东、华中、华南、西南等地区。

科属：榆科榆属。

花期：4~5 月。

生长环境：

喜光，耐冷、耐旱，对土壤要求不高，稍耐盐碱。

形态特征：

- 茎：小枝有时两侧具对生而扁平的木栓翅；一年或二年生枝淡褐黄色或淡黄褐色；冬芽卵圆形或近球形，边缘有毛。
- 叶：叶通常宽倒卵形或倒卵形，厚革质，两面粗糙有毛，边缘通常有重锯齿。
- 花：花在去年生枝上排成簇状聚伞花序或散生于新枝的基部。
- 果：翅果具红褐色长毛；果核部分位于翅果中部。

复叶

黄檗

科属：芸香科黄檗属。 **花期：**5~6月。

又称黄菠萝、黄柏、关黄柏、黄伯栗，目前被列为国家二级保护植物，多生于山地杂木林中或山区河谷沿岸。

功效：
树皮内层经炮制后可入药，具有清热解毒、泻火燥湿的功效。

应用布置：
可园林花坛中孤植，秋季叶片变黄可观叶。

- 外观：树高10~20米，大树高达30米。
- 茎：枝扩展，成年树的树皮有厚木栓层，深沟状或不规则网状开裂；内皮薄，鲜黄色，味苦，黏质。
- 叶：叶轴及叶柄均纤细，有小叶5~13，小叶薄纸质，通常卵状披针形，叶缘有细钝齿和缘毛；秋季落叶前叶色由绿转黄而明亮。
- 花：花序顶生；花瓣紫绿色，很小。
- 果：果圆球形，径约1厘米。
- 分布：主要分布于我国东北、华北及河南、安徽等地区。

小果聚生于枝端。

核桃

科属：胡桃科胡桃属。 **花期：**5月。

又称胡桃，羌桃，为世界著名的“四大干果”之一，常见于山区河谷两旁土层深厚的地方。

功效：
种仁入药，可补肾、固精强腰、温肺定喘、润肠通便。

食用价值：
种仁含油量高，可生食，亦可榨油食用。

小知识：
用于人们把玩的核桃被称之为文玩核桃，在明清时期，把玩核桃的风气达到了巅峰。

- 外观：乔木，高达 20~25 米；树干较别的种类矮，树冠广阔；树皮幼时灰绿色，老时则灰白色而纵向浅裂。
- 叶：奇数羽状复叶长 25~30 厘米；小叶通常 5~9，长 6~15 厘米，宽 3~6 厘米。
- 花：花黄绿色；雄性葇荑花序下垂，长 5~10 厘米；雌性穗状花序通常具 1~4 雌花。
- 果：果序短，具 1~3 果实；果实近于球状，无毛；果核坚硬；隔膜较薄，内里无空隙；内果皮壁有皱曲。
- 分布：分布于我国大部分地区。

果核可用来当作把玩之物。

复叶

胡桃楸

科属：胡桃科胡桃属。 **花期**：5月。

又称核桃楸，多生长于土质肥厚、湿润、排水良好的沟谷两旁或山坡的阔叶林中。

功效：
种仁入药，能敛肺定喘、温肾润肠；
青果皮入药，能止痛；
树皮入药，能清热解毒。

食用价值：
种子油供食用，种仁可食。

应用布置：
单植或丛植均可作观赏树种，宜植于花坛、花境。

- 外观：乔木；枝条扩展，树冠扁圆形。
- 茎：树皮灰色，具浅纵裂；幼枝被有短茸毛。
- 叶：奇数羽状复叶长可达 80 厘米；生于孕性枝上的复叶稍短，长 40~50 厘米，小叶 9~17。
- 花：雄性葇荑花序长 9~20 厘米；雌性穗状花序具雌花 4~10，花被片披针形或线状披针形，被柔毛，柱头鲜红色。
- 果：果序俯垂，通常具 5~7 果实。
- 分布：分布于我国黑龙江、吉林、辽宁及河北、山西等地区。

花穗与叶片同时开放。

复叶

化香树

科属：胡桃科化香树属。 **花期：**5~6 月。

常生长在海拔 600~1300 米，有时达 2200 米的向阳山坡及杂木林中，也有栽培种。

功效：

果序入药，能活血行气、顺气祛风、消肿止痛、杀虫止痒。

应用布置：

是一种速生多用途的绿化树种，也是荒山造林先锋树种之一。常与山苍子、杜鹃花、短柄枹、假死材、黄檀、竹等组成次生林。

- 外观：落叶小乔木；树皮灰色，老时则不规则纵裂。
- 茎：二年生枝条暗褐色，具细小皮孔。
- 叶：羽状复叶，小叶 7~23；小叶纸质，侧生小叶无叶柄，不等边；顶生小叶有长 2~3 厘米的小叶柄，基部对称。
- 花：有两性花序、雄花序两种，顶生，直立；两性花序通常 1 条，着生于中央顶端，雌花序在下，雄花序上部；雄花序通常 3~8，位于两性花序下方。
- 果：果序球果状；果实小坚果状，两侧具狭翅。
- 分布：分布于我国大部分地区。

果序球果状，褐色。

复叶

陕甘花楸

科属：蔷薇科花楸属。　花期：6月。

喜温润肥沃土壤，常生在溪谷阴坡山林中。

应用布置：
陕甘花楸枝叶秀丽，
结白色果实，
是一种优良的园林观赏树种。
可栽培供观赏。

▶茎：小枝圆柱形，暗灰色或黑灰色。

▶叶：奇数羽状复叶；小叶片长圆形至长圆披针形，先端圆钝或急尖，基部偏斜圆形，边缘有尖锐锯齿。

▶花：复伞房花序；花瓣宽卵形，先端圆钝，白色，内面微具柔毛或近无毛。

▶果：果实球形，白色，先端具宿存闭合萼片。

▶分布：分布于我国山西、河南、陕西、甘肃、青海、四川等地区。

叶每侧有9~14齿。

木棉

科属：木棉科木棉属。 **花期**：3~4 月。

又名红棉、英雄树、攀枝花、斑芝棉、斑芝树。

功效：

花入药，能清热除湿，治菌痢、肠炎、胃痛；根皮祛风湿、治跌打；树皮为滋补药，亦用于治痢疾、月经过多。

食用价值：

花去掉雄蕊，可供蔬食，能做汤、炒食、做粥。

应用布置：

花大而美，树姿巍峨，可植为庭园观赏树、行道树。

- 外观：落叶大乔木，高可达 25 米。
- 茎：树皮灰白色，幼树的树干通常有圆锥状的粗刺；分枝平展。
- 叶：掌状复叶，小叶 5~7，全缘，两面均无毛；叶柄长 10~20 厘米；小叶柄长 1.5~4 厘米。
- 花：花单生枝顶叶腋，通常红色，有时橙红色，直径约 10 厘米；花瓣肉质，外轮雄蕊多数，集成 5 束。
- 果：蒴果长圆形，钝，长 10~15 厘米，粗 4.5~5 厘米，密被柔毛；种子多数，倒卵形。
- 分布：分布于我国云南、四川、贵州、广西、江西、广东、福建等地区。

树干有粗刺。

木蜡树

科属：漆树科漆属。　**花期**：5~6 月。

生于山坡、山沟、灌木林中，为中国特有的经济树种，已有 1400 多年的栽培历史。

应用布置：

为秋色叶树种，

可孤植、丛植或群植。

- 外观：落叶乔木或小乔木，高达 10 米。
- 茎：幼枝和芽被黄褐色绒毛，树皮灰褐色。
- 叶：奇数羽状复叶互生，有小叶 3~6 对；叶柄长 4~8 厘米；小叶对生，纸质，通常卵形或长圆形，长 4~10 厘米，全缘，两面均有毛。
- 花：圆锥花序长 8~15 厘米，密被锈色绒毛；花黄色；花瓣长圆形，长约 1.6 毫米，具暗褐色脉纹。
- 果：核果极偏斜，压扁；外果皮薄，具光泽，无毛，成熟时不裂，中果皮蜡质，果核坚硬。
- 分布：我国长江以南各地区均产。

花极小，组成大型圆锥花序。

复叶

盐肤木

科属：漆树科盐肤木属。 **花期：**8~10 月。

别称五倍子树、山梧桐、耳欺树、黄瓤树。

功效：
树皮、根、叶、花、种子均可入药。蚜虫寄生在叶片而形成的虫瘿，是著名中药“五倍子”，具有敛肺、止汗、涩肠、固精、止血等功效。

食用价值：
嫩茎叶可作为野生蔬菜食用。

应用布置：
在园林绿化中，可作为观叶、观果的树种。

- 外观：落叶小乔木或灌木。
- 叶：奇数羽状复叶；小叶椭圆形，边缘有很明显的锯齿；在叶轴上有叶状的小翅，这是它一个很明显的识别要点。
- 花：大型的圆锥花序生于枝头，比较开展，上面生有许多小白花；花径 0.2~0.3 厘米。
- 果：呈椭圆形，成熟后红色，外表包有一层半透明的盐状颗粒，因而得名。
- 分布：广泛生于全国各地。

圆锥花序有分枝。

第九章

蘑菇

野生蘑菇在我们身边随处可见，然而，分辨它们需要多年的经验和严谨的分类学常识。为避免误食有毒蘑菇，最好不要盲目擅自采食。但是菌类的世界也是精彩纷呈，跟着本章一起来看看吧！

桂花耳

别称匙盖假花耳。

食用价值：

可以食用，含丰富的类胡萝卜素。

生长环境：

春、夏、秋三季生于针叶树或阔叶树的腐木上。

- 外观：群生或丛生，胶质；体型小，似桂花。子实层生于子实体的下侧，新鲜时黄色，干后呈橙色或红褐色。
- 菌柄：湿润有褶皱，干后有明显的棱纹。
- 孢子：椭圆形至长方形，多弯曲。
- 分布：广泛分布于我国各地。

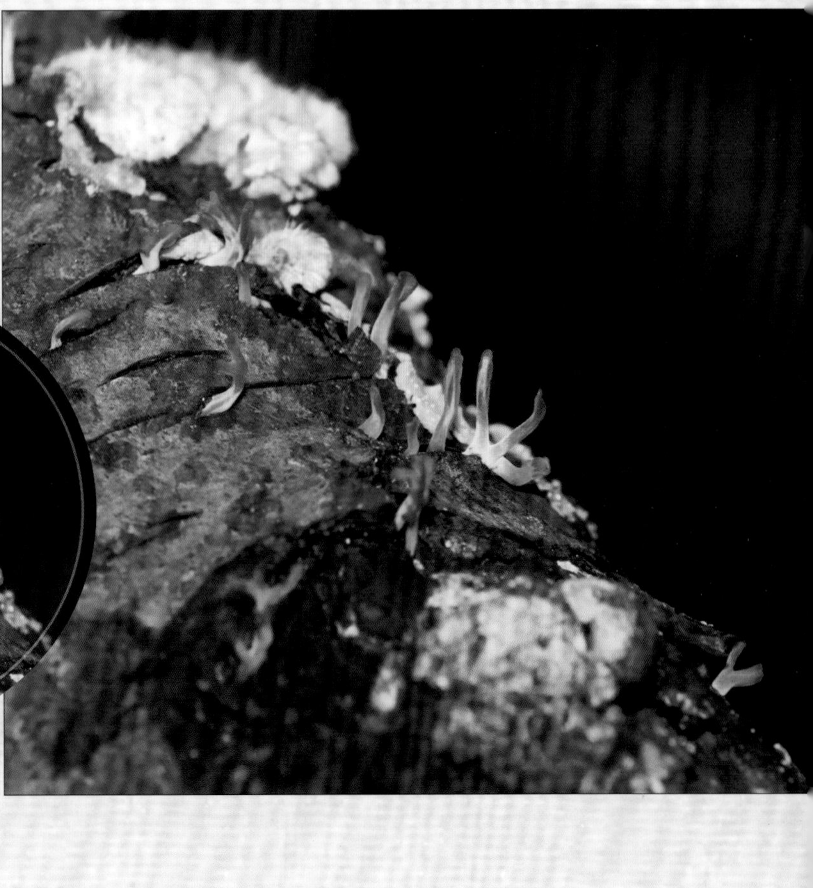

子实体似桂花，也似鹿角。

蛋巢菌

因为长得像鸟蛋且聚生在一起而得名。

功效：
可入药。

食用价值：
幼时可食。

生长环境：
夏、秋季生于枯枝、落叶或朽木上。

- 外观：子实体杯状，直径 1 厘米，多聚生；子实体中形成几个小包，像鸟蛋。
- 包被：包被一至多层；坚硬蜡质，内有担孢子。
- 菌柄：无柄。
- 孢子：平滑，无色，厚壁，常为大型。
- 分布：分布于我国大部分地区。

栎金钱菌

别称喜栎金钱菇。

食用价值：
可以食用。

生长环境：
春、秋季生于阔叶林的枯枝落叶层上。

- 外观：子实体群生或丛生。
- 菌盖：菌盖光滑、黏，中部黄褐色，边缘颜色浅，边缘有细条纹。
- 菌肉：与菌盖颜色相似，薄。
- 菌褶：白色，密集，不等长。
- 菌柄：淡土黄色，上部颜色浅，光滑且中空，基部膨大有绒毛。
- 孢子：孢子印白色，孢子无色、光滑。
- 分布：分布于我国黑龙江、河南、广西、福建、云南等地区。

菌柄黄褐色。

侧耳

又称平菇、北风菌、青蘑、粗皮侧耳。侧耳为世界上主要的人工栽培食用菌之一。

功效：
子实体有抗肿瘤功效，也可治疗腰腿疼痛、手足麻木、经络不通。

食用价值：
可以食用，味道鲜美，营养丰富。

生长环境：
春、秋季生于各种阔叶树的枯木或倒木上。

- 外观：子实体覆瓦状丛生。
- 菌盖：白色至灰白色、青灰色、灰褐色，光滑，耳状。
- 菌柄：短或无，实心，白色。
- 孢子：孢子印白色，孢子无色。
- 分布：分布于我国东北、华北及江苏、河南、陕西、四川、广东、广西、云南、贵州、福建等地区。

狮黄光柄菇

通体黄色，菌柄颜色稍浅，生长于腐木上。

食用价值：
可以食用。

生长环境：
夏、秋季生于阔叶树腐木或木屑上。

- 外观：子实体较小，往往群生或丛生。
- 菌盖：直径 3~6 厘米，表面湿润，橙黄或鲜黄色。
- 菌肉：薄，白色略黄。
- 菌柄：黄白色，脆。
- 孢子：光滑，带浅黄色。
- 分布：分布于我国东北及河南、四川、云南等地区。

大量群生或丛生。

晶粒鬼伞

因其菌盖表面留有一层晶粒状的菌幕残余而得名，别称云母鬼伞。

食用价值：
幼嫩时能够食用；
偶有人中毒，
喝酒前后食用中毒几率增高。
应谨慎食用。

生长环境：
春末或秋初生于杨树、柳树、构树、桑树、梧桐树及刺槐等树干基部腐朽处。

- 外观：子实体矮小。
- 菌盖：肉质，初钟形，后伞盖逐渐打开；有云母状发亮小颗粒，容易脱落。
- 菌肉：白色，薄。
- 菌褶：凹生，幼时白色，最后为黑色，缓慢自溶。
- 菌柄：白色圆柱形，中空。
- 孢子：暗褐色，光滑，椭圆形。
- 分布：分布于我国东北、华北及甘肃、青海、四川、贵州等地区。

钟形菌盖，后续会打开。

墨汁鬼伞

又名鬼盖、鬼伞、鬼屋、鬼菌或地盖。

功效：

新鲜时不可日晒，
否则整个子实体将潮解成墨汁。
以子实体入药，益胃肠、
化痰理气、解毒消肿，
可助消化、祛痰，
用于治无名肿毒。

食用价值：

可适量煮汤、炒熟食用，
但饮酒时食用可能引起中毒。

生长环境：

春至秋季，
在有腐木的地方丛生，
往往形成一大堆，多达数十枚。

- 外观：子实体小或中等。
- 菌盖：初期卵形至钟形，未开伞前边沿灰白色具有条沟棱，似花瓣状，当开伞时一般开始液化流墨汁状汁液。
- 菌肉：白色至灰白色。
- 菌褶：密，离生，不等长，最后成墨色汁液。
- 菌环：膜质，生于菌柄上部。
- 菌柄：污白，短小。
- 孢子：圆孢子黑褐色。
- 分布：分布于全国各地。

不可与酒同食，会中毒。

木蹄层孔菌

是大型菌类，高可达35厘米；能使枯木留下白色腐烂斑纹。

功效：
可药用，有消积化瘀的作用，
其味微苦，性平。

食用价值：
适量用于药膳中，
有一定的抗癌功效。

生长环境：
全年生于桦树、栎树、杨树、椴树等阔叶树树干或树桩上。

- 外观：多年生，子实体中到大型。
- 菌盖：灰色至黑褐色，马蹄形，分数层排列。
- 菌肉：锈褐色，质地韧。
- 菌柄：无菌柄或有短的假菌柄。
- 孢子：无色，长椭圆形。
- 分布：分布于我国东北、华北、华南、西南等地区。

菌盖分层明显，似马蹄而得名。

硫磺菌

别名硫磺多孔菌、硫色多孔菌，属于无菌褶目多孔菌科。

功效：
可药用，能提高身体免疫力，可作为乳腺癌、前列腺癌的辅助药物。

食用价值：
幼时可食用，味道较好。

生长环境：
生于柳、云杉等活立木树干、枯立木上。

- 外观：群子实体初期瘤状，成熟后瓦状排列，硫磺色。
- 菌盖：扁平形，长 3~30 厘米，厚 1~2 厘米，表面橙黄或柠檬黄色，老后变白。
- 菌肉：白色或淡黄色，较厚。菌管密，管口多角形，硫磺色。
- 菌柄：无柄。
- 孢子：无色，近球形至卵圆形，光滑。
- 分布：分布于我国大部分地区。

子实体瓦状排列，硫磺色。

松生拟层孔菌

别名红缘多孔菌、红缘层孔菌，属于无褶菌目多孔菌科。

功效：
可入药，能祛风、除湿。

食用价值：
适量用于药膳中。

生长环境：
生于柳、云杉等活立木树干、枯立木上。

- 外观：子实体较大，马蹄形、半球形，有的边缘有反卷，木质。
- 菌盖：初期有红色、黄红色胶状皮壳，后期变为灰色至黑色；边缘橙色或红色。
- 菌肉：近白色或木材色，木栓质，有环纹。
- 孢子：卵形或椭圆形，光滑无色。
- 分布：分布于我国吉林、湖南、四川、云南、广西等地区。

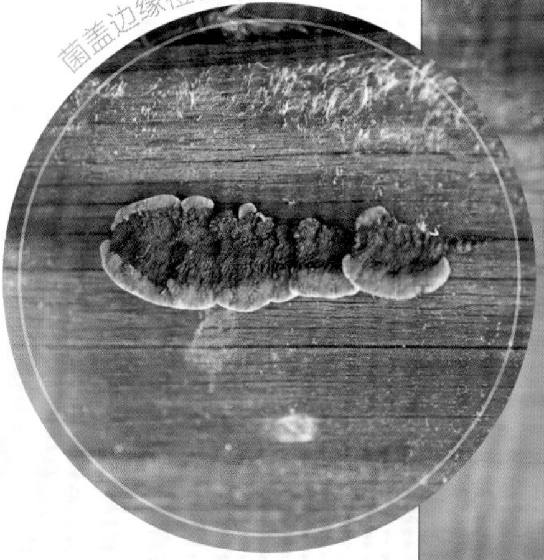
菌盖边缘橙色或红色。

巨多孔菌

别名多变拟多孔菌、黄多孔菌。

功效：
药用，能追风散寒、舒筋活络，可治腰腿疼痛、手足麻木。

食用价值：
可以食用。

生长环境：
夏、秋季生于栎树、桦树等阔叶树的腐木上。

- 外观：散生或群生。
- 菌盖：肾形或扇形，基部常下凹，直径 3~12 厘米，宽 3.5~10 厘米，黄白色；光滑，边缘薄而锐，通常波浪状。
- 孢管：延生，暗黄色，孔稍大。
- 菌肉：白色，薄。
- 菌柄：常常侧生，长 6~30 毫米，与菌肉同色。
- 孢子：圆柱形。
- 分布：分布于我国大部分地区。

会引起木质腐朽。

云芝

别名杂色云芝、采绒革盖菌、瓦菌，属于无褶菌目多孔菌科。

功效：

可药用，能祛湿化痰、疗肺疾。

生长环境：

全年均可见，
尤其夏、秋季生于阔叶树腐木上。

- 外观：子实体覆瓦状叠生，革质，平伏而反卷。
- 菌盖：半圆形至贝壳状，相互连接，上有细长毛；有多种颜色；同心环带光滑、狭窄、多彩；边缘薄，或呈波浪状。
- 菌肉：白色，厚 0.5~1.5 毫米。
- 菌柄：无菌柄。
- 孢子：孢子无色，光滑，长椭圆形。
- 分布：分布于我国东北、华北、华南、华东等大部分地区。

菌盖像火鸡尾巴。

宽鳞大孔菌

别名鳞孔菌、鳞盖大孔菌、宽鳞多孔菌，属于无褶菌目多孔菌科。

食用价值：

幼嫩时可以食用，晒干后有浓郁菌香。

生长环境：

夏、秋季生于阔叶林的树干或倒木上。

- 外观：子实体单生或覆瓦状丛生。
- 菌盖：扇形，黄褐色，有暗褐色鳞片。
- 菌肉：白色，质地柔软，晒干后薄且脆。
- 菌管：菌白色，辐射状排列。
- 菌柄：短或无，多侧生，基部黑色。
- 孢子：平滑无色。
- 分布：分布于我国华北及吉林、陕西、甘肃、青海、四川、江苏、湖南、福建、广东等地区。

菌肉随着生长逐渐木质化，不能再食用。

灵芝

属于无褶菌目灵芝科，灵芝被赋予“长寿纳福”的涵义。

功效：
传统药材，能强精、消炎、镇痛、抗菌、解毒，对胃肠、肝脏、肾脏、白血病、神经衰弱及癌症有一定的疗效。

食用价值：
在日常煲汤中加入适量灵芝片，可以起到调理或滋补身体的作用。

生长环境：
夏、秋季生于阔叶树树桩、埋木上。

- 外观：子实体一年生，有柄，木栓质。
- 菌盖：厚可达 2 厘米，表面褐黄色或红褐色。
- 菌肉：淡白色或木材色。
- 菌柄：近圆柱形，长约 19 厘米，粗约 4 厘米，与菌盖同色或呈紫褐色，有光泽。
- 分布：分布于我国华北、华东及湖北、湖南、广西、广东、四川、云南、贵州等地区。

菌柄坚硬，有漆样光泽。

毛木耳

植物档案：

分布情况：分布于我国东北、华北及河南、广东、广西、海南、陕西、甘肃、青海、西藏等地区。

科属：木耳目木耳科。

药用功效：

入药可缓解寒湿性腰腿疼痛、血脉不通、产后虚弱；还可缓解毒蕈中毒。

形态特征：

- 外观：子实体群生或丛生；初期杯状，后期为耳状，韧胶质，表面有棕色或灰褐色毛；直径可达 18 厘米；干后子实体变为紫色或黑色，不孕面青褐色或灰白色。
- 孢子：肾形，无色，光滑。

地星马勃

植物档案：

分布情况：分布于我国华北、西北及四川、云南、福建等地区。

科属：马勃目地星科。

药用功效：

孢子粉入药能止血消肿。

形态特征：

- 外观：子实体较小，成熟子实体大小为 2.5~5.5 厘米。
- 菌盖：外包上半部分裂为 5~8 瓣，裂片反卷，外表光滑，蛋壳色；内层肉质，干后变薄，栗褐色，往往中部分离并部分脱落，仅保留基部；内包被无柄，球形，粉灰色至烟灰色，直径 17~28 毫米，嘴部显著，宽圆锥形。
- 孢子：孢子球形，褐色，有小疣。

多刺马勃

植物档案：

分布情况：分布于我国福建。

科属： 马勃目马勃科。

生长环境：

夏、秋季生于落叶林、多草地区的地面上，山毛榉林中的地上很多。

形态特征：

- 外观：单生或散生。子实体近球形，直径 2~5 厘米；不育基部缩成圆柱形；外包外表密布白色、黄褐色或褐色的长刺，成熟后长刺脱落；内皮最初白色，随后逐渐变深棕色，形状也由球形逐渐变扁。
- 孢子：孢体为紫褐色粉状孢子块；孢子褐色。

粒皮马勃

植物档案：

分布情况：分布于我国东北、华北及陕西、甘肃、四川、青海、安徽、江苏、浙江、贵州、西藏等地区。

科属： 马勃目马勃科。

生长环境：

夏、秋季生于林中地上，偶生腐木上。

形态特征：

- 外观：小型，子实体近梨形，直径 2~5 厘米；外包初期白色，后呈浅褐色、蜜黄色至茶褐色；密被粉粒或小刺粒，不易脱落。
- 孢子：孢体青黄色，最后呈粟色；孢子球形，由青黄变至褐色，有小刺和短柄。

网纹马勃

植物档案：

分布情况：广泛分布于我国各地。

科属： 马勃目马勃科。

药用功效：

子实体及孢子可以入药，具有止血、消炎的功效。

形态特征：

- 外观：单生或群生。子实体球形或梨形，白色至黄褐色，表面布满小刺，容易脱落。
- 菌柄：较粗。
- 孢子：孢体黄色至褐色；孢子浅绿色，有小疣。

珊瑚状猴头菌

分布于我国四川、云南、福建等地区。

功效：

可入药，能助消化、治疗胃溃疡，可滋补强身、有助缓解神经衰弱。

- 外观：子实体肉质，新鲜时白色，干后浅褐色。基部分出主枝，主枝上又生出短而细的小枝，上面有密集的细刺。
- 孢子：无色且光滑，近球形，里面含 1 个油滴。

细柄马鞍菌

别名马鞍菌、弹性马安骇，属于盘菌目马鞍菌科。

功效：
无药用记录。

食用价值：
可以食用，但孢子有毒，故要谨慎采摘，且须清洗干净。

生长环境：
夏、秋季散生或群生于林中地上。

- 菌盖：马鞍形，宽 2~4 厘米，蛋壳色、褐色至黑色，边缘与菌柄分离，内层白色。
- 菌柄：圆柱形，细长，蛋壳色至灰色。
- 孢子：子囊圆柱形，内有 8 个孢子，单行排列。
- 分布：分布于我国吉林、河北、山西、江苏、浙江、江西、福建、陕西、甘肃、青海、云南、海南等地区。

黄羊肚菌

因像羊肚而得名，别名羊肚菜、美味羊肚菌。

功效：
可入药，能养胃肠、化痰理气。

食用价值：
著名食用菌。

生长环境：
春季雪融化后生于阔叶林中，以及芦苇滩、森林火烧后的地面，苹果园等地。

- 外观：单生、散生或群生。
- 菌盖：近球形，顶端圆钝，长4~7厘米，宽4~6厘米，表面有许多凹坑，蛋壳色；棱纹颜色比较浅，不规则交叉。
- 菌柄：近白色，长5.5~7厘米，粗为菌盖的2/3，有不规则凹槽，基部膨大。
- 孢子：子囊圆柱形，含8个孢子。
- 分布：分布于我国吉林、河北、山西、河南、江苏、陕西、甘肃、青海、四川、云南等地区。

豹斑鹅膏菌

别名假芝麻菌、豹斑毒伞、白芝麻菌、满天星，属于伞菌目鹅膏菌科。

生长环境：

夏、秋季生于青冈栎、松林或杂木林中地上。

- 外观：单生或群生。
- 菌盖：直径 3.5~14 厘米，初期半球形，后平展，边缘有条纹。菌肉白色，薄。菌褶白色，离生。
- 菌柄：白色，空心，脆。菌环生菌柄中下部，白色，膜质，易脱落。
- 孢子：孢子印白色，孢子无色，宽椭圆形。
- 分布：分布于我国东北、华北及河南、安徽、四川、云南、广东、广西、福建、海南等地区。

粪锈伞

别名半卵形斑褶菇、狗尿苔，属于伞菌目粪锈伞科。

生长环境：
长在臭墙角或大粪上。

- 外观：单生或群生，子实体中等大小。
- 菌盖：菌盖直径 2~4 厘米，近钟形，顶部光滑而黏。
- 菌肉：薄，污白色。
- 菌褶：近弯生，后期呈现灰黑相间的花斑，长短不一。
- 菌环：菌环膜质，生柄中上部。
- 菌柄：白菌柄细长，质脆，有透明感，污白色；菌环以下渐增粗。
- 分布：分布于我国大部分地区。

有毒，会引起精神异常，不可食用。

白假鬼伞

别名小假鬼伞，属于伞菌目鬼伞科。以断木、腐木为寄主，逐渐就将木材分解了。

生长环境：
春、夏、秋季生于林中地上、腐朽的枯木或树桩上。

▶外观：子实体群生或丛生，小型。

▶菌盖：膜质，直径约1厘米，表面灰白色或白色至灰褐色，中部黄色。

▶菌肉：白色，薄。

▶菌褶：离生，初白色，老熟时黑色。

▶菌柄：菌柄中生，中空，基部有白色绒毛。

▶孢子：孢子印黑褐色。

▶分布：分布于我国福建、云南、山西、新疆、黑龙江、吉林、辽宁等地区。

菌盖似一把白色小伞。

褶纹鬼伞

植物档案：

分布情况：分布于我国甘肃、湖南、福建、四川、云南等地区。

科属：伞菌目鬼伞科。

菌盖平展
后像伞盖。

生长环境：

夏、秋季生于林中地上或草地上。

形态特征：

- 外观：小型菌类，子实体单生或丛生。
- 菌盖：初为卵形，后逐渐钟形，直至平展；膜质，有褶纹直达顶端，像伞的骨架。
- 菌肉：白色，很薄。
- 菌柄：脆，细长，白色。
- 孢子：广卵形，稍扁，黑色。

细皱红鬼笔

植物档案：

分布情况：分布于我国华北、华东、华南及河南、云南、贵州、甘肃、陕西、青海等地区。

科属：鬼笔目鬼笔科。

朝生暮死，名“朝
生暮落花”。

药用功效：

可药用，为传统药物，加油茶可治疗恶疮。

形态特征：

- 外观：子实体群生，幼时白色，狭长柱形；菌托白色；柔软有弹性，后期外皮会破裂。
- 菌盖：吊钟状，表面有皱纹，有小凸起，深红色。造孢组织黏液化，红褐色至黑暗色，有恶臭味。

铜绿菌

植物档案：

分布情况：分布于我国福建、湖南、四川等地区。

科属：伞菌目红菇科。

可以食用，
味道鲜美。

生长环境：

生在林中地上，很少生在腐木上，通常与高等植物形成菌根。

形态特征：

- 外观：常见成对生长，发现一个，不远处必有另一个。
- 菌盖：直径 4~8 厘米，扁球形至开展，中部顶端稍下凹，有铜绿锈色，表皮易剥离。
- 菌肉：白色，中部较厚，有柔和香气。
- 菌褶：较密集，基部稍有分叉，有横脉，初白色，后变污。
- 菌柄：白色，光滑，内部柔软后变中空。
- 孢子：无色，近球形。

铆钉菇

植物档案：

分布情况：分布于我国东北、华北及湖南、广东、云南、四川等地区。

科属：伞菌目铆钉菇科。

整体形态
很像铆钉。

药用功效：

可入药，用于神经性皮炎。

形态特征：

- 外观：子实体单生、散生或群生。
- 菌盖：菌盖直径 3~8 厘米；初期钟形或近圆锥形，后平展中部凸起；光滑、湿时黏，干时有光泽。菌肉带红色，干后淡紫红色。
- 菌褶：菌褶稀，青黄色变至紫褐色，不等长。
- 菌柄：通常长 6~10 厘米，圆柱形且向下渐细，实心；上部有易消失的菌环。

尖鳞环绣伞

植物档案：

分布情况：分布于我国东北及安徽、江苏、江西、湖北、重庆、四川、云南等地区。

科属：伞菌目蘑菇科。

表面的鳞片
到后期会逐
渐脱落。

生长环境：

春、夏、秋季于林中地上单生或散生。

形态特征：

- 外观：子实体小到中型。
- 菌盖：初期半球形后逐渐开展；多浅黄褐色，有颗粒状尖鳞片。
- 菌褶：离生，白色。
- 菌肉：白色，比较厚。
- 孢子：无色，椭圆形。

蘑菇

植物档案：

分布情况：分布于我国东北及河北、陕西、甘肃、山西、四川、云南、福建等地区。

科属：伞菌目蘑菇科。

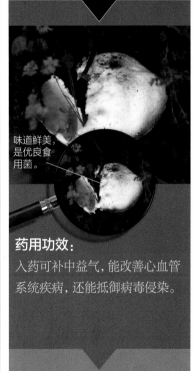

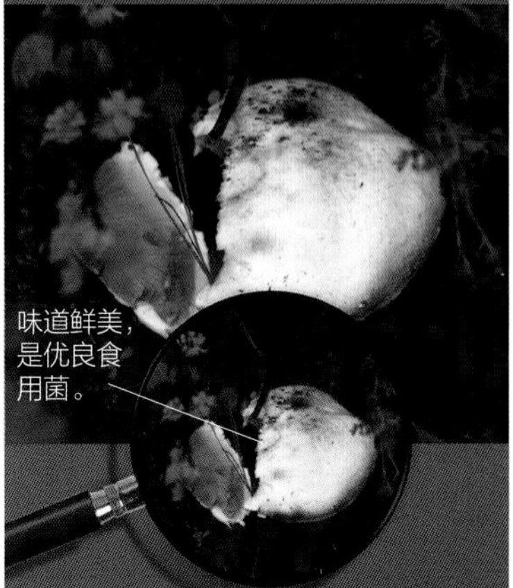
味道鲜美，
是优良食
用菌。

药用功效：

入药可补中益气，能改善心血管系统疾病，还能抵御病毒侵染。

形态特征：

- 外观：子实体单生或群生。
- 菌盖：幼时半球形，逐渐开展，后期有丛状鳞片，干燥时边缘开裂。
- 菌褶：初期粉红色，后变褐色，比较密集。
- 菌柄：短粗，圆柱形，白色，实心。
- 菌环：白色，膜质，单层，生菌柄中部，容易脱落。

褐黄牛肝菌

因颜色和外形像牛肝而得名，别名黄牛肝，属于伞菌目牛肝菌科。

生长环境：

夏、秋季雨后生于壳斗科树种的林中地上。

- 外观：子实体单生或簇生。
- 菌盖：菌盖直径 5~12 厘米，黄色至淡砖红色，盖缘橙黄色；初半圆形，后平展；表面干燥。
- 菌肉：菌肉黄色至微红，伤后变蓝色。
- 菌柄：棒状，等粗，基部达 4 厘米，红色或紫色，网络明显。
- 分布：分布于我国河北、河南、安徽、江苏、福建、广东、云南、四川等地区。

菌肉伤后变蓝色。

铅紫粉孢牛肝菌

喜欢湿润的环境，需要时刻保持空气环境的清新，以肥沃、透气、腐殖质丰富的土壤为宜。

生长环境：
夏、秋季生于橡树、鹅耳枥等阔叶林中沙质地上。

- 外观：子实体散生或群生。
- 菌盖：菌盖扁半球形，初时深紫色，很快变为淡紫色，最终变为黄褐色；表面干燥不光滑；菌肉白色，伤后一般不变色。
- 菌柄：细长圆柱形，等粗，不随菌盖变色，始终为紫色，常有深紫色斑点。
- 孢子：孢子印淡红至褐色。
- 分布：分布于我国福建、广西、贵州、四川、云南等地区。

菌盖闻起来有独特的香味。

远东疣柄牛肝菌

别称黄梨头，单生或群生，属于伞菌目牛肝菌科。

食用价值：

可以食用，肉质鲜美。

生长环境：

夏、秋季生长于阔叶林、杂木林中潮湿的地上。

- 外观：子实体单生或群生。
- 菌盖：幼时球盖形，盖缘紧贴菌柄；后球伞打开，杏黄色或土黄色，肉质，气候干燥时表皮容易皲裂，特别是盖缘部分。
- 菌肉：初时致密，后期松软。
- 菌管：橙黄色，老后橄榄黄色。
- 菌柄：圆柱形，通常杏黄色。
- 分布：分布于我国台湾、湖北、广西、福建、贵州、四川、云南等地区。

紫色圆孔牛肝菌

是一种常见的菌类植物，属于伞菌目牛肝菌科。

食用价值：
可以食用。

生长环境：
夏、秋季生于壳斗科树木下的地上。

- 外观：子实体单生或群生。
- 菌盖：直径 5 厘米左右，顶端稍凸，后平展；表面干燥，紫红色、淡紫色，有由绒毛组成的斑块。
- 菌肉：纯白色。
- 菌管：初期白色，后期乳黄色。
- 孢子：阔椭圆形，透明至淡黄色。
- 分布：分布于我国四川、云南、福建、海南等地区。

伞盖内面黄色呈蜂窝状。

黑虎掌菌

别名翘鳞肉齿菌，是著名的出口食用菌之一。野外分布区很小，我国仅有西南部分地区出产，十分珍贵。

功效：
能追风散寒、舒筋活血，民间也用其壮阳、降低血中胆固醇。

食用价值：
可以食用，味道鲜美，为我国稀有可食菌类。

生长环境：
夏、秋季于针叶林中地上散生或群生。

- 外观：子实体中到大型。
- 菌盖：近圆形，中部下凹，表面具有褐色鳞片。
- 菌柄：粗短，淡白色至浅灰色。
- 孢子：近球形。
- 分布：分布于我国西南地区。

伞盖边缘浅裂，形似花瓣。

怡人拟锁瑚菌

别名豆芽菌，常单生或丛生，属于锁瑚菌科拟锁瑚菌属。

功效：
固本、益气、补中、解毒，能预防并辅助治疗心脑血管疾病。

食用价值：
可以食用，营养丰富，味道鲜美。

生长环境：
夏、秋季于针叶林中地上散生或群生。

- 外观：子实体细长，鲜黄色，近长梭形，不分枝，细长，会变扁平或有纵皱纹；顶端尖，基部有白色细毛。
- 菌肉：黄色，内部实心，老时便空心。
- 孢子：球形至宽卵圆形，内含一大油滴。
- 分布：分布于我国华东、华南、西南等地区。

菌肉晒干后角质。

黄枝瑚菌

别名珊瑚菌、扫把菇，变红黄丛枝，属于无褶菌目枝瑚菌科。分枝众多，像水中的珊瑚，新鲜时黄色，干燥后变成青褐色。

功效：

子实体入药，补中益气，补肾，主治胃病。

食用价值：

可以食用，口味一般。

生长环境：

夏、秋季生于阔叶林下的枯枝落叶层中的地上。

- 外观：子实体丛生，多分枝，高 8~13 厘米，黄色。
- 菌柄：4~6 厘米长，基部呈白色。
- 孢子：浅黄色，有一弯尖，有明显的小疣，含 2 个或更多的油滴。
- 分布：分布于我国甘肃、福建等地区。

因外形似珊瑚而得名。

毛头鬼伞

又名鸡腿菇、毛鬼伞，属于伞菌目鬼伞科，菌盖开伞40分钟内边缘会融化成墨汁状。

食用价值：

一般可食用，但不可与酒类同食。

生长环境：

在田野、林缘、道旁雨后群生。

- 外观：子实体中到大型。
- 菌盖：菌盖未开伞前呈圆柱形，直径3~5厘米，高9~11厘米，表面有浅褐色或褐色鳞片；开伞后40分钟内边缘菌褶溶化成墨汁状液体，菌柄变得细长。
- 菌柄：菌柄白色，圆柱形，较细长，且向下渐粗，长6~18厘米，光滑。
- 分布：分布于我国黑龙江、吉林、山西、青海、云南等地区。

伞盖上长满白色软刺。

附录：本书植物名称按拼音索引

H

J

Z

图书在版编目（CIP）数据

身边花草树木速查图鉴 / 彭博主编 . -- 2 版 . -- 南京 : 江苏凤凰科学技术出版社 , 2020.5
（汉竹 · 健康爱家系列）
ISBN 978-7-5713-0398-3

Ⅰ . ①身… Ⅱ . ①彭… Ⅲ . ①花卉—观赏园艺—图解 ②园林树木—观赏园艺—图解 Ⅳ . ① S68-64

中国版本图书馆 CIP 数据核字 (2019) 第 109900 号

凤凰汉竹

中国健康生活图书实力品牌

身边花草树木速查图鉴

主　　编	彭　博
编　　著	汉　竹
责任编辑	刘玉锋
特邀编辑	张　瑜　仇　双
责任校对	杜秋宁
责任监制	刘文洋
出版发行	江苏凤凰科学技术出版社
出版社地址	南京市湖南路 1 号 A 楼，邮编：210009
出版社网址	http://www.pspress.cn
印　　刷	合肥精艺印刷有限公司
开　　本	787 mm × 1 092 mm　1/16
印　　张	24
插　　页	4
字　　数	400 000
版　　次	2020 年 5 月第 2 版
印　　次	2020 年 5 月第 1 次印刷
标准书号	ISBN 978-7-5713-0398-3
定　　价	120.00 元（精）

图书如有印装质量问题，可向我社出版科调换。